普通高等教育“十二五”规划教材

建设工程监理概论

主　编　黄林青
副主编　彭红涛　郑　鑫　赵雪峰

中国水利水电出版社
www.waterpub.com.cn

内 容 提 要

本书系统阐述建设工程监理基本理论和方法，具有体系设计合理、理论联系实际、内容严谨充实等特点。主要内容有建设工程监理制度、监理工程师和工程监理企业、建设工程目标控制、建设工程监理组织、建设工程监理规划、建设工程监理的合同管理、建设工程监理信息管理、建设工程监理风险管理和建设工程安全管理等。

本书内容丰富、应用性强，可作为土木工程、工程管理等专业本科学生的教材，也可作为建设工程管理人员培训用书。

图书在版编目（CIP）数据

建设工程监理概论/黄林青主编．—北京：中国水利水电出版社，2012.6（2017.8 重印）

普通高等教育“十二五”规划教材

ISBN 978-7-5084-9805-8

Ⅰ.①建… Ⅱ.①黄… Ⅲ.①建筑工程-监理工作-高等学校-教材 Ⅳ.①TU712

中国版本图书馆 CIP 数据核字（2012）第 101904 号

书　　名	普通高等教育“十二五”规划教材 **建设工程监理概论**
作　　者	主编　黄林青　　副主编　彭红涛　郑鑫　赵雪峰
出版发行	中国水利水电出版社 （北京市海淀区玉渊潭南路 1 号 D 座　100038） 网址：www.waterpub.com.cn E-mail：sales@waterpub.com.cn 电话：（010）68367658（营销中心）
经　　售	北京科水图书销售中心（零售） 电话：（010）88383994、63202643、68545874 全国各地新华书店和相关出版物销售网点
排　　版	中国水利水电出版社微机排版中心
印　　刷	北京瑞斯通印务发展有限公司
规　　格	184mm×260mm　16 开本　17 印张　403 千字
版　　次	2012 年 6 月第 1 版　2017 年 8 月第 3 次印刷
印　　数	6001—10000 册
定　　价	**38.00** 元

前　言

建设工程领域推行建设工程监理制度，是深入推行建设管理体制改革，建立和完善社会主义市场经济体制的重要措施。我国自20世纪80年代实行建设工程监理制度以来，建设工程监理制不但在工程实践中得到了长足的发展，对提高工程质量，加快工程进度，降低工程造价，提高经济效益发挥了重要的作用，而且在其理论研究、法规建设方面，也呈现出良好的发展态势。与此同时，国际上工程项目管理理论研究的深入，新的建设工程管理模式的不断推出，特别是加入WTO后全球经济一体化的进程，也使我国的建设工程监理制面临新的挑战。

编写反映建设工程监理制的概貌、现状和未来发展趋势，并适应土木工程专业等教育需要的应用型本科教材，就变得十分必要。本教材紧密联系我国建设工程监理的实际情况，在现有建设工程监理理论的基础上，结合工程项目监理的实践认识，比较全面地阐述了建设工程监理的基本任务、方法和手段。教材内容上力求知识性和实践性的结合，突出应用型人才培养的针对性和实用性，以满足土木工程专业和建设工程领域相关专业人员学习的需要。

本教材具有监理工程师所需的实务知识，具有体系设计合理、内容充实、实用性强等特点。本教材共设9章，主要内容包括建设工程监理制度、监理工程师和工程监理企业、建设工程目标控制、建设工程监理组织、建设工程监理规划、建设工程监理的合同管理、建设工程监理信息管理、建设工程监理风险管理和建设工程安全管理等。书中附有一定案例，各章后附复习思考题等，以供大家学习参考。

本教材由重庆科技学院黄林青担任主编，中国农业大学彭红涛、黑龙江八一农垦大学郑鑫和北京工业大学赵雪峰担任副主编。具体编写分工为：第1章、第5章由彭红涛编写；第2章、第3章由黄林青编写；第4章由颜成书编写；第6章、第8章由郑鑫编写；第7章、第9章由赵雪峰编写。全书由黄林青统稿。在编写过程中得到各参编学校领导给予的大力支持，在此表示衷心的感谢。

在本教材的编写过程中参考了国内外建设工程监理方面的大量书籍和资料，在此对各位同行以及资料的作者深表谢意。由于编者经验和水平有限，书中难免存在疏漏或不妥之处，望读者批评指正。因此，衷心地希望广大读者提出宝贵意见，以便今后不断地修订完善。

编 者

2012 年 5 月

目录

第1章 建设工程监理制度

在建设工程过程中，应当实行工程项目法人责任制、工程招投标制、建设工程监理制、合同管理制等主要制度。这些制度相互关联，相互支持，共同构成了建设工程管理制度体系，建设工程监理制成为工程建设过程中必须遵循的制度之一。本章详细介绍建筑工程监理基本概念、监理相关知识和工程监理制度等内容。

1.1 建设工程监理的基本概念

1.1.1 建设工程监理制的产生

建设工程监理制度在国际上具有悠久的历史，监理制度的起源可以追溯到产业革命以前的16世纪。进入16世纪以后，欧洲兴起了花型建筑，立面也比较讲究，于是在营造师中分离出一部分人专搞设计，另一部分人专搞施工，形成了第一次分工，即设计和施工的分离。正是这种设计与施工的分离，业主对监理需求的起因便逐渐形成，建设工程监理制度初露端倪。18世纪60年代，欧洲产业革命的爆发，促进了整个欧洲大陆城市化和工业化的发展进程，社会大兴土木带来了建筑行业的空前繁荣，完成建筑业的第二次分工，建设监理专业化的工作方式，满足了业主对设计和施工进行有效监督和强化管理的需求。英国政府于1830年以法律形式推出了总包合同制，要求每个建设项目由一个承包商进行总包。总包制度的实行导致了招标投标交易方式的出现，也促进了工程监理制度的发展。从20世纪60年代开始，随着科学技术的进步和人民生活水平的不断提高，许多大型、巨型的工程，如航天工程、大型水利水电工程、核电站、大型钢铁企业、石油化工企业和城市群等相继建设和开发。这些工程项目的共同特点是规模大、投资多、技术复杂、风险大，迫使业主更加重视项目建设全过程监理的重要性。世界银行、亚洲开发银行、非洲开发银行等国际金融机构都把实行建设监理制作为提供建设贷款的条件之一，建设监理制成为建设工程必循的制度之一。

实际上，早在19世纪末，建设工程监理就曾随着西方列强在我国开办工程而在中国大地上出现过，而且一直存在到20世纪40年代。在新中国建立后，一方面将建设工程监理完全看成是资本主义的产物（因为它是资本主义创立的，而社会主义的苏联并没有建设工程监理）；另一方面也由于长期实行传统计划经济体制，因此，中国内地的建设工程领域在很长时间内都没有实行建设工程监理。从20世纪50～80年代，我国建设工程项目投资基本上是由国家统一安排计划和财政拨款。当时工程建设管理的主要形式见表1.1。

表1.1　　20世纪80年代前我国工程建设管理的主要形式

建设工程项目类别	管理形式	管理机构组建方式
一般建设工程	自行管理	由建设单位自己组成筹建机构
重大建设工程	指挥部	从与工程相关的单位抽调人员组成工程指挥部

表1.1中的两种形式均是针对某特定建设工程项目组建管理机构，特点表现为“一家一户”的、临时性的管理，存在着管理经验积累不起来、管理不科学的弊端。工程投资“三超一延”现象较为普遍。“三超”即概算超估算、预算超概算、结算超预算；“一延”即工期延长。

20世纪80年代以后，我国实行改革开放政策，国务院在基本建设和建筑业领域采取了一系列重大改革措施。如投资主体多元化、投资有偿使用（“拨改贷”）、项目法人责任制、工程招标投标制和承包合同制等，建设领域的活力大大增强。但与此同时，也出现了建设市场秩序和工程质量管理方面的不足。

20世纪80年代中期，外商独资、中外合资、中外合作（以下简称“三资”）的工程建设项目在我国逐渐增多，加之国际金融机构向我国贷款的工程建设项目都要求实行招标投标制、承包合同制和建设监理制，使得国外专业化、社会化的咨询公司、管理公司、监理的专家们，能够按照国际惯例，以受建设单位委托与授权的方式，对在我国的“三资”和国际贷款工程项目建设进行管理，并显示出高速度、高效率、高质量的管理优势。

值得一提的是1982年开工的鲁布革水电站工程，该项目是改革开放后我国水电建设方面第一个利用世界银行贷款、对外公开招标的国家重点工程。该工程按照世界银行的要求，对引水隧洞工程施工及主要机电设备实行了国际招标。日本大成公司以低于招标标底43%的标价中标，承包了引水隧洞工程。在施工组织上，采用日本大成公司施工总承包制，现场的日本管理和技术人员仅30人左右，雇用我国的公司分包，雇用的400多人都是我国水电十四局的职工。中国工人在中国工长的带领下，创造了8.8m宽的隧道独月进尺373.5m的优异成绩，超过了日本大成公司历史的最高纪录，达到世界先进水平；比合同工期提前5个月优质高速地完成了工程建设。包括除汇率风险以外的设计变更、物价波动、索赔及附加工程量等增加费用在内的工程结算价仅为招标标底价的60.8%。在工程建设中，实施了国际通行的项目法人责任制、招标投标制度、工程监理制和合同管理制（简称“四项制度”）。该工程建设靠科学管理创造了工程造价、工程进度、工程质量3个高水平纪录，成为我国建筑业和工程建设管理体制改革的成功范例。

在对我国以往建设工程管理实践的反思和总结、并对国外工程管理制度与管理方法进行了考察及深入认识的基础上，中华人民共和国建设部（以下简称“建设部”）于1988年发布了“关于开展建设监理工作的通知［建设部（88）建建字第142号］”，明确提出要建立建设监理制度。建设监理制的确立，旨在按国际惯例建立专业化、社会化的建设监理机构，协助建设单位做好项目管理工作，确保国内工程建设质量，提高投资效益和建设水平。随后建设部又印发了“关于开展建设监理试点工作的若干意见［建设部（88）建建字第366号］”，确定北京、上海、天津、南京、宁波、沈阳、哈尔滨、深圳8市和能源部、交通部的水电和公路系统作为全国开展建设监理工作的试点单位，为全面开展建设监理工作做出示范、培训人员、摸索经验。1997年颁布的《中华人民共和国建筑法》（以下简称

《建筑法》）中第三十条，以法律制度的形式规定：国家推行建设工程监理制度。建设工程监理从此在全国范围内进入全面推行阶段。中华人民共和国住房和城乡建设部（以下简称“住建部”）、国家工商行政管理总局于2008年联合发布《建设工程监理合同示范文本（征求意见稿）》，2000年12月颁布《建设工程监理规范》（GB 50319—2000）（以下简称监理规范）于2001年5月正式实施，使建设工程监理工作有法可依，标志着有中国特色的建设监理制度驶入法制化、规范化、国际化的高速轨道。为了更好适应建筑市场、规范建设参建各方的行为，以更好的减少安全和质量事故的发生，2013年中国建设监理协会会同有关单位完成了原建设工程监理规范（GB/T 50319—2013）修订工作，新的监理规范于2014年3月开始实施。

从《关于开展建设监理工作的通知》的颁布到现在，已经经历30多年的发展，建设工程监理在我国已经取得了丰硕的成果。建设工程监理已经为广大建设工程者所认识和接受，并得到了他们的大力支持。根据我国住房和城乡建设部2016年发布的《2015年建设工程监理统计公报》，截至2015年年末，全国共有7433个建设工程监理企业。工程监理企业从业人员有945829人，工程监理企业专业技术人员819906人，专业技术人员占年末从业人员总数的86.64%。工程监理企业注册执业人员为223346人，其中注册监理工程师为149327人，占总注册人数的66.86%；其他注册执业人员为74019人，占总注册人数的33.14%。2015年工程监理企业承揽合同额2846.74亿元，其中工程监理合同额1255.56亿元，占总业务量的44.11%。工程监理企业全年营业收入2474.94亿元，其中工程监理收入1001.92亿元，占总营业收入的40.48%。我国建设工程监理开始在制度化、规范化、科学化等方面迈上新的台阶，并向国际建设工程监理水平看齐。

1.1.2 建设工程监理制的概念

工程建设监理单位受建设单位的委托，根据法律法规、工程建设标准、勘察设计文件及合同，在施工阶段对建设工程质量、造价、进度进行控制，对合同、信息进行管理，对工程建设相关方的关系进行协调，并履行建设工程安全生产管理法定责任的服务活动。

建设工程监理概念的要点如下。

1. 建设工程监理的行为主体是监理企业

《建筑法》明确规定：实行监理的建设工程，由建设单位委托具有相应资质条件的工程监理企业实施监理。建设工程监理不同于以建设行政主管部门为主体的监督管理。后者是行政性的，具有明显的强制性，其任务、职责、依据和内容与建设工程监理有所不同。

2. 建设单位的委托和授权是建设工程监理实施的前提

《建筑法》规定：建设单位与其委托的工程监理企业应当订立书面委托监理合同。工程监理企业只有与建设单位订立书面委托监理合同，明确了监理的范围、内容、权利、义务、责任、服务收费等，才能在合同约定范围内行使管理权，合法地开展建设工程监理。

建设单位与承包单位签订的工程承包合同也应有承包单位接受监理的规定。例如《建设工程施工合同（示范文本）》（GF—2013—0201）中规定了承包人接受监理的程序及方法，使得项目工程监理工作的全面开展有了可靠依据。承包单位根据法律、法规的规定和其与建设单位签订的有关建设工程合同的规定，接受工程监理企业对其建设行为进行的监督管理，接受并配合监理是其履行合同的一种行为，如图1.1所示。

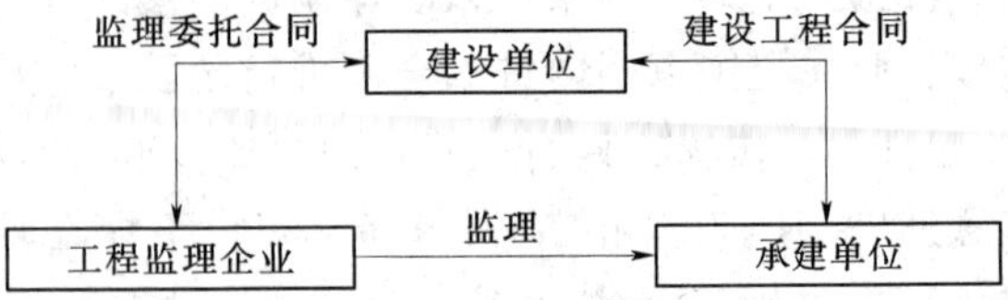

图1.1　建设工程监理关系图

3. 建设工程监理是有明确依据的建设行为

建设工程监理的依据可分为以下三个方面：

(1) 工程建设文件。主要包括批准的可行性研究报告、建设项目选址意见书、建设用地规划许可证、建设工程规划许可证、批准的施工图设计文件、施工许可证、工程质量监督手续文件等。

(2) 有关的法律、法规、规章和标准、规范。主要包括《建筑法》《中华人民共和国合同法》(以下简称《合同法》)、《中华人民共和国招标投标法》(以下简称《招标投标法》) 等法律；《建设工程质量管理条例》《建筑工程安全生产管理条例》等法规；《建设工程监理范围和规模标准规定》等部门规章，以及地方性法规等。也包括有关的工程技术标准、规范、规程等，例如国家标准《建设工程监理规范》(GB/T 50319—2013)、北京市地方性标准《建设工程监理规程》(DBJ 01—41—2002) 等。

(3) 建设工程委托监理合同和有关的建设工程合同。建设工程监理企业应当根据两类合同进行监理。一是工程监理企业与建设单位签订的建设工程委托监理合同。二是建设单位与承包人签订的建设工程合同(包括工程勘察、设计、施工合同等)。

4. 明确建设工程监理的范围

建设工程监理的范围可从以下两方面说明：

(1) 法规规定需要监理的工程范围。2001年建设部为了有效发挥建设工程监理的作用，加大推行监理的力度，规范建设工程监理活动，颁布了《建设工程监理范围和规模标准规定》(建设部令第86号)，规定了必须实行监理的建设工程项目的具体范围和规模标准。

(2) 按建设阶段划分范围。现阶段我国的建设工程监理主要工作发生在项目建设实施阶段，特别是施工阶段。工程建设的实施阶段包括：设计阶段、招投标阶段、施工阶段、竣工验收及保修阶段。建设工程监理也可以应用于工程建设投资决策阶段。

建设工程监理制是国家将建设监理作为一项建设项目工程管理制度确定下来并加以推行，具有强制性。《建筑法》明确规定：国务院可以规定实行强制监理的建筑工程的范围。我国的建设工程监理经过30多年的发展，已经制度化，并集中体现在：工程监理法规体系已经形成；一定范围内的工程项目实行强制性建设监理；工程监理企业实施资质管理；实行了监理工程资格考试和注册管理制度；从事监理工作可以合法获取监理服务费用；已形成一支可观的监理从业人员队伍。

建设工程监理制的实施，有力地促进了建设项目工程质量、投资效益和社会效益的提高。例如举世瞩目的长江三峡水利枢纽工程、黄河小浪底水利枢纽工程、西气东输工程、青藏铁路工程，以及纵横交错的公路、铁路工程和遍布全国的工业与民用工程等建设成就，都凸显了推行建设工程监理制的成效。

1.1.3 建设工程监理的性质

建设工程监理的性质有以下几点。

1. 服务性

建设工程监理的服务性是由其业务性质决定的。监理服务是按照委托监理合同的约定进行的，其服务的对象是建设单位，是受法律约束和保护的。建设工程监理的主要工作方法是规划、控制、协调；主要任务是控制建设工程的投资、进度、质量以及安全；基本目的是协助建设单位力求在计划的目标内建成工程。在工程项目建设中，监理人员利用自己的理论知识、技术经验、信息资源和必要的试验、检测手段，为建设单位提供管理和技术服务。工程监理企业不直接进行设计、施工，也不参与承包单位的利益分成。工程监理企业只能在授权范围内代表建设单位进行管理，不能完全取代建设单位的管理活动，不具有项目建设重大问题的决策权。

建设工程监理服务的对象是项目业主，按照建设工程监理合同提供服务。国际顾问工程师联合会（FIDIC）要求“咨询工程师仅为委托人的合法利益行使其职责，他必须以绝对的忠诚履行自己的义务，并且忠诚地服务于社会性的最高利益以及维护职业荣誉和名望”。其实，监理提供的服务有正常服务、附加服务和额外服务之别，由建设工程监理合同予以界定，监理没有义务承担合同外的服务。另外，在市场经济条件下，监理工程师没有任何义务也不允许为承包商提供服务。但在实现项目总目标上，三方主体的利益是一致的，监理工程师要协调好各方面关系，以使工程能够顺利进行。

2. 科学性

建设工程监理的科学性是由建设工程监理要实现的基本目标和要完成的任务决定的。只有采用科学的思想、理论、方法和手段才能驾驭复杂的工程建设进程，而这是以工程监理人员的高素质为前提的。因此，建设工程监理的科学性主要表现在：工程监理企业应当由组织管理能力强、工程建设经验丰富、技术过硬的人员担任领导；应当有数量足够、技术和管理经验丰富、协调能力强及资质合格的监理工程师组成的骨干队伍；要健全质量管理体系和规章制度；掌握先进的管理理论知识、方法和手段；要积累足够使用的技术、经济资料和数据；要有科学的工作态度和实事求是的工作作风，创造性地开展监理工作；监理企业还需配备有必要的工程试验检测设备。

建设工程监理的主要任务也决定了它的科学性。监理的主要任务是协助业主在预定的投资、进度和质量目标内实现工程项目。而当今工程规模日趋庞大，功能、标准越来越高，新技术、新工艺和新材料不断涌现，参加组织和建设的单位越来越多，市场竞争日益激烈，风险日渐增高。监理工程师只有采用科学的思想、理论、方法、手段才能完成监理任务。

监理的科学性还是其公正性的要求。科学本身就有公正性的特点，是就是，不是就不是。监理公正性最充分的体现就是监理工程师用科学的态度待人处事，监理实践中的“用数据说话”，既反映了科学性，又反映了公正性。

监理的科学性主要包括两个方面：一是监理组织的科学性。要求监理单位应当有足够数量的、业务素质合格的监理工程师；有一套科学的管理制度；要掌握先进的监理理论、方法；要有现代化的监理手段。二是监理运作的科学性。即监理人员按客观规律，以科学的依据，科学的监理程序、科学的监理方法和手段开展监理工作。其中，对监理人员素质的高要求是科学性最根本的体现。我国目前在监理工作中，通过监理工程师培训、考试、注册等措施提高监理人员的素质，但还是存在整体水平偏低的不足。我国监理事业的发展必须在提高科学性上进一步努力。

3. 独立性

《监理规范》要求工程监理企业应公平、独立、自主地开展监理工作，维护建设单位和承包单位的合法权益。工程监理企业在开展项目监理工作时的独立性主要体现在：严格地按照有关法律、法规、规章、工程建设文件、工程建设技术标准、建设工程委托监理合同及其他有关的建设工程合同等的规定实施监理；建立自己的组织，按照自己的工作准则、工作计划、程序、流程，运用自己的方法、手段，根据自己的判断，独立地开展监理工作；与被监理工程的承包单位以及建筑材料、构配件和设备供应单位无隶属关系或其他利害关系。

对监理工程师独立性的要求也是国际惯例。国际上用于评判一个咨询工程师是否适合于承担某一个特定项目最重要的标准之一，就是其职业的独立性。FIDIC 白皮书明确指出，咨询机构是“作为一个独立的专业公司受雇于业主去履行服务的一方”，咨询工程师是“作为一名独立的专业人员进行工作”。同时，FIDIC 要求其成员“相对于承包商、制造商、供应商，必须保持其行为的绝对独立性”，不得“与任何可能妨碍他作为一个独立的咨询工程师工作的商业活动有关”。

我国《建筑法》第三十四条也作出了类似的规定：工程监理单位与被监理工程的承包单位以及建筑材料、建筑构配件供应单位不得有隶属关系或者其他利害关系。《建设工程监理规定》明确指出：“监理单位应按照独立、自主的原则开展建设工程监理工作。”监理的独立性是公正性的基础和前提。监理单位如果没有独立性，根本就谈不上公平性。只有真正成为独立的第三方，才能起到协调、约束作用，公平地处理问题。

4. 公平性

《建筑法》规定工程监理企业应当根据建设单位的委托，客观、公平地执行监理任务。公平性是监理行业能够长期存在和发展的基本职业道德准则。工程监理企业应当排除各种干扰，客观、公平地对待监理委托方和被监理方，特别是当其发生利益冲突或者矛盾时。例如，工程监理企业在调解监理委托方和被监理方之间的争议，处理工程索赔和工程延期事件，进行工程款支付控制以及竣工结算时，应以事实为依据，以法律、法规和有关合同为准绳，在维护监理委托方合法权益的同时，不损害被监理方的合法权益。

公平性是咨询监理业的国际惯例。在很多工程项目管理合同条例中都强调了公平性的重要性，国际上通用的合同条件对此都有明确的规定和要求。国际顾问工程师联合会（FIDIC）的基本原则之一就是监理工程师在管理合同时应公平、无私。FIDIC 的土木工程施工条件（红皮书）第 2.6 款规定：凡是合同要求工程师用自己的判断表明决定、意见或同意，表示满意或批准，确定价值或采取别的行动时，他都应在合同条款规定内，并兼顾所有条件的情况下公平行事。公平行事就意味着工程师乐于倾听和考虑业主及承包商双方的观点，然后基于事实做出决定。在 44.2 款中进一步强调了业主、工程师以及承包商之间友好交流和理解的必要性，同时也强调了工程师以公平无私的态度处理问题的重要性。

FIDIC的业主/咨询工程师标准服务协议书（白皮书）第五条中对咨询工程师的职责提出了一个要求，就是指运用合理的技能谨慎而勤奋地工作，作为一名合同的管理者必须根据合同来进行工作，在业主和承包商之间公平地证明、决定或行使自己的处理权。

1.1.4 建设工程监理的作用

建设单位委托工程师机构（我国称为监理企业）对工程项目实行专业化、社会化的管理在外国已有100多年的历史，在提高投资效益方面发挥了重要作用。我国实施建设工程监理制的时间不是很长，但已经在促进工程质量和安全生产方面发挥出明显的作用，为政府和社会所认同。建设工程监理的作用主要表现在以下几方面。

1. 有利于提高建设工程投资决策的科学化水平

建设单位产生初步项目投资意向后，可委托工程监理企业实施全过程、全方位监理，直接从事工程咨询工作，为建设单位提供建设方案；也可委托工程监理企业协助建设单位选择适当的工程咨询机构，管理工程咨询合同的履行；对项目建议书、可行性研究报告等咨询结果进行再评估，提出有价值的修改建议，从而使项目投资更符合国家经济发展规划、产业政策、投资方向以及市场需求；有利于提高项目投资决策的科学化水平，减小决策失误概率，为实现项目投资综合效益最大化奠定良好基础。

2. 有利于规范工程建设参与各方的建设行为

根据法律、法规、规章和市场准则，对工程建设参与各方的建设行为进行监督管理是政府的主要职能之一，是对参与各方的建设行为的最基本约束。但由于客观条件所限，政府的监督管理不可能深入到每一项建设工程的实施过程中。而建设工程监理制的推行，无疑促进了项目建设参与各方建设行为自我约束机制的强化。一方面，由于这种约束机制贯穿于工程建设过程，工程监理企业可依据委托监理合同和其他有关的建设工程合同对各承建单位的建设行为进行监督管理，可以有效地规范各承建单位的建设行为，最大限度地避免不当建设行为的发生。如果工程监理企业发现工程存在质量事故隐患、安全事故隐患，并已要求承包单位整改或停止继续实施，但承包单位拒不整改或不停止时，有权向有关主管部门报告。另一方面，工程监理企业还可以向建设单位提出合理建议，以避免发生建设单位的不当建设行为，这对规范建设单位的建设行为也可起到一定的约束作用。当然，工程监理企业首先必须规范自身的行为，接受政府的监督管理，才能使得约束机制的作用得以充分发挥。

3. 有利于保证建设工程质量和使用安全

建设工程关系到人民的生命财产安全、健康和环境。因此，在保证建设工程质量和使用安全方面不允许有丝毫的疏忽。工程监理企业是从建筑产品需求者的角度对承建单位建设行为进行监督管理，与建筑产品的承建单位的自身生产管理有很大的不同。工程监理企业不同于建设工程的实际需求者，监理人员应是既懂工程技术又懂经济管理的专业人士，应有能力及时发现和解决建设工程实施过程中出现的各种问题，因而对保证建设工程质量和使用安全起着十分重要的作用。

4. 有利于提高建设工程投资效益和社会效益

从建设单位角度出发，希望在满足建设工程预定功能和质量标准的前提下，建设投资额最少；希望在满足建设工程预定功能和质量标准的前提下，建设工程寿命周期费用最少，从而实现项目利益最大化。建设工程寿命周期费用是指工程项目从构思到项目建成投入使用直至工程寿命终结全过程所发生的一切可直接体现资金耗费的投入总和，包括建设费用和运营维持费用。对国家、社会公众而言，应努力实现建设工程本身的投资效益与环境、社会效益的综合效益最大化。随着建设工程监理制的全面推行，以及建设工程寿命周期费用思想和综合效益理念被越来越多的建设单位所接受，工程监理企业不仅可以协助建设单位实现建设工程的投资效益，还有利于提高我国全社会的投资效益，促进国民经济的发展。

1.2 建设工程监理的理论基础和现阶段的特点

1.2.1 建设工程监理的理论基础

20世纪80年代中期，我国在接受世界银行贷款的建设工程上普遍采用了国际咨询工程师联合会（FIDIC）出版的土木工程施工合同条件（以下简称“FIDIC合同条件”），并取得了良好的实施效果。该合同条件中对工程师作为独立、公正的第三方的要求及其对承包单位严格、细致的监督和检查的规定，被认为对此起到了非常重要的作用。因此，在我国提出建设工程监理制构想时，充分考虑了FIDIC合同条件，吸收了其中对工程监理企业和监理工程师的独立、公正要求，以保证在维护建设单位利益的同时，不损害承包单位的合法权益。还强调了对承包单位施工过程和施工工序的监督、检查和验收。

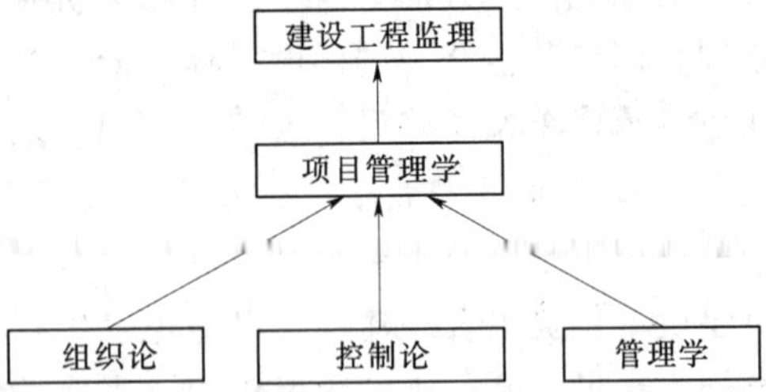

图1.2 建设工程监理理论基础层次图

FIDIC合同条件也是为满足国际工程建设项目管理的需要而产生的。我国建立工程监理制之初，开展建设监理试点的重要指导思想就是要改革建设项目管理体制。我国的建设工程监理其实就是工程建设项目管理的一种。其所依据的主要基本理论和方法来自建设项目管理学。建设项目管理学是以组织论、系统论、信息论、控制论等作为理论基础，结合建设工程项目和建筑市场的特点而形成的一门综合性的交叉学科，是管理学的一个分支，如图1.2所示。其研究的范围包括管理思想、管理体制、管理组织、管理方法、管理内容和管理手段。其研究的对象是建设工程项目管理总目标（包括：投资目标、工期目标、质量目标和安全目标）的有效控制。

当前我国正在进行规模巨大的工程建设，许多重大工程建设监理实践迫切需要正确的管理理论来指导，同时监理实践中也产生了许多新思路，迫切需要上升至理论层面。没有理论指导的实践是盲目的实践，没有实践基础的理论也是苍白的理论。研究和发展有中国特色的建设工程监理理论正逢其时。

1.2.2　现阶段我国建设工程监理的特点

我国的建设工程监理经过30多年的发展，取得了有目共睹的成绩，已逐渐为社会各界所接受。现阶段我国建设工程监理呈现出以下特点。

1. 建设工程监理属于国家强制推行的制度

为了适应我国社会主义市场经济发展的需要，建设工程监理是作为对长期计划经济条件下所形成的建设工程管理体制改革的一项新制度提出来的，是依靠国家行政和法律手段在全国范围强制推行的。为此，不仅在各级政府部门中设立了主管建设工程监理有关工作的专门机构，而且制定了有关的法律、行政法规、部门规章、标准规范、规范性文件；明确提出国家推行建设工程监理制度；规定了必须实行建设工程监理的工程范围。这使得建设工程监理事业在我国迅速发展，在较短时间内便形成了一批专业化、社会化的工程监理企业和一定规模的监理工程师队伍，缩小了与发达国家建设项目管理的差距。

2. 建设工程监理的服务对象具有单一性

国际上，建设项目管理按服务对象主要可分为建设单位服务的项目管理和为承包单位服务的项目管理。按照我国建设工程监理制度的有关规定，工程监理企业只接受建设单位委托的项目建设监理业务，即只为建设单位提供项目建设监理服务。从这个意义上看，可认为我国的建设工程监理就是为建设单位服务的一种项目管理方式。

3. 建设工程监理具有监督功能

我国的工程监理企业与建设单位的关系是委托与被委托关系，与承包单位虽无直接合同关系，但经建设单位授权，有权对其不当建设行为进行监督，或预先防范，或指令及时改正，或向有关部门反映，促其纠正。我国的工程监理企业的这种特殊地位，不仅在建设单位与承包单位签订的合同中有明确规定，也是由我国有关监理的法律、法规、规章、规范赋予的。不仅如此，在我国的建设工程监理中还强调对承包单位施工过程和施工工序的监督、检查和验收，在实践中还进一步提出了旁站监理、见证取样和送检等相关规定。应当说，我国监理工程师在质量控制方面的工作所达到的深度和细度，超过了国际上建设项目管理人员的工作深度、广度和细度，对保证工程质量起了很好的作用。

4. 市场准入的双重控制

在建设项目管理方面，有的发达国家只对有关从业人员的执业资格提出要求，而未对企业的资质管理作出明确规定。而我国建设工程监理的市场准入制度采取了人员资格和企业资质的双重控制方案。规定了不同资质等级的工程监理企业应有取得监理工程师资格证书并经注册的人员数量的要求。要求专业监理工程师以上的监理人员要取得监理工程师资格证书并经注册方可执业。如《关于加强工程监理人员从业管理的若干意见》（征求意见稿）要求担任总监理工程师岗位职务的监理人员必须取得《中华人民共和国注册监理工程师注册执业证书》（以下简称“执业证书”）和执业印章，并对未取得执业证书和执业印章的专业技术人员担任专业工程师岗位职务提出了限制条件。应当说，这种市场准入的双重控制对于保证我国建设工程监理队伍的基本素质，规范我国建设工程监理企业的经营行为起到了积极的作用，是监理科学性的具体要求和体现。

1.2.3 建设工程监理的发展趋势

由于监理制的实施，我国在工程管理方面初步实现了与国际惯例接轨。但在其推行过程中仍存在一些问题，影响到监理行业持续健康发展。为了使我国的建设工程监理制度在工程建设领域发挥更大的作用，应从以下几个方面发展。

1. 加强法制建设，走法制化、制度化的道路

当前，我国颁布的法律法规中有一定数量关于建设工程监理的条款，部门规章和地方性法规的数量就更多，在某种程度上反映了建设工程监理的法律地位。从WTO规则看，国内有关监理的法律法规也是对外开放监理市场的法律依据。但我国的法制建设仍有不完善之处，突出表现在市场规则和市场机制方面。市场规则特别是市场竞争规则和市场交易规则还不健全。市场机制（包括信用机制、价格形成机制、风险防范机制、仲裁机制等）尚未培育成熟。对此，应当在总结经验的基础上，借鉴国际上的通行做法，逐步建立和健全，使我国的建设工程监理逐渐步入有法可依、有法必依、执法必严的轨道，才能适应加入WTO后的国际竞争新形势。

2. 以市场需求为导向，向全方位、全过程监理发展

我国实行建设工程监理已有30多年，目前仍以施工阶段的监理为主。这既有体制上和认识上的原因，也有市场需求、监理企业水平及能力等原因。随着项目法人责任制的不断完善，以及国内民营企业投资项目和三资项目的增多，建设单位将越来越重视工程投资效益，对工程前期决策阶段监理的需要将日益增加。展望未来，应当按照市场需求多样化的规律，积极扩展监理服务内容。从现阶段以施工阶段为主，向全过程、全方位监理发展，即不仅要进行施工阶段质量、投资、进度控制及安全生产监管，做好合同管理、信息管理和组织协调工作，而且要进行决策阶段和设计阶段的监理。只有实施全方位、全过程监理，才能更好地发挥建设工程监理的作用，这也是我国工程监理行业今后发展的趋向。

3. 适应市场需求，优化工程监理企业专业结构和规模结构

在市场经济条件下，建设单位对建设工程监理服务的需求具有多样性，工程监理企业所能提供的服务也应当多样化。建设工程监理朝全方位、全过程监理方向发展的提出，是从建设工程监理整个行业的角度来说的，不意味着所有的工程监理企业都朝这个方向发展。因此，应通过必要的行业政策引导和适应市场机制，在工程监理行业逐步建立起综合性监理企业与专业性监理企业相结合、大中小型监理企业相结合的合理的企业专业和规模结构。根据专业工作内容，建立起能承担全过程、全方位监理任务的综合性监理企业与能承担某一专业监理任务的监理企业相结合的企业专业结构。按照工作阶段，建立起能承担工程建设全过程监理的大型监理企业与能承担某一阶段工程监理任务的中型监理企业和只提供旁站监理劳务的小型监理企业相结合的企业规模结构。这样，既能满足建设单位的各种需求，又能使各类监理企业发挥各自的特长，都有合理的生存和发展空间。一般来说，大型、综合能力强的监理企业应当向综合监理方向发展，中小型监理企业则应当逐渐形成自己的专业特色。

4. 加强培训工作，不断提高从业人员素质

工程建设领域的新技术、新工艺、新材料层出不穷，工程技术标准、规范、规程时

有更新，有关工程管理的信息技术日新月异，都要求建设工程监理从业人员与时俱进，不断提高自身的业务素质和职业道德水准，这样才能为建设单位提供优质服务。全方位、全过程监理对从业人员的素质的要求就更高。从业人员的素质是整个工程监理行业发展的基石。只有培养和造就出大批高素质的监理从业人员，才能形成相当数量的实力强的工程监理企业，才能形成一批公信力强、有品牌效应的工程监理企业，才能提高我国建设工程监理行业的总体水平，才能推动建设工程监理事业更好、更快、可持续地发展。

5. 与国际惯例接轨，走向世界

应当认真学习和研究国际上被普遍接受的规则，为我所用。力求缩小我国的建设工程监理制与国际惯例间的差异。逐步解决我国和世界各国，尤其是发达国家和地区的执业资格互认问题。我国的监理工程师和工程监理企业应当做好充分准备，不仅要迎接国外同行进入我国市场后的竞争挑战，而且也要把握进入国际市场的机遇，敢于到国际市场与国外同行竞争。大型、综合实力强的工程监理企业应当率先在这方面采取行动。

1.3 建设工程法律法规及监理规范

1.3.1 建设工程法律法规体系

依据《中华人民共和国立法法》制定和公布施行的有关建设工程的各项法律、行政法规、地方性法规、自治条例、单行条例、部门规章和地方政府规章，构成了我国建设工程法律法规体系。本节主要讲述与建设工程监理有关的法律、行政法规和部门规章。

1. 建设工程法律、行政法规、部门规章的制定机关和法律效力

法律是由全国人民代表大会及其常务委员会通过的规范工程建设活动的法律，由国家主席签署主席令予以公布的。建设工程法律及与建筑工程有关的法律，如《中华人民共和国建筑法》、《中华人民共和国城市规划法》、《中华人民共和国招标投标法》、《中华人民共和国合同法》、《中华人民共和国政府采购法》等。

建设工程行政法规是指由国务院根据宪法和法律制定的规范工程建设活动的各项行政法规，由总理签署国务院令公布后，在国务院公报和在全国范围内发行的报纸上刊登。如《建设工程质量管理条例》、《建设工程勘察设计管理条例》等。

建设工程部门规章是指国务院建设行政主管部门按照国务院规定的职权范围，独立或会同其他国务院有关部门联合根据法律和国务院的行政法规、决定、命令，制定的规范工程建设活动的各项规章。属于住建部制定的，由部长签署住建部令予以公布；属于住建部会同其他部委制定的，由各部委部长共同签署予以公布。

2. 建设工程法律、行政法规、部门规章的法律效力

法律的效力高于行政法规；行政法规的效力高于部门规章。

3. 主要与建设工程监理有关的建设工程法律、法规和规章

(1) 法律。

1) 中华人民共和国建筑法。

2）中华人民共和国招标投标法。

3）中华人民共和国合同法。

4）中华人民共和国仲裁法。

5）中华人民共和国土地管理法。

6）中华人民共和国城市规划法。

7）中华人民共和国环境保护法。

8）中华人民共和国环境影响评价法。

9）中华人民共和国城市房地产管理法。

10）中华人民共和国安全生产法。

（2）行政法规。

1）建设工程质量管理条例。

2）建设工程安全生产管理条例。

3）生产安全事故报告和调查处理条例。

4）建设工程勘察设计管理条例。

5）民用建筑节能条例。

6）中华人民共和国土地管理法实施条例。

（3）部门规章。

1）工程监理企业资质管理规定。

2）外商投资建设工程服务企业管理规定。

3）注册监理工程师管理规定。

4）建设工程监理范围和规模标准规定。

5）建筑工程设计招标投标管理办法。

6）房屋建筑和市政基础设施工程施工招标投标管理办法。

7）建筑工程施工发包与承包计价管理办法。

8）评标委员会和评标方法暂行规定。

9）建筑工程施工许可管理办法。

10）建设工程施工现场管理规定。

11）建筑安全生产监督管理规定。

12）工程建设重大事故报告和调查程序规定。

13）实施工程建设强制性标准监督规定。

14）建设工程质量检测管理办法。

15）房屋建筑工程质量保修办法。

16）房屋建筑工程和市政基础设施工程竣工验收备案管理暂行办法。

17）城市建设档案管理规定。

18）建设工程监理与相关服务收费管理规定。

监理工程师应当熟悉我国建设工程法律法规规章体系，不仅要掌握其中与监理工作联系较紧密的法律、行政法规、部门规章，而且要熟悉和掌握地方性法规、自治条例、单行条例和地方政府规章，以便依法开展监理工作，更好地规范工程监理行为。

1.3.2　建筑法

《建筑法》是我国制定的一部规范建筑活动的法律，也是一部重要的经济法律。全文分八章共计八十五条。1997年11月1日由中华人民共和国第八届全国人民代表大会常务委员会第二十八次会议通过并予以公布，自1998年3月1日起施行，并于2011年进行了修订。

1. 总则

总则一章是对整部法律的纲领性规定，主要内容包括：

(1)《建筑法》立法目的为了加强对建筑活动的监督管理，维护建筑市场秩序，保证建筑工程的质量和安全，促进建筑业健康发展。

(2)《建筑法》的适用范围：

1) 地域范围：中华人民共和国境内，即中华人民共和国主权所及的全部领域内。

2) 法律空间效力范围：法律空间效力范围的普遍原则，是适用于制定它的机关所管辖的全部领域。

3) 主体范围：包括一切从事建筑活动的主体和各级依法负有对建筑活动实施监督管理的政府机关。

4) 建筑活动的范围：是各类房屋建筑及其附属设施的建造和与其配套的线路、管道、设备的安装活动。

5) 建筑活动必须遵循的原则和基本要求：建筑活动必须遵循保证工程质量和安全的原则；在建筑活动中确保建筑工程质量和安全的基本要求，是必须符合国家的建筑工程安全标准。

6) 建筑活动应当遵守法律的规定：从事建筑活动，应当遵守法律、法规，不得损害社会公共利益和他人的合法权益。

7) 依法进行的建筑活动受法律保护的规定：任何单位和个人都不得妨碍和阻挠依法进行的建筑活动。

8) 立足于扶持建筑业走向更高水平的立法指导原则：国家扶持建筑业的发展，支持建筑科学技术研究，提高房屋建筑设计水平，鼓励节约能源和保护环境，提倡采用先进技术、先进设备、先进工艺、新型建筑材料和现代管理方式。

2. 建筑许可

建筑许可一章是关于建筑许可制度的规定，共8条，分为建筑工程施工许可和从业资格两节。

(1) 建筑工程施工许可。建筑工程施工许可是指建筑工程开工前，建设单位应当按照国家有关规定向工程所在地县级以上人民政府建设行政主管部门申请领取施工许可证，建设行政主管部门根据建设单位的申请，依法对建筑工程所应具备的施工条件进行审查，符合规定条件的，准许该建筑工程开始施工，并颁发施工许可证的一种制度。其主要内容包括：

1) 施工许可证的申领时间、申领程序、工程范围、审批权限以及施工许可证与开工报告之间的关系。其中在工程范围方面，有两种情况在法律上是例外，一是国务院建设行政主管部门确定的限额以下的小型工程除外。二是按照国务院规定的权限和程序批准开工报告的建筑工程，不再领取施工许可证。

2）申请施工许可证的条件和颁发施工许可证的时间规定。其中在施工许可条件方面，建筑法中规定了8项条件，包含了施工前必须办妥的手续，必须具有的证件，必须具备的条件。比如，建筑工程用地批准手续，城市规划许可证，拆迁进度符合施工要求，有满足施工需要的施工图纸和技术资料等，这些条件都符合要求的，即行颁发施工许可证。

3）施工许可证的有效时间（以下简称“时效”）和延期的规定。其中在施工许可证的时效方面，《建筑法》主要是规定建设单位应当自领取施工许可证之日起，3个月内开工。因故不能按期开工的，应当申请延期。延期以两次为限，每次不超过3个月，也就是最多延期半年。对于不开工也不申请延期的，或者超过延期时限的，施工许可证自行废止。对施工许可证所以如此规定时间上的效力，主要是由于建筑工程的施工条件是会起变化的，应当在动态中进行监督管理。对于建筑工程中止施工的；中止施工后又恢复施工的；批准开工报告后不开工或者中止施工的；有关的时效问题，都在建筑法中作了规定，其出发点都是为了有效地进行监督。

4）已领取施工许可证的建筑工程中止施工及恢复施工的有关规定。

5）已取得开工报告的建筑工程不能按期开工或中止施工以及开工报告有效期的规定。按照国家有关规定批准开工报告的建筑工程因故不能按期开工超过6个月的，应当重新向按照国务院有关规定确定的开工报告审批部门申请办理该建筑工程开工报告的批准手续。

（2）从业资格。关于建筑活动从业资格的规定，共3条，包括以下内容：

1）从事建筑活动的建筑施工企业、勘察单位、设计单位和工程监理单位应当具备的条件。应有符合国家规定的注册资本；有与其从事的建筑活动相适应的具有法定执业资格的专业技术人员；有从事相关建筑活动所应有的技术装备，以及法律、行政法规规定的其他条件。

2）从事建筑活动的建筑施工企业、勘察单位、设计单位和工程监理单位应当按照其拥有的条件划分为不同的资质等级，并应当在其资质等级许可的范围内从事建筑活动。

3）从事建筑活动的专业技术人员，应当依法取得执业资格证书，并在执业资格证书许可的范围内从事建筑活动。

（3）建筑工程发包与承包。建筑工程发包与承包一章共3节15条，对建筑工程发包与承包活动的基本原则及发包与承包活动应遵守的具体行为规范作了规定。

1）一般规定。一般规定包括：发包单位和承包单位应当签订书面合同，并应依法履行合同义务；招标投标活动的原则；发包和承包行为约束方面的规定；合同价款约定和支付的规定等。

本节共4条，对建筑工程发包与承包活动应当共同遵守的基本原则作了规定，包括：

a. 建筑工程的发包与承包双方应当依法订立合同，全面履行合同约定义务的原则。

b. 建筑工程发包与承包的招标投标活动应当遵循公开、公正、平等竞争的原则。

c. 在建筑工程的发包与承包活动中禁止任何形式的行贿受贿行为的原则。

d. 建筑工程的造价应当由合同双方依法约定以及发包单位应当依照合同约定及时拨付工程款项的原则。

2）发包。本节共 7 条，分别就建筑工程发包的以下问题作了规定，确立了建筑工程发包活动应当遵守的基本行为规范。

a. 建筑工程的发包方式。

b. 公开招标发包的基本程序性规则。

c. 建筑工程招标的开标、评标、定标的组织实施单位及接受有关主管部门的监督。

d. 发包方只能将工程发包给具备相应资质条件的单位。

e. 禁止行政机关滥用行政权利指定发包。

f. 禁止将工程肢解发包。

g. 禁止发包单位向承包单位违法指定建筑材料、设备及构配件的生产厂、供应商。

3）承包。本节共 4 条，分别就建筑工程承包的以下问题作了规定，确立了建筑工程承包活动应当遵守的基本行为规范。

a. 承包单位必须按其资质条件承揽工程，禁止无资质、超资质等级或者以任何形式借用其他建筑企业的名义承揽工程。

b. 关于两个以上承包单位的联合共同承包。

c. 禁止转包。

d. 禁止违法分包。

（4）建筑工程监理。本章是关于建筑工程监理的规定，共 6 条，分别规定了以下内容：

1）国家推行建筑工程监理制度，国务院可以规定实行强制监理的建筑工程的范围。

2）建设单位应当委托具有相应资质条件的工程监理单位实施监理，并与其委托的工程监理单位订立书面委托合同。

3）建筑工程监理的地位、主要任务、实施监理的基本依据以及工程监理人员基本权利。

4）建设单位应当在实施建筑工程监理前将委托监理的有关事项通知建筑施工企业。

5）工程监理单位应当遵循的基本执业准则。

6）工程监理单位不按照委托监理合同履行监理义务或者与承包单位串通，给建设单位造成损失应当承担民事赔偿责任。

（5）建筑安全生产管理。本章共 16 条，就建筑安全生产管理中若干重要问题作了明确规定，主要包括：

1）建筑工程安全生产管理必须遵循的基本方针和基本制度。

2）建筑工程设计必须遵循保证工程安全性能的要求。

3）对建筑施工企业提出的保证生产安全的要求，包括：对施工企业编制施工组织设计的安全要求，对施工现场安全管理的要求，对建立健全企业安全生产责任制的要求；对建立健全劳动安全生产教育培训制度的要求；禁止进行危及安全生产的违章指挥、违章作业；为从事危险作业的职工办理意外伤害保险的要求。

4）对涉及建筑主体和承重结构变动的装修工程的安全要求。

5）对房屋拆除作业的安全要求。

6）发生建筑安全事故的处理。

7）工程建设单位为保证建筑生产安全应履行的义务。

8）有关行政主管部门对建筑安全生产监督管理的职责。

（6）建筑工程质量管理。本章共12条，主要规定了以下内容：

1）建筑工程勘察、设计、施工的质量必须符合国家有关建筑工程安全标准的要求。

2）国家对从事建筑活动的单位推行质量体系认证制度。

3）建设单位对保证工程质量应遵守的基本义务。

4）实行总承包的建筑工程，总承包单位与分包单位的质量责任。

5）建筑工程的勘察、设计单位应当履行的保证质量的义务。

6）建筑设计单位不得对设计文件选用的建筑材料等指定生产厂、供应商。

7）建筑施工企业应当履行的保证工程质量的义务。

8）在建筑物的合理使用寿命内必须确保地基基础工程和主体结构质量以及工程竣工时不得留有质量缺陷。

9）建筑工程的竣工验收制度。

10）建筑工程的质量保修制度。

11）单位和个人对建筑工程质量的检举、控告、投诉权利。

（7）法律责任。本章共17条，主要对下列违法行为应承担的行政责任、民事责任作了规定；对其中构成犯罪的行为，重申了要依法追究刑事责任。

1）违反本法规定，未取得施工许可证或者开工报告未经批准擅自施工的。

2）发包单位将工程发包给不具有相应资质条件的承包单位或者违反本法规定将建筑工程肢解发包的，未取得资质证书承揽工程或者超越本单位资质等级承揽工程的，以欺骗手段取得资质证书的。

3）建筑施工企业转让、出借资质证书或者以其他方式允许他人以本企业的名义承揽工程的。

4）承包单位将承包的工程转包或者违反本法规定进行分包的。

5）在工程发包与承包中索贿、受贿、行贿的。

6）工程监理单位与建设单位或者建筑施工企业串通，弄虚作假、降低工程质量以及工程监理单位转让工程监理业务的。

7）涉及建筑主体或者承重结构变动的装修工程没有设计方案擅自施工的。

8）建筑施工企业对建筑安全事故隐患不采取措施予以消除的，建筑施工企业的管理人员违章指挥、强令工人冒险作业，因而发生重大伤亡事故或者造成其他严重后果的。

9）建设单位违法要求建筑设计单位或者建筑施工企业违反建筑工程质量、安全标准，降低工程质量的。

10）建筑设计单位不按照建筑工程质量、安全标准进行设计的。

11）建筑施工企业在施工中偷工减料的，使用不合格的建筑材料、建筑构配件和设备的，或者有其他不按照工程设计图纸或者施工技术标准施工的行为的。

12）建筑施工企业违反本法规定，不履行保修义务或者拖延履行保修义务的。

13）有关主管部门违反本法规定，对不具备相应资质等级条件的单位颁发该等级资质证书的。

14）政府及其所属部门的工作人员违反本法规定，限定发包单位将招标发包的工程发包给指定的承包单位的。

15）负责颁发建筑工程施工许可证的部门及其工作人员对不符合施工条件的建筑工程颁发施工许可证的；负责工程质量监督检查或者竣工验收的部门及其工作人员对不合格的建筑工程出具质量合格文件或者按合格工程验收的。

1.3.3 建设工程质量管理条例

《建设工程质量管理条例》（以下简称《质量条例》）于2000年1月10日经国务院第25次常务会议通过，2000年1月实施。共分9章，共计137条。规定了建设单位、勘察单位、设计单位、施工单位和工程监理单位的质量责任和义务，明确了工程质量保修制度、工程质量监督制度等内容，对各种违法违规行为的处罚作了原则规定。

1. 总则

总则一章共6条，主要内容包括制定《质量条例》的目的和依据；《质量条例》所调整的对象及适用范围；建设工程质量的责任主体；建设工程质量监督管理的主体；以及为保证建设工程质量，工程建设必须遵守的程序要求；国家鼓励采用先进科学技术和管理方法，以提高建设工程质量。主要内容包括：

（1）制定《质量条例》的目的和依据：为了加强对建设工程质量的管理，保证建设工程质量，保护人民生命和财产安全，根据《建筑法》，制定本条例。

（2）调整对象及适用范围：凡在中华人民共和国境内从事建设工程的新建、扩建、改建等有关活动及实施对建设工程质量监督管理的，必须遵守本条例。

（3）建设工程质量责任主体：建设单位、勘察单位、设计单位、施工单位、工程监理单位依法对建设工程质量负责。

（4）建设工程质量监督管理主体：县级以上人民政府建设行政主管部门和其他有关部门应当加强对建设工程质量的监督管理。

（5）政府管理部门和各类建设主体必须严格遵守建设程序的规定：从事建设工程活动，必须严格执行基本建设程序，坚持先勘察、后设计、再施工的原则。县级以上人民政府及其有关部门不得超越权限审批建设项目或擅自简化基本建设程序。

（6）国家鼓励在提高建设工程质量问题上采用先进的科学技术和管理方法的规定：国

家鼓励采用先进的科学技术和管理方法，提高建设工程质量。

2. 建设单位的质量责任和义务

建设单位的质量责任和义务一章共11条，规定了建设单位在工程建设活动中应承担的质量责任和义务。主要包括依法进行工程发包、工程招标、提供原始资料、不得干预投标人、送审施工图、委托监理、确保提供的物资复核要求、不得擅自改变主体和承重结构进行装修、依法组织验收和移交建设项目档案等的责任。若违反资质管理发包、肢解发包、擅自开工、违反验收管理、未移交档案、擅自改变房屋主体或者承重结构以及有其他违规、违法行为的，应承担相应的法律责任。对责任人员也规定了应承担的法律责任。

《质量条例》的第12条，对委托监理作了重要规定：实行监理的建设工程，建设单位应当委托具有相应资质等级的工程监理单位进行监理，也可以委托具有工程监理相应资质等级并与被监理工程的施工承包单位没有隶属关系或者其他利害关系的该工程的设计单位进行监理。

3. 勘察、设计单位的质量责任和义务

主要内容包括：勘察、设计单位市场准入的条件和行为要求；勘察、设计单位以及注册执业人员的法律责任；对勘察、设计成果质量的基本要求；设计单位应当根据勘察成果进行工程设计和设计文件应当达到规定深度并注明合理使用年限的规定；设计文件中应注明材料、构配件和设备的规格、型号、性能等技术指标，质量必须符合国家规定标准；除有特殊要求外，设计单位不得指定生产厂和供应商；设计单位应就施工图设计文件向施工单位作出详细说明的规定；设计单位参与工程质量事故分析的责任等。

4. 施工单位的质量责任和义务

主要内容包括：施工单位市场准入条件和行为要求；施工单位对建设工程施工质量负责和建立质量责任制，以及总、分承包单位的工程质量责任的规定；有关施工依据和行为限制方面的规定，以及在设计文件和图纸方面的义务；施工单位使用材料、构配件和设备前必须进行检验的规定；施工质量检验制度和隐蔽工程检查的规定；试块、试件取样和检测的规定；工程返修的规定；建立、健全教育培训制度的规定等。

5. 工程监理单位的质量责任和义务

工程监理单位的质量责任和义务一章共5条，对监理单位的市场行为准则、工作的服务特性、监理过程中的职责和义务等作了规定。

(1) 市场准入和市场行为规定：工程监理单位应当依法取得相应等级的资质证书，并在其资质等级许可的范围内承担工程监理业务。

禁止工程监理单位超越本单位资质等级许可的范围或者以其他工程监理单位的名义承担工程监理业务；禁止工程监理单位允许其他单位或者个人以本单位的名义承担工程监理业务；工程监理单位不得转让工程监理业务。

(2) 工程监理单位与被监理单位间关系的限制性规定：工程监理单位与被监理工程的施工承包单位以及建筑材料、建筑构配件和设备供应单位有隶属关系或者其他利害关系的，不得承担该项建设工程的监理业务。

(3) 监理工作依据、内容和监理责任的规定：工程监理单位应当依照法律、法规以及有关技术标准、设计文件和建设工程承包合同，受建设单位委托对施工质量实施监理，并对施工质量承担监理责任。

(4) 监理人员资格要求及管理工程的权利：工程监理单位应当选派具备相应资格的总监理工程师和（专业）监理工程师进驻施工现场。

未经监理工程师签字，建筑材料、建筑构配件和设备不得在工程上使用或安装，施工单位不得进行下一道工序的施工。未经总监理工程师签字，建设单位不得拨付工程款，不得进行竣工验收。

(5) 监理形式的规定：监理工程师应当按照工程监理规范的要求，采用旁站、巡视和平行检验等形式，对建设工程实施监理。

6. 建设工程质量保修

建设工程质量保修一章共 4 条，对建设工程实行质量保修制度；建设工程的最低保修期限；建设工程保修的责任履行；建设工程超过合理使用年限后继续使用的办法作出了规定。

7. 监督管理

监督管理一章共 11 条，规定了国家实行建设工程质量监督管理制度。主要内容包括：

(1) 明确了国家实行建设工程质量监督管理制度，规定了建设工程质量监督管理体制。

(2) 关于国务院建设行政主管部门及有关部门依法对建设工程质量进行监督检查的规定。

(3) 关于国务院发展计划部门和经济贸易主管部门按照各自职责对重大建设工程和重大技术改造项目实施监督管理的规定。

(4) 关于建设工程质量监督管理可委托有关机构具体实施机构，以及对其考核、认可的规定。

(5) 县级以上地方人民政府职能部门对建设工程质量监督检查内容的规定。

(6) 规定了县级以上人民政府建设行政主管部门或者有关部门履行监督检查职责时，有权采取的措施。

(7) 关于建立建设工程竣工验收备案制度的规定。

(8) 关于建设行政主管部门或者其他有关部门及其委托的工程质量监督机构依法执行监督检查公务活动时，应受到法律保护的规定。

(9) 关于供水、供电、供气、公安消防等部门或者单位不得滥用权力的规定。

(10) 关于工程质量事故报告制度的规定。

(11) 关于建设工程质量实行社会监督的规定。

8. 罚则

罚则一章共 24 条，是对违反本《质量条例》的行为所应追究的法律责任的规定。

1.3.4 建设工程监理规范

《建设工程监理规范》是由住房与城乡建设部会同有关部门共同制订，经有关部门会审批准的国家标准。2013 年对原规范进行了修订，并于 2014 年 3 月开始实施。修订后的规范共有9章及附录，即：总则；术语；项目监理机构及其设施；监理规划及监理实施细则，工程质量、造价、进度控制及安全生产管理的监理工作；工程变更、索赔及施工合同争议；监理文件资料管理；设备采购与设备监造；相关服务；以及附录。监理规范是指导现阶段我国建设工程施工监理的纲领性文件。

1. 总则

（1）制定目的：为了提高建设工程监理水平，规范建设工程监理行为。

（2）适用范围：新建、扩建、改建建设工程施工、设备采购和监造的监理工作。

（3）实施建设工程监理前，监理单位必须与建设单位签订书面建设工程委托监理合同，合同中应包括监理单位对建设工程质量、造价、进度进行全面控制和管理的条款。建设单位与承包单位之间与建设工程合同有关的联系活动应通过监理单位进行。

（4）建设工程监理应实行总监理工程师负责制的规定。

（5）监理单位应公正、独立、自主地开展监理工作，维护建设单位和承包单位的合法权益。

（6）建设工程监理应符合建设工程监理规范和国家其他有关强制性标准、规范的规定。

2. 术语

监理规范对工程监理单位、建设工程监理、相关服务、项目监理机构、注册监理工程师、总监理工程师、总监理工程师代表、专业监理工程师、监理员、监理规划、监理实施细则、工程计量、旁站、巡视、平行检验、见证取样、工程延期、工期延误、工程临时延期批准、工程最终延期批准、监理日志、监理月报、设备监造和监理文件资料等24条建设工程监理常用术语作了定义。

3. 项目监理机构及其设施

（1）项目监理机构。

1）关于项目监理机构建立时间、地点及撤离时间的规定。

2）关于项目监理机构组织形式、规模的确定。

3）项目监理机构人员配备以及监理人员资格要求的规定。

4）项目监理机构的组织形式、人员构成及对总监理工程师的任命应书面通知建设单位，以及监理人员变化的有关规定。

（2）监理人员职责。规定了总监理工程师、总监理工程师代表、专业监理工程师和监理员等项目监理机构人员的分工和岗位职责，具体内容见第4章第4节。

（3）监理设施。

1）建设单位提供委托监理合同约定的办公、交通、通讯、生活设施。项目监理机构应妥善保管和使用，并在完成监理工作后移交建设单位。

2）项目监理机构应按委托监理合同的约定，配备满足监理工作需要的常规检测设备和工具。

3）在大中型项目的监理工作中，项目监理机构应实施监理工作的计算机辅助管理。

4. 监理规划及监理实施细则

(1) 监理规划。规定了编制监理规划的要求、程序、依据、主要内容及调整修改等。

(2) 监理实施细则。规定了编写监理实施细则的要求、程序、依据和主要内容等。

5. 工程质量、造价、进度控制及安全生产管理的监理工作

(1) 一般规定。主要内容包括：项目监理机构应根据建设工程监理合同约定，遵循动态控制原理，坚持预防为主的原则，制定和实施相应的监理措施，采用旁站、巡视和平行检验等方式对建设工程实施监理。

(2) 工程质量控制。主要内容包括：工程开工前，项目监理机构应审查施工单位现场的质量管理组织机构、管理制度及专职管理人员和特种作业人员的资格；总监理工程师应组织专业监理工程师审查施工单位报审的施工方案，符合要求后应予以签认；工艺、新技术、新设备的质量认证材料和相关验收标准的适用性，必要时，应要求施工单位组织专题论证，审查合格后报总监理工程师签认；专业监理工程师应检查、复核施工单位报送的施工控制测量成果及保护措施，签署意见，专业监理工程师应对施工单位在施工过程中报送的施工测量放线成果进行查验；专业监理工程师应检查施工单位为工程提供服务的试验室；项目监理机构应审查施工单位报送的用于工程的材料、构配件、设备的质量证明文件，并应按有关规定、建设工程监理合同约定，对用于工程的材料进行见证取样、平行检验；专业监理工程师应审查施工单位定期提交影响工程质量的计量设备的检查和检定报告；项目监理机构应根据工程特点和施工单位报送的施工组织设计，确定旁站的关键部位、关键工序，安排监理人员进行旁站，并应及时记录旁站情况；项目监理机构应根据工程特点、专业要求，以及建设工程监理合同约定，对施工质量进行平行检验；项目监理机构应对施工单位报验的隐蔽工程、检验批、分项工程和分部工程进行验收，对验收合格的应给予签认；对验收不合格的应拒绝签认，同时应要求施工单位在指定的时间内整改并重新报验；项目监理机构发现施工存在质量问题的，或施工单位采用不适当的施工工艺，或施工不当，造成工程质量不合格的，应及时签发监理通知单，要求施工单位整改。整改完毕后，项目监理机构应根据施工单位报送的监理通知回复单对整改情况进行复查，提出复查意见。

对需要返工处理或加固补强的质量缺陷，项目监理机构应要求施工单位报送经设计等相关单位认可的处理方案，并应对质量缺陷的处理过程进行跟踪检查，同时应对处理结果进行验收；对需要返工处理或加固补强的质量事故，项目监理机构应要求施工单位报送质量事故调查报告和经设计等相关单位认可的处理方案，并应对质量事故的处理过程进行跟踪检查，同时应对处理结果进行验收；项目监理机构应审查施工单位提交的单位工程竣工验收报审表及竣工资料，组织工程竣工预验收。存在问题的，应要求施工单位及时整改；合格的，总监理工程师应签认单位工程竣工验收报审表；工程竣工预验收合格后，项目监理机构应编写工程质量评估报告，并应经总监理工程师和工程监理单位技术负责人审核签字后报建设单位；项目监理机构应参加由建设单位组织的竣工验收，对验收中提出的整改问题，应督促施工单位及时整改。工程质量符合要求的，总监理工程师应在工程竣工验收报告中签署意见。

(3) 工程造价控制。主要内容包括：项目监理机构进行工程计量和付款签证的程序；

项目监理机构应编制月完成工程量统计表，对实际完成量与计划完成量进行比较分析，发现偏差的，应提出调整建议，并应在监理月报中向建设单位报告；项目监理机构进行竣工结算款审核的程序。

（4）工程进度控制。主要内容包括：项目监理机构应审查施工单位报审的施工总进度计划和阶段性施工进度计划，提出审查意见，并应由总监理工程师审核后报建设单位；项目监理机构应检查施工进度计划的实施情况，发现实际进度严重滞后于计划进度且影响合同工期时，应签发监理通知单，要求施工单位采取调整措施加快施工进度。总监理工程师应向建设单位报告工期延误风险；项目监理机构应比较分析工程施工实际进度与计划进度，预测实际进度对工程总工期的影响，并应在监理月报中向建设单位报告工程实际进展情况。

（5）安全生产管理的监理工作。主要内容包括：项目监理机构应根据法律法规、工程建设强制性标准，履行建设工程安全生产管理的监理职责，并应将安全生产管理的监理工作内容、方法和措施纳入监理规划及监理实施细则；项目监理机构应审查施工单位现场安全生产规章制度的建立和实施情况，并应审查施工单位安全生产许可证及施工单位项目经理、专职安全生产管理人员和特种作业人员的资格，同时应核查施工机械和设施的安全许可验收手续；项目监理机构应审查施工单位报审的专项施工方案，符合要求的，应由总监理工程师签认后报建设单位。超过一定规模的危险性较大的分部分项工程的专项施工方案，应检查施工单位组织专家进行论证、审查的情况，以及是否附具安全验算结果。项目监理机构应要求施工单位按已批准的专项施工方案组织施工。专项施工方案需要调整时，施工单位应按程序重新提交项目监理机构审查；项目监理机构应巡视检查危险性较大的分部分项工程专项施工方案实施情况。发现未按专项施工方案实施时，应签发监理通知单，要求施工单位按专项施工方案实施；项目监理机构在实施监理过程中，发现工程存在安全事故隐患时，应签发监理通知单，要求施工单位整改；情况严重时，应签发工程暂停令，并应及时报告建设单位。施工单位拒不整改或不停止施工时，项目监理机构应及时向有关主管部门报送监理报告。

6．工程变更、索赔及施工合同争议处理

（1）一般规定。主要内容包括：项目监理机构应依据建设工程监理合同约定进行施工合同管理，处理工程暂停及复工、工程变更、索赔及施工合同争议、解除等事宜；施工合同终止时，项目监理机构应协助建设单位按施工合同约定处理施工合同终止的有关事宜。

（2）工程暂停及复工。主要内容包括：总监理工程师在签发工程暂停令时，可根据停工原因的影响范围和影响程度，确定停工范围，并应按施工合同和建设工程监理合同的约定签发工程暂停令；总监理工程师签发工程暂停令应事先征得建设单位同意，在紧急情况下未能事先报告时，应在事后及时向建设单位作出书面报告；暂停施工事件发生时，项目监理机构应如实记录所发生的情况；总监理工程师应会同有关各方按施工合同约定，处理因工程暂停引起的与工期、费用有关的问题；因施工单位原因暂停施工时，项目监理机构应检查、验收施工单位的停工整改过程、结果；当暂停施工原因消失、具备复工条件时，施工单位提出复工申请的，项目监理机构应审查施工单位报送的工程复工报审表及有关材料，符合要求后，总监理工程师应及时签署审查意见，并应报建设单位批准后签发工程复工令；施工单位未提出复工申请的，总监理工程师应根据工程实际情况指令施工单位恢复施工。

(3) 工程变更。主要内容包括：项目监理机构处理施工单位提出的工程变更的程序；项目监理机构可在工程变更实施前与建设单位、施工单位等协商确定工程变更的计价原则、计价方法或价款；建设单位与施工单位未能就工程变更费用达成协议时，项目监理机构可提出一个暂定价格并经建设单位同意，作为临时支付工程款的依据。工程变更款项最终结算时，应以建设单位与施工单位达成的协议为依据；项目监理机构可对建设单位要求的工程变更提出评估意见，并应督促施工单位按会签后的工程变更单组织施工。

(4) 费用索赔。主要内容包括：项目监理机构应及时收集、整理有关工程费用的原始资料，为处理费用索赔提供证据；项目监理机构处理费用索赔的主要依据；项目监理机构处理施工单位提出的费用索赔的程序；项目监理机构批准施工单位费用索赔应满足的条件；当施工单位的费用索赔要求与工程延期要求相关联时，项目监理机构可提出费用索赔和工程延期的综合处理意见，并应与建设单位和施工单位协商；因施工单位原因造成建设单位损失，建设单位提出索赔时，项目监理机构应与建设单位和施工单位协商处理。

(5) 工程延期及工期延误。施工单位提出工程延期要求符合施工合同约定时，项目监理机构应予以受理；当影响工期事件具有持续性时，项目监理机构应对施工单位提交的阶段性工程临时延期报审表进行审查，并应签署工程临时延期审核意见后报建设单位；当影响工期事件结束后，项目监理机构应对施工单位提交的工程最终延期报审表进行审查，并应签署工程最终延期审核意见后报建设单位；项目监理机构在批准工程临时延期、工程最终延期前，均应与建设单位和施工单位协商；项目监理机构批准工程延期应满足的条件；施工单位因工程延期提出费用索赔时，项目监理机构可按施工合同约定进行处理；发生工期延误时，项目监理机构应按施工合同约定进行处理。

(6) 施工合同争议。项目监理机构处理施工合同争议时应进行的工作；项目监理机构在施工合同争议处理过程中，对未达到施工合同约定的暂停履行合同条件的，应要求施工合同双方继续履行合同；在施工合同争议的仲裁或诉讼过程中，项目监理机构应按仲裁机关或法院要求提供与争议有关的证据。

(7) 施工合同解除。因建设单位原因导致施工合同解除时，项目监理机构应按施工合同约定与建设单位和施工单位协商确定施工单位应得款项，并应签发工程款支付证书；因施工单位原因导致施工合同解除时，项目监理机构应按施工合同约定确定施工单位应得款项或偿还建设单位的款项，并应与建设单位和施工协商后，书面提交施工单位应得款项或偿还建设单位款项的证明；因非建设单位、施工单位原因导致施工合同解除时，项目监理机构应按施工合同约定处理合同解除后的有关事宜。

7. 监理文件资料管理

(1) 一般规定。项目监理机构应建立完善监理文件资料管理制度，宜设专人管理监理文件资料；项目监理机构应及时、准确、完整地收集、整理、编制、传递监理文件资料；项目监理机构宜采用信息技术进行监理文件资料管理。

(2) 监理文件资料内容。监理文件资料应包括的主要内容；监理日志应包括的主要内容；监理月报应包括的主要内容；监理工作总结应包括的主要内容。

(3) 监理文件资料归档。项目监理机构应及时整理、分类汇总监理文件资料，并应按规定组卷，形成监理档案；工程监理单位应根据工程特点和有关规定，保存监理档案，并应向有关单位、部门移交需要存档的监理文件资料。

8. 设备采购与设备监造

(1) 一般规定。项目监理机构应根据建设工程监理合同约定的设备采购与设备监造工作内容配备监理人员，并明确岗位职责；项目监理机构应编制设备采购与设备监造工作计划，并应协助建设单位编制设备采购与设备监造方案。

(2) 设备采购。采用招标方式进行设备采购时，项目监理机构应协助建设单位按有关规定组织设备采购招标。采用其他方式进行设备采购时，项目监理机构应协助建设单位进行询价；项目监理机构应协助建设单位进行设备采购合同谈判，并应协助签订设备采购合同；设备采购文件资料应包括的主要内容。

(3) 设备监造。项目监理机构应检查设备制造单位的质量管理体系，并应审查设备制造单位报送的设备制造生产计划和工艺方案；项目监理机构应审查设备制造的检验计划和检验要求，并应确认各阶段的检验时间、内容、方法、标准，以及检测手段、检测设备和仪器；专业监理工程师应审查设备制造的原材料、外购配套件、元器件、标准件，以及坯料的质量证明文件及检验报告，并应审查设备制造单位提交的报验资料，符合规定时应予以签认；项目监理机构应对设备制造过程进行监督和检查，对主要及关键零部件的制造工序应进行抽检；项目监理机构应要求设备制造单位按批准的检验计划和检验要求进行设备制造过程的检验工作，并应做好检验记录。项目监理机构应对检验结果进行审核，认为不符合质量要求时，应要求设备制造单位进行整改、返修或返工。当发生质量失控或重大质量事故时，应由总监理工程师签发暂停令，提出处理意见，并应及时报告建设单位；项目监理机构应检查和监督设备的装配过程；在设备制造过程中如需要对设备的原设计进行变更时，项目监理机构应审查设计变更，并应协调处理因变更引起的费用和工期调整，同时应报建设单位批准；项目监理机构应参加设备整机性能检测、调试和出厂验收，符合要求后应予以签认；在设备运往现场前，项目监理机构应检查设备制造单位对待运设备采取的防护和包装措施，并应检查是否符合运输、装卸、储存、安装的要求，以及随机文件、装箱单和附件是否齐全；设备运到现场后，项目监理机构应参加设备制造单位按合同约定与接收单位的交接工作；专业监理工程师应按设备制造合同的约定审查设备制造单位提交的付款申请单，提出审查意见，并应由总监理工程师审核后签发支付证书；专业监理工程师应审查设备制造单位提出的索赔文件，提出意见后报总监理工程师，并应由总监理工程师与建设单位、设备制造单位协商一致后签署意见；专业监理工程师应审查设备制造单位报送的设备制造结算文件，提出审查意见，并应由总监理工程师签署意见后报建设单位。

9. 相关服务

(1) 一般规定。工程监理单位应根据建设工程监理合同约定的相关服务范围，开展相关服务工作，编制相关服务工作计划；工程监理单位应按规定汇总整理、分类归档相关服务工作的文件资料。

(2) 工程勘察设计阶段服务。工程监理单位应协助建设单位编制工程勘察设计任务书和选择工程勘察设计单位，并应协助签订工程勘察设计合同；工程监理单位应审查勘察单位提交的勘察方案，提出审查意见，并应报建设单位。变更勘察方案时，应按原程序重新审查；工程监理单位应检查勘察现场及室内试验主要岗位操作人员的资格，及所使用设备、仪器计量的检定情况；工程监理单位应检查勘察进度执行情况、督促勘察单位完成勘察合同约定的工作内容、审查勘察单位提交的勘察费用支付申请表，以及签发勘察费用支付证书，并应报建设单位；工程监理单位应检查勘察单位执行勘察方案的情况，对重要点位的勘探与测试应进行现场检查；工程监理单位应审查勘察单位提交的勘察成果报告，并应向建设单位提交勘察成果评估报告，同时应参与勘察成果验收；工程监理单位应依据设计合同及项目总体计划要求审查设计各专业、各阶段设计进度计划；工程监理单位应检查设计进度计划执行情况、督促设计单位完成设计合同约定的工作内容、审核设计单位提交的设计费用支付申请表，以及签认设计费用支付证书，并应报建设单位；工程监理单位应审查设计单位提出的新材料、新工艺、新技术、新设备在相关部门的备案情况。必要时应协助建设单位组织专家评审；工程监理单位应审查设计单位提出的设计概算、施工图预算，提出审查意见，并应报建设单位。

(3) 工程保修阶段服务。承担工程保修阶段的服务工作时，工程监理单位应定期回访；对建设单位或使用单位提出的工程质量缺陷，工程监理单位应安排监理人员进行检查和记录，并应要求施工单位予以修复，同时应监督实施，合格后应予以签认；工程监理单位应对工程质量缺陷原因进行调查，并应与建设单位、施工单位协商确定责任归属。对非施工单位原因造成的工程质量缺陷，应核实施工单位申报的修复工程费用，并应签认工程款支付证书，同时应报建设单位。

1.3.5 施工旁站监理管理办法

为了保证工程质量，建设部于2002年7月17日颁布了《房屋建筑工程施工旁站监理管理办法（试行）》，并于2003年1月1日起施行。

1. *房屋建筑工程施工旁站监理的概念*

所谓房屋建筑工程施工旁站监理（以下简称“旁站监理”），是指监理人员在工程施工阶段监理中，对关键部位、关键工序的施工质量实施全过程现场跟班的监督活动。

确定需要实施旁站监理的工程关键部位、关键工序时，必须结合具体的专业工程而定。就房屋建筑工程的关键部位、关键工序而言，在基础工程方面包括：土方回填，混凝土灌注桩浇筑，地下连续墙、土钉墙、后浇带及其他结构混凝土、防水混凝土浇筑，卷材防水层细部构造处理，钢结构安装等。在主体结构工程方面包括：梁柱节点钢筋隐蔽过程，混凝土浇筑，预应力张拉，装配式结构安装，钢结构安装，网架结构安装，索膜安装等。至于其他部位或工序是否需要旁站监理，可由建设单位与监理企业根据工程具体情况协商确定。

2. *实施旁站监理的一般程序*

(1) 监理企业在编制监理规划时，制定旁站监理方案，明确旁站监理的范围、内容、程序和旁站监理人员职责。旁站监理方案应当送建设单位、施工企业各一份，并抄送工程所在地的建设行政主管部门或其委托的工程质量监督机构。

(2) 施工企业根据监理企业制定的旁站监理方案，在需要实施旁站监理的关键部位、关键工序进行施工前24小时，书面通知监理企业派驻工地的项目监理机构。

(3) 项目监理机构安排旁站监理人员按照旁站监理方案实施旁站监理。

(4) 旁站监理人员对需要实施旁站监理的关键部位、关键工序在施工现场跟班监督，及时发现和处理旁站监理过程中出现的质量问题，如实准确地做好旁站监理记录。凡旁站监理人员和施工企业现场质检人员未在旁站监理记录上签字的，不得进行下一道工序施工。

(5) 旁站监理人员实施旁站监理时，发现施工企业有违反工程建设强制性标准行为的，有权责令施工企业立即整改；发现其施工活动已经或者可能危及工程质量的，应当及时向监理工程师或者总监理工程师报告，由总监理工程师下达局部暂停施工指令或者采取其他应急措施。

3. 旁站监理人员的主要职责

(1) 检查施工企业现场质检人员到岗、特殊工种人员持证上岗以及施工机械、建筑材料准备情况。

(2) 在现场跟班监督关键部位、关键工序的施工执行施工方案以及工程建设强制性标准情况。

(3) 核查进场建筑材料、建筑构配件、设备和商品混凝土的质量检验报告等，并可在现场监督施工企业进行检验或者委托具有资格的第三方进行复验。

(4) 做好旁站监理记录和监理日志，保存旁站监理原始资料，见表1.2。

表1.2　　旁站监理记录表示例

工程名称：××××工程　　　　编号：009

日期及气候：20×年×月×日　×℃～×℃	工程地点：××市××区××路××号院内
旁站监理的部位或工序：××××工程Ⅰ段独立柱基础	
旁站监理开始时间：×月×日　23：00	旁站监理结束时间：×月×日　3：30
施　工　情　况 基础钢筋安装绑扎施工完成后，经检查验收符合设计及规范要求，模板安装几何尺寸符合设计要求。采用商品混凝土，坍落度为180mm±20mm，混凝土强度为C30，采用汽车运输，输送泵浇筑，施工人数为振捣工4人，钢筋工1人，木工3人，水电工3人，混凝土工9人，管理人员2人。混凝土振捣采用插入式振捣器。制作C30混凝土标准养护试块3组、同条件养护试块3组	
监　理　情　况 1. 开盘前检查了C30混凝土的配比通知单、水泥质量检验报告、粗骨料（碎石）和细骨料的质量证明书、外加剂的质量合格证，其检查结果资料齐全，均符合要求。工程Ⅰ段夜间23：10开始浇筑C30混凝土，经监理现场检查，复测坍落度实测值为180mm，经复查开盘鉴定及混凝土配合比单均为C30混凝土，图纸设计基础混凝土标号为C30，符合要求；实验员在监理工程师的见证下，现场做混凝土C30标准养护试块三组、同条件养护试块三组。 2. 夜间施工时，施工总承包单位土建工长××、质检员××均在现场跟班作业；施工方法及混凝土振捣方法正确；监理工程师同步跟踪混凝土浇筑过程中模板是否胀模、模板支撑系统是否稳固等情况，未发生跑模、胀模	
发现问题：发现商品混凝土有供应不及时的迹象	
处理意见：要求施工总承包单位管理人员立即与商品混凝土供应单位联系，保证商品混凝土供应的及时到位	
备注：施工总承包单位的土建工长××给商品混凝土供应单位调度室打电话3次后，商品混凝土供应及时到位。工程质量处于受控状态，施工运转正常；安全施工无事故	
施工企业：××市××建筑工程公司 项目经理部：××市××建筑工程公司第一项目经理部 质检员（签字）：×× 20×年×月×日	监理企业：××市××工程监理有限公司 项目监理机构：某体育馆工程项目监理部 旁站监理人员（签字）：×× 20×年×月×日

4. 建设行政主管部门的监管责任

建设行政主管部门应当加强对旁站监理的监督检查。对于不按照本办法实施旁站监理的监理企业和有关监理人员要进行通报，责令整改，并作为不良记录载入该企业和有关人员的信用档案。情节严重的，在资质年检时应定为不合格，并按照下一个资质等级重新核定其资质等级。对于不按照本办法实施旁站监理而发生工程质量事故的，除依法对有关责任单位进行处罚外，还要依法追究监理企业和有关监理人员的相应责任。

1.4　工程建设程序和建设工程管理制度

1.4.1　我国工程建设的基本程序

1.4.1.1　工程建设基本程序的概念

工程建设基本程序是指工程建设项目从设想、决策、设计、施工、竣工验收、交付使用或投产、后评价的整个过程，应当遵循的内在规律和遵守的组织制度。

根据项目建设发展的内在规律，投资建设某项工程要经过投资决策、建设实施和交付使用三个发展时期。每个发展时期又可分为若干阶段，各阶段以及每个阶段内的各项工作间存在着严格的内在先后顺序关系。应当坚持“先勘察、后设计、再施工”的原则，突出优化决策、竞争择优、委托监理的原则。避免使工程项目成为边勘测、边设计、边施工的所谓“三边工程”。“三边工程”是违背工程建设基本程序的，在施工过程中的不可预见性、随意性较大，工程质量和安全隐患方面的问题较多，工期往往不能满足计划要求，工程竣工后的运行管理成本较高。国家的有关政策不主张“三边工程”。必须严格执行项目建设的基本程序，是每一位从事建设工程活动的建设工作者职责，更是建设工程监理人员的重要职责。

从工程建设基本程序的管理层面上讲，包含以下两方面意义：

(1) 政府行政管理部门按照基本建设程序，在各程序阶段设定审批、核准、许可等监管制度，对每项具体工程项目的全过程进行调控、监督与管理。

(2) 投资项目的建设单位按照有关规定严格项目的投资管理。参与项目建设的各行为主体按照建设程序办事，完善项目建设的各阶段法定手续。恪守尽责，依照批准的规模标准建设，做好工程的安全、质量、环境保护等各个环节工作。

目前我国的建设程序与计划经济时期相比较，已经发生了很大变化，使工程建设进一步顺应了市场经济的要求，与国际惯例更趋于一致。其中，关键性的变化是实行了项目法人责任制度、投资决策阶段的项目决策评估制度、工程招标投标制度、建设工程监理制度等。

按照我国现行规定，一般大中型及限额以上工程项目的建设程序可以分为以下几个阶段：

(1) 根据国民经济和社会发展长远规划，结合行业和地区发展规划的要求提出项目建议书。

(2) 在勘察、试验、调查研究及详细技术经济数据的基础上编制可行性研究报告。

(3) 根据咨询评估情况，对工程项目进行决策。

(4) 根据可行性研究报告，编制设计文件。

(5) 初步设计经批准后，做好施工前的各项准备工作。

(6) 组织施工，并根据施工进度，做好生产或动用前的准备工作。

(7) 项目按批准的设计内容完成，经投料试车验收合格后正式投产交付使用。

(8) 生产运营一段时间（一般为 1 年）后，进行项目后评价。

1.4.1.2 工程建设各阶段的工作内容

工程项目建设的全过程若按投资的时间节点划分，一般分为 3 个主要时期：投资前时期、投资时期和生产（运营）时期。项目投资前时期又包括：机会研究阶段、项目建议书阶段、可行性研究阶段、评估阶段和决策阶段。项目竣工验收后就进入了生产（运营）时期。从项目决策至项目竣工验收期间为投资时期。

1. 项目投资机会研究

项目投资机会研究又称项目投资机会论证。这一阶段的主要任务是提出建设项目投资方向建议，即在一个确定的地区和部门内，根据自然资源、市场需求、国家产业政策和国际贸易情况，通过调查、预测和分析研究，选择建设项目，寻找投资的有利机会。机会研究要解决两个方面的问题：①社会是否需要。②有没有可以开展项目的基本条件。

机会研究可分为地区、行业、部门、资源和项目的机会研究。即对某个指定的地区、行业部门鉴别各种投资机会，或是识别利用某种自然资源或工农业产品为基础的投资机会。在对这些机会研究作出最初鉴别之后，再进行项目的机会研究，即将项目的设想转变为概略的项目投资建议，进而从几个有投资机会的项目中迅速而经济地作出选择。然后，编制项目建议书，为初步选择投资项目提供依据。经批准后，列入项目建设前期工作计划，作为国家对投资项目的初步决策。

在机会研究过程中，为鉴别投资机会，需对下列各方面进行调查、预测和分析。

(1) 自然资源情况。

(2) 以地理位置、交通运输条件为基础分析各种投资机会。

(3) 我国发展工业的政策，以及国外的成功经验。

(4) 现有农业经济结构及其发展趋势，对于以农产品加工为基础的工业，还应考虑现有的农业格局。

(5) 现有工业企业的潜力，如技术改造、改扩建和多种经营的可能性，生产要素的成本和可能性，以及合理经济规模的预测。

(6) 其他厂家在类似情况下从事同一或类似工业活动的经验数据。

(7) 关于人口增长、购买力增长，以及消费品需求的预测。

(8) 产品进出口情况，取代进口能力及出口商品的国际竞争能力。

(9) 拟建项目产品的更新换代、多样化方向延伸的机会及潜在问题。

这一阶段的工作比较粗略，一般是根据条件和背景相类似的工程项目来估算投资额和生产成本，初步分析建设投资效果，提供一个或一个以上可能进行建设的投资项目或投资方案。这个阶段所估算的投资额和生产成本的精确程度大约控制在±30%，大中型项目的机会研究所需时间大约在 1～3 个月，所需费用约占投资总额的 0.1%～1%。投资机会研究主要是利用现有资料及经验进行估计，如果投资机会研究的结果表明投资项目具有乐观的前景，若投资人对这个项目感兴趣，则可再进行下一步的初步可行性研究工作。

2. 项目建议书阶段

项目建议书也称初步可行性研究，是拟建项目单位向国家提出的要求建设某项目的建议文件。其主要作用是向决策部门推荐一个具体项目，在机会研究的基础上论证该拟建项目的必要性、可行性和可能产生的效益，供决策机构选择并确定是否进行下一步工作。

项目建议书的主要内容一般应包括以下几方面的内容：

(1) 项目提出的必要性和依据。引进技术和进口设备的，还要说明国内外技术差距和概况以及进口的理由。

(2) 产品方案、拟建规模和建设地点的初步设想。

(3) 资源情况、建设条件、协作关系和设备引进国别、厂商的初步分析。

(4) 投资估算、资金筹措及还贷方案设想。利用外资项目要说明利用的可能性，以及偿还贷款能力的大体测算。

(5) 项目进度安排。

(6) 经济效益、社会效益和环境影响的初步估计。

对于政府投资项目，项目建议书按要求编制完成后，应根据建设规模和限额划分分别报送有关部门审批。项目建议书经批准后，可以进行详细可行性研究，但并不表明项目非上不可，项目建议书被批准不是项目的最终决策。

对于投资规模大、技术工艺又比较复杂的大中型骨干项目，在项目建议书被国家计划部门批准后，需要先进行初步可行性研究。初步可行性研究也称为预可行性研究，是正式的详细可行性研究前的预备性研究阶段。经过投资机会研究认为可行的建设项目，值得继续研究，但又不能肯定是否值得进行详细可行性研究时，就要做初步可行性研究，进一步判断这个项目是否有生命力，是否有较高的经济效益。经过初步可行性研究，认为该项目具有一定的可行性，便可转入详细可行性研究阶段。否则，就终止该项目的前期研究工作。初步可行性研究作为投资项目机会研究与详细可行性研究的中间性或过渡性研究阶段，主要目的有：①确定是否进行详细可行性研究。②确定哪些关键问题需要进行辅助性专题研究。

对于企业不使用政府资金投资建设的项目，根据《国务院关于投资体制改革的决定》(国发［2004］20 号)，政府不再实行投资决策性质的审批制，区别不同情况实行核准制和备案制，仅需向政府提交项目申请报告，不再经过批准项目建议书、可行性研究报告和开工报告的程序。政府对企业提交的项目申请报告，主要从维护经济安全、合理开发利用资源、保护生态环境、优化重大布局、保障公共利益、防止出现垄断等方面进行核准。对于外商投资项目，政府还要从市场准入、资本项目管理等方面进行核准。政府有关部门要制定严格规范的核准制度，明确核准的范围、内容、申报程序和办理时限，并向社会公布，提高办事效率，增强透明度。

3. 可行性研究阶段

可行性研究也称详细可行性研究。是指在项目决策之前，通过对项目的主要内容和配套条件，从技术、经济、工程等方面进行调查研究和分析比较，并对项目建成后可能取得的财务、经济效益及社会环境影响进行预测，进而提出项目是否具有投资价值及如何进行建设的咨询意见，为项目决策提供依据的一种综合性的系统分析方法。在建设项目的整个寿命周期中，前期工作具有决定性意义，起着极端重要的作用。而作为建设项目投资前期工作的核心和重点的可行性研究工作，在整个项目周期中更是承担着重中之重的作用。

各类投资项目可行性研究的内容及侧重点因行业特点而差异很大，但一般工业建设项目的可行性研究内容可概括为三大部分。首先是市场研究，包括产品的市场调查和预测研究，这是项目可行性研究的前提和基础，其主要任务是要解决项目的“必要性”问题。其次是技术研究，即技术方案和建设条件研究，这是项目可行性研究的技术基础，它要解决项目在技术上的“可行性”问题。再次是效益研究，即经济效益的分析和评价，这是项目可行性研究的核心部分，主要解决项目在经济上的“合理性”问题。市场研究、技术研究和效益研究共同构成项目可行性研究的三大支柱。

凡经可行性研究未通过的项目，不得进行下一步工作。

4. 项目评估

在许多国家，公共和私人投资项目必须得到所在国或地区政府批准后方可实施。政府通常要评估拟建项目是否符合政府的发展目标和规划，项目对本国或当地经济、社会、环境等的影响及产生的经济效益。另外，投资人完成项目可行性研究后，为了分析其可靠性，进一步完善项目方案，往往会委托独立的、专业的社会咨询机构对可行性研究报告进行评估。而对项目贷款的金融机构，项目评估则是其是否对拟建项目贷款的必要程序。项目评估是在可行性研究的基础上，按一定目标，对项目投资的可靠性进行分析判断、权衡各项方案的得失，向委托人（投资人）提出明确的评估结论。项目评估要从委托人（投资人）的角度出发，对拟建项目进行全面的技术论证和经济评价，预测项目的发展前景，从正反两个方面提出建议。力求准确、客观地将项目采用的有关资源、市场、技术、财务、经济和社会等方面的基本数据资料和实际情况，真实、完整地提供给决策者，为其作出正确、合理的投资决策提供依据。

5. 项目投资决策审批制、核准制和备案制

根据《国务院关于投资体制改革的决定》（国发［2004］20号），政府投资项目和非政府投资项目按规定分别实行审批制、核准制和备案制。

（1）政府投资项目。对于采用直接投资及资本金注入方式的政府投资项目，政府需要从投资决策的角度审批项目建议书和可行性研究报告，严格审批其初步设计和概算。

政府投资项目一般都要经过符合资质要求的咨询中介机构的评估论证，咨询评估要引入竞争机制，并通过合理的竞争规则择优选择咨询中介机构；特别重大的项目还应实行专家评议制度；逐步实行政府投资项目公示制度，广泛听取各方面的意见和建议。

（2）非政府投资项目。对于企业不使用政府资金投资建设的项目，一律不再实行审批制，区别不同情况实行核准制或登记备案制。对于企业使用政府补助、转贷、贴息投资建设的项目，政府只审批资金申请报告。

核准制。企业投资建设《政府核准的投资项目目录》（以下简称《目录》）规定范围内的项目时，仅需向政府提交项目申请报告，不再经过批准项目建议书、可行性研究报告和开工报告的程序。政府对企业提交的项目申请报告，主要从维护经济安全、合理开发利用

资源、保护生态环境、优化重大布局、保障公共利益、防止出现垄断等方面进行核准。对于外商投资项目，政府还要从市场准入、资本项目管理等方面进行核准。

备案制。对于《目录》以外的企业投资项目，实行备案制。除国家另有规定外，由企业按照属地原则向地方政府投资主管部门备案。备案制的具体实施办法由省级人民政府自行制定。国务院投资主管部门要对备案工作加强指导和监督，防止以备案的名义变相审批。

为了扩大大型企业集团的投资决策权，基本建立现代企业制度的特大型企业集团投资建设《目录》中的项目，可以按项目单独申报核准，也可编制中长期发展建设规划，规划经国务院或国务院投资主管部门批准后，规划中属于《目录》中的项目不再另行申报核准，只需办理备案手续。企业集团要及时向国务院有关部门报告规划执行和项目建设情况。

6. 设计阶段

设计文件是组织施工的依据。设计质量直接关系到建设工程的质量，是建设工程的重要环节。

经批准立项的建设工程，一般应通过招标投标择优选择设计单位。根据《工程建设项目招标范围和规模标准规定》（2000年国家发展计划委员会第3号令）和《工程建设项目勘察设计招标投标办法》（2003年八部委第2号令），在中华人民共和国境内符合下列规模标准之一的工程建设项目的勘察、设计活动必须进行招标：勘察、设计单项合同估算价大于50万元人民币的；勘察、设计单项合同估算价低于50万元，但项目总投资大于3000万元人民币的。任何单位和个人不得将依法必须进行招标的项目化整为零或者以其他任何方式规避招标。

根据由住建部批准的《建筑工程设计文件编制深度规定》（2008年版），民用建筑工程一般应分为方案设计、初步设计和施工图设计三个阶段。对于技术要求相对简单的民用建筑工程，经有关主管部门同意，且合同中没有做初步设计的约定，可在方案设计审批后直接进入施工图设计。

(1) 方案设计。在方案设计前，应进行必要的调查研究，弄清与工程设计有关的基本条件，收集必要的设计基础资料，进行认真分析方案设计文件根据设计任务书进行编制，主要由设计说明书、设计图纸、投资估算、透视图等四部分组成。方案设计的编制，必须贯彻执行国家及地方有关工程建设的政策和法令，应符合国家现行的建筑工程建设标准、设计规范和制图标准以及确定投资的有关指标、定额和费用标准的规定。编制方案设计文件，应当满足编制初步设计文件和控制概算的需要。民用建筑工程的方案设计文件用于办理工程建设的有关手续。

(2) 初步设计。初步设计是在工程建设可行性研究报告批准后，进一步论证项目在技术上和经济上的科学性与合理性，编制设计文件以取得最大社会效益、环境效益和经济效益的重要的基本建设活动过程。目的是在预定的时间、空间等限制条件下，在总投资控制的额度内，根据质量要求，拟定技术上可行、经济上合理的修建原则，计算工程数量及主要材料数量，提出有关施工方案的意见，编制工程总概算，提供文字说明及图表资料。编制初步设计文件，应当满足编制施工招标文件、主要设备材料订货和编制施工图设计文件的需要。初步设计文件主要包括：设计说明书、有关专业的设计图纸、工程概算书、有关专业计算书（计算书不属于必须交付的设计文件）等。初步设计文件用于审批（包括政府主管部门和/或建设单位对初步设计文件的审批）；若无审批需求，初步设计文件也无出图的必要。因此，对于无审批需求的建筑工程，经有关主管部门同意，且合同中有不作初步设计的约定，可在方案设计审批后直接进入施工图设计。

初步设计不得随意改变批准的可行性研究报告所确定的建设规模、产品方案、工程标准、建设地址和总投资等基本条件。项目初步设计概算超出可行性研究报告批复的总投资10%以上的，或者其他主要指标需要变更时，须重新报批可行性研究报告。设计总概算一经批准，其静态投资部分原则上不再调整，确需调整的动态投资部分，调整概算一般由原设计单位编制，报原审批部门审批。

(3) 施工图设计。施工图设计是指在初步设计或技术设计基础上，进一步对审定的修建原则、设计方案、技术决定加以具体和深化，确定各项工程数量，提出符合施工要求的文字说明和图表资料，并编制施工图预算的重要建设活动过程。施工图设计应结合实际情况，全面、准确地表达出建筑物的外形、内部空间的分割、结构体系以及建筑系统的组成和周围环境的协调。编制施工图设计文件，应当满足设备材料采购、非标准设备制作和施工的需要，并注明建设工程合理使用年限。施工图设计文件主要包括：合同要求所涉及的所有专业的设计图纸（含图纸目录、说明和必要的设备、材料表）及图纸封面；对于涉及建筑节能设计的专业，其设计说明应有建筑节能设计的专项内容；合同要求的工程预算书；各专业计算书（不属于必须交付的设计文件）。施工图设计文件用于施工。

《质量条例》规定，建设单位应将施工图设计文件报县级以上人民政府建设行政主管部门或其他有关部门审查，不得使用未经审查批准的施工图设计文件。

7. 工程施工准备阶段

工程施工开始前，应当切实做好各项准备工作。其中包括：编制项目投资计划书；建设工程项目报建备案；建设工程项目招标投标；征地、拆迁和平整场地；做到水通、电通、路通、信息通（如电话、网络等信息传递通畅）；组织设备、材料订货；委托工程监理；签订施工承包合同；办理工程质量监督手续；办理施工许可证等。具备开工条件以后，建设单位申请开工，经批准，项目进入施工阶段。

8. 施工阶段

建设工程项目已具备开工条件并取得施工许可证后才能开工。本阶段的主要任务是按设计进行施工安装，建成工程实体。

按照有关规定，所谓开工是指建筑工程开始施工作业。其中，新建工程的开工，是指开始进行基础桩施工或者土方开挖；改建、扩建工程和旧有房屋装饰装修工程的开工，是指开始进行拆改作业。铁道、公路、水库等需要进行大量土石方工程的，以开始进行土石方工程作为正式开工日期。工程地质勘察、平整场地、旧建筑物拆除、临时建筑或设施等的施工不算正式开工。

施工承包单位在本阶段应组织施工人员熟悉设计文件，认真做好图纸会审工作。参加设计交底，了解设计意图，明确质量要求；根据设计要求选择合适的材料、设备供应商；做好人员培训工作；建立技术管理体系、质量管理体系和质量保证体系；合理组织施工；

进行严格的中间质量验收和竣工验收工作。

9. 生产准备阶段

生产准备阶段是由建设阶段转入生产经营阶段的重要衔接阶段。建设单位应当做好相关工作的计划、组织、指挥、协调和控制工作。

生产准备的内容很多，不同类型的项目对生产准备的要求也各不相同。但从总的方面看，该阶段的主要工作包括：组建管理机构；制定有关制度和规定；招聘并培训生产管理人员；组织有关人员参加设备安装、调试、工程验收；签订供货及运输协议；进行工具、器具、备品、备件等的制造或订货；做好其他需要的有关工作。

10. 竣工验收阶段

施工承包单位完成工程设计和合同约定的各项工程建设内容，并按规定将工程内外全部清理完毕后，达到竣工验收条件，施工单位向建设单位提交工程竣工报告，申请工程竣工验收，同时应当向建设单位出具质量保修书。质量保修书中应当明确建设工程的保修范围、保修期限和保修责任等。

11. 后评价

项目后评价是为了总结项目建设成功和失败的经验教训，供以后项目决策借鉴。在项目建设完成并投入使用或运营一定时间后，对照项目可行性研究报告及审批文件的主要内容，与项目建成后所达到的实际效果进行对比分析，找出差距及原因，总结经验教训，提出相应对策建议，以不断提高投资决策水平和投资效益。根据需要，也可以针对项目建设的某一问题进行专题评价。

根据《中央企业固定资产投资项目后评价工作指南》（国资发规划［2005］92 号）（以下简称《工作指南》），建设项目后评价的基本内容包括：项目全过程的回顾、项目绩效和影响评价、项目目标实现程度和持续能力评价、经验教训和对策建议。

项目后评价应根据调查的真实情况认真总结经验教训，并在此基础上进行分析，得出启示和对策建议。对策建议应具有借鉴和指导意义，并具有可操作性。项目后评价的经验教训和对策建议应从项目、企业、行业、宏观四个层面分别说明。

上述内容是项目后评价的总体框架。大型和复杂项目的后评价应该包括以上主要内容，进行完整、系统的评价。一般项目应根据后评价委托的要求和评价时点，突出项目特点等，选做一部分内容。

1.4.1.3　坚持建设程序的意义

按程序进行工程建设是工程建设过程的客观规律的要求。坚持建设程序的意义可归纳为以下几方面。

1. 依法管理工程建设，保证正常建设秩序

工程建设具有投资大、工期长、内容复杂、涉及参建单位和人员多等特点，是一个庞大的系统工程。在工程建设过程中的不同阶段和不同内容，客观上存在着一定的内在联系和先后次序，必须按照一定的步骤进行。为此，有必要将工程建设各个阶段的划分和工作的次序用法规或规章等形式加以规范，以便于人们遵守。实践证明，坚持了建设程序，工程建设就能顺利进行、健康发展。反之，不按建设程序办事，工程建设就会受到不同程度的影响。因此，坚持建设程序，是依法管理工程建设的需要，是建立和维护正常建设秩序

的需要。

2. 科学决策，保证投资效果

建设前期应当做好项目建议书和可行性研究工作是我国建设程序的明确要求。由具有资格的专业技术人员对项目的必要性、可行性进行研究和论证，分析投资收益，对项目的选址、规模等进行方案比较，提出技术可行、经济合理的可行性研究报告，为项目决策提供依据。而项目按规定程序的审批又从综合平衡方面进行了把关。这样，可最大限度地避免决策失误并力求决策优化，以保证投资效果。

3. 顺利实施建设工程，保证工程安全生产和质量

我国的建设程序强调先勘察、后设计、再施工的原则。要求根据真实、准确的勘察成果进行设计；根据深度、内容合格的设计进行施工；在做好准备的前提下合理地组织施工活动，使整个建设活动能够按照周密而充分的计划有条不紊地进行，这是工程安全生产和质量得以保证的基本前提。事实证明，坚持建设程序，就能顺利实施工程建设，并可保证工程安全生产和工程质量。

4. 顺利开展建设工程监理

建设工程监理的基本目的是协助建设单位在计划的目标内将工程建成并投入使用。按照建设程序，有条不紊地协助建设单位开展好每个阶段的工作，是建设工程监理工作的重要内容。坚持建设程序有利于建设工程监理工作的顺利开展。

1.4.1.4 建设程序与建设工程监理的关系

1. 建设程序为建设工程监理提出了规范化的建设行为标准

建设程序对各建设行为主体和监督管理主体在每个阶段应当做什么、如何做、何时做、由谁做等一系列问题给予了一定解答，也为建设工程监理提出了规范化的建设行为标准。工程监理企业和监理人员应当根据建设程序的有关规定进行监理，要根据行为准则对工程建设行为进行监督管理。

2. 建设程序为建设工程监理提出了监理的具体任务和内容

建设工程的前期应当做好科学决策的工作是建设程序的要求。建设工程监理在此阶段的主要任务就是协助建设单位正确地做好投资决策工作，避免决策失误，力求决策优化。监理具体的工作就是协助委托单位择优选定咨询单位，做好咨询合同管理，对咨询成果进行评价。

建设程序要求按照先勘察、后设计、再施工的基本顺序做好相应的项目建设工作。因此，工程监理相应的任务就是协助建设单位择优选择勘察、设计、施工单位，并对这些单位的建设活动进行监督管理，做好投资、进度、质量、安全控制以及合同、信息管理和组织协调工作。

3. 建设程序明确了工程监理企业在工程建设中的重要地位

我国现行的建设程序对工程建设实行监理制有明确的规定，为工程监理企业确立了在工程建设中的应有地位。在一些发达国家的建设程序中，都非常强调工程监理的重要性。例如，英国土木工程师学会在其《土木工程程序》中强调，在土木工程程序中的所有阶段，监理工程师“起着重要作用”。随着我国经济体制改革的不断深化，工程监理企业在工程建设中的地位将越来越重要。

4. 坚持建设程序是监理人员的基本职业准则

严格按照建设程序办事，是所有工程建设人员的行为准则。对工程项目建设实施监理的监理人员，更应率先垂范，掌握和运用建设程序。这既是监理人员业务素质的要求，也是工程监理职业准则的要求。

5. 严格执行我国建设程序是结合中国国情推行建设工程监理制的具体体现

我国推行建设工程监理遵循的两条基本原则，一是参照国际惯例，二是结合中国国情。工程监理企业在开展建设工程监理的过程中，严格按照我国建设程序的要求做好监理的各项工作，就是结合中国国情的体现。国家在制定监理制有关政策时的初衷，也是希望监理企业既约束施工承包单位，也约束建设单位。以独立、公正的第三方身份，通过贯彻执行现行国家法律、法规和规范、地方标准，保证工程能够顺利进行，其职责范围较广。

1.4.2 建设工程主要的管理制度

为加强工程建设管理，根据我国有关规定，应贯彻实施项目法人责任制、工程招标投标制、建设工程监理制、合同管理制等各项制度。这些制度相互关联和支撑，构成了我国建设工程管理制度的基本体系。

1. 项目法人责任制

为了建立投资约束机制，规范建设单位的行为，明确其责、权、利，提高投资效益，应当按照政企分开的原则组建项目法人，实行项目法人责任制。即由项目法人对项目的策划、资金筹措、建设实施、生产经营、债务偿还、资产的保值增值，实行资产管理全过程负责的制度。

实施建设工程监理制，项目法人就可以根据自身需要和有关的规定委托监理。在工程监理企业的协助下，更好地开展投资控制、进度控制、质量控制、安全监管、合同管理、信息管理、组织协调工作，为在计划目标内完成项目建设提供了基本保证。

2. 工程招标投标制

为了提高投资效益，保证项目工程质量，在工程建设领域引入竞争机制，择优选定项目的勘察、设计、施工以及材料、设备供应单位，需要实行工程招标投标制。

《中华人民共和国招标投标法》对招标范围和规模标准、招标方式、招标投标程序、招标投标活动应当遵循的原则和监督职责等内容作出了相应的规定。

3. 建设工程监理制

建设部早在1988年发布了“关于开展建设监理工作的通知［建设部（88）建建字第142号］”，明确提出要建立建设监理制度。《建筑法》也以法律制度的形式规定，国家推行建设工程监理制度。

4. 合同管理制

为了使勘察、设计、施工、监理、材料设备供应单位依法履行各自的责任和义务，在工程建设中必须实行合同管理制。

合同管理制的基本内容包括：建设工程的勘察、设计、施工、监理、材料设备采购，必须遵循诚实信用的原则，依法签订合同。合同必须符合国家和有关部（委）制定的有关技术标准、规范、规程以及批准的设计文件，科学、合理地确定勘察设计周期、施工工期和供货安装期限。必须明确双方的权利和义务。合同双方应按合同履行自己的义务，不得违约。合同一方有权按规定程序，对不能履行合同义务的另一方提出索赔，违约方应按合同规定承担赔偿责任。

合同管理制的实施，为建设工程监理的合同管理工作提供了法律上的支持。

5. 安全生产责任制

工程安全生产管理必须坚持安全第一、预防为主的方针，建立健全安全生产的责任制度和群防群治制度。工程设计应当符合按照国家规定制定的建筑安全规程和技术规范，保证工程的安全性能。

施工企业在编制施工组织设计时，应当根据工程的特点制定相应的安全技术措施。对专业性较强的工程项目，应当编制专项安全施工组织设计，并采取安全技术措施。

施工企业必须依法加强对建筑安全生产的管理，执行安全生产责任制度，采取有效措施，防止伤亡和其他安全生产事故的发生。施工中发生事故时，施工企业应当采取紧急措施减少人员伤亡和事故损失，并按照国家有关规定及时向有关部门报告。

6. 工程质量责任制

国家对从事建筑活动的单位推行质量体系认证制度。从事建筑活动的单位根据自愿原则可以向国务院产品质量监督管理部门或者国务院产品质量监督管理部门授权的部门认可的认证机构，申请质量体系认证。经认证合格的，由认证机构颁发质量体系认证证书。

建设单位不得以任何理由要求设计单位或者施工企业在工程设计或者施工作业中，违反法律、行政法规和建筑工程质量、安全标准，降低工程质量。设计单位和施工企业对建设单位违反上述规定提出的降低工程质量的要求，应当予以拒绝。

工程的勘察、设计单位必须对其勘察、设计的质量负责。勘察、设计文件应当符合有关法律、行政法规的规定和工程质量、安全标准、工程勘察、设计技术规范以及合同的约定。设计文件选用的建筑材料、建筑构配件和设备，应当注明其规格、型号、性能等技术指标，其质量要求必须符合国家规定的标准。设计单位对设计文件选用的建筑材料、建筑构配件和设备，不得指定生产厂、供应商。

施工企业对工程的施工质量负责。施工企业必须按照工程设计图纸和施工技术标准施工，不得偷工减料。工程设计的修改由原设计单位负责，施工企业不得擅自修改工程设计。施工企业必须按照工程设计要求、施工技术标准和合同的约定，对建筑材料、建筑构配件和设备进行检验，不合格的不得使用。建筑物在合理使用寿命内，必须确保地基基础工程和主体结构的质量。

工程实行总承包的，工程质量由工程总承包单位负责。总承包单位将工程分包给其他单位的，应当对分包工程的质量与分包单位承担连带责任。分包单位应当接受总承包单位的质量管理。

建筑工程竣工时，屋顶、墙面不得留有渗漏、开裂等质量缺陷。对已发现的质量缺陷，施工企业应当修复。交付竣工验收的建筑工程，必须符合规定的建筑工程质量标准，有完整的工程技术经济资料和经签署的工程保修书，并具备国家规定的其他竣工条件。建筑工程竣工经验收合格后，方可交付使用。未经验收或者验收不合格的，不得交付使用。

7. 工程质量保修制

建设工程实行质量保修制度。建设工程承包单位在向建设单位提交工程竣工验收报告时，应当向建设单位出具质量保修书。质量保修书中应当明确建设工程的保修范围、保修期限和保修责任等。建设工程的保修期，自竣工验收合格之日起计算。

8. 工程竣工验收制

项目建成后必须按国家有关规定进行严格的竣工验收，由验收人员签字负责。项目竣工验收合格后，方可交付使用。对未经验收或验收不合格就交付使用的，要追究项目法定代表人的责任，造成重大损失的，要追究其法律责任。

9. 建设工程质量备案制

建设单位应当自工程竣工验收合格起15天内，向工程所在地的县级以上地方人民政府建设行政主管部门备案。

建设单位办理工程竣工验收备案应当提交下列文件：

(1) 工程竣工验收备案表。

(2) 工程竣工验收报告。

(3) 法律、行政法规规定应当由规划、公安消防、环保等部门出具的认可文件或者准许使用文件。

(4) 施工单位签署的工程质量保修书。

(5) 法规、规章规定必须提供的其他文件。

备案机关收到建设单位报送的竣工验收备案文件，验证文件齐全后，应当在工程竣工验收备案表上签署文件收讫。工程竣工验收备案表一式两份，一份由建设单位保存，一份留备案机关存档。

10. 建设工程质量终身责任制

国家机关工作人员在建设工程质量监督管理工作中玩忽职守、滥用职权、徇私舞弊，构成犯罪的，依法追究刑事责任；尚不构成犯罪的，依法给予行政处分。

建设、勘察、设计、施工、工程监理单位的工作人员因调动工作、退休等原因离开该单位后，被发现在该单位工作期间违反国家有关建设工程质量管理规定，造成重大工程质量事故的，仍应当依法追究法律责任。

项目工程质量的行政领导责任人，项目法定代表人，勘察、设计、施工、监理等单位的法定代表人，要按各自的职责对其经手的工程质量负终身责任。如发生重大工程质量事故，不管调到哪里工作，担任什么职务，都要追究其相应的行政和法律责任。

11. 项目决策咨询评估制

国家大中型项目和基础设施项目，必须严格实行项目决策咨询评估制度。建设项目可行性研究报告未经有资质的咨询机构和专家的评估论证，有关审批部门不予审批。重大项目的项目建议书也要经过评估论证。咨询机构要对其出具的评估论证意见承担责任。

12. 工程设计审查制

工程项目设计在完成初步设计文件后，经政府建设主管部门组织工程项目内容所涉及的行业及主管部门依据有关法律法规进行初步设计的会审。会审后由建设主管部门下达设计批准文件，之后方可进行施工图设计。施工图设计文件完成后送具备资质的施工图设计审查机构，依据国家设计标准、规范的强制性条款进行审查签证后才能用于工程上。

复习思考题

1. 什么是建设工程监理？其概念的要点是什么？
2. 建设工程监理具有哪些性质？建设工程监理的作用是什么？
3. 为什么要求工程建设监理应具有独立性？
4. 简述建设工程监理的理论基础。
5. 简述现阶段我国建设工程监理的特点。
6. 建设工程监理与政府的工程质量监督有何区别？
7. 《中华人民共和国建筑法》由哪些基本内容构成，其对建筑工程监理有哪些规定？
8. 简述建设工程质量主体各自的质量责任和义务。
9. 《建设工程质量管理条例》对建设工程保修有哪些规定？
10. 《建设工程安全生产管理条例》对工程监理单位的安全责任作了哪些规定？
11. 《建设工程监理规范》对项目监理机构、监理规划和监理实施细则有哪些规定？
12. 什么是房屋建筑工程施工旁站监理？
13. 简述施工阶段项目监理机构的主要工作。
14. 简述我国现行工程建设程序的主要内容。
15. 简述工程建设程序与建设工程监理的关系。
16. 简述建设项目法人责任制与建设工程监理制的关系。

第 2 章　监理工程师和工程监理企业

建设工程监理是一种高智能的科技服务活动。这种活动的效果不仅取决于监理队伍的总量能否满足监理业务的需要，而且取决于监理人员，尤其是监理工程师的水平、素质的高低。建设工程监理的市场准入采取了企业资质和人员资格的双重控制。本章详细介绍监理工程师的基本要求、监理工程企业及其经营活动等相关问题。

2.1　监理工程师概述

2.1.1　监理工程师执业制度概述

监理工程师是一种岗位职务，是指经考试取得中华人民共和国监理工程师资格证书（以下简称资格证书），并取得中华人民共和国注册监理工程师注册执业证书（以下简称注册证书）和执业印章，从事工程监理及相关业务活动的专业技术人员。它包含三个要点：第一，监理工程师是从事建设工程监理的人员。第二，参加全国注册监理工程师的统一考试，并获得资格证书的人员。第三，由一个监理企业申请注册，获得监理工程师注册证书的人员。

参加建设工程的监理人员，根据工作岗位设定的需要可分为总监理工程师（简称总监）、子项监理工程师、专业监理工程师和监理员等。对于较大的工程项目，可根据需要增设副总监理工程师和总监理工程师代表。总监理工程师是临时聘任的建设工程项目上的岗位职务，就是说一旦没有被聘用，他就没有其相应的头衔，只有监理工程师的称谓。监理工程师可按相应的专业需要设定岗位。

工程项目建设监理实行总监理工程师负责制。工程项目总监理工程师对监理企业负责；子项监理工程师对总监理工程师负责；专业监理工程师对子项监理工程师负责；监理员对监理工程师负责。至于监理企业的内部常设机构，各监理企业都应遵循精简、高效能的原则，结合各自的特点设置。不管怎样设置，这些常设机构都要为工程项目的监理提供服务，而不应当成为凌驾于项目总监理工程师之上充任领导的角色。

我国监理工程师执业特点主要表现如下。

1. 执业范围广

我国的工程类别按大专业分有 10 多种，如果按小专业细分，有近 50 种。依照通行的做法，按大专业来分，一般有土木工程专业、铁道专业、石油化工专业、冶金专业、煤炭矿山专业、水利水电专业、火电专业、港口及航道专业、电气自动化专业、机械设备制造专业、地质勘测专业、航天航空专业、核工业专业和邮电通信专业等。

2. 执业内容复杂

监理工程师执业内容的基础是合同管理，主要工作内容是建设工程目标控制和协调管理，执业方式包括监督管理和咨询服务等。监理工程师执业内容主要包括：工程项目建设前期，为业主提供投资决策咨询，协助业主进行工程项目可行性研究，提出项目评估；在设计阶段，审查、评审设计方案，选择勘察设计单位，协助业主签订勘察、设计合同，监督管理合同的实施，审核设计概算；在施工阶段，监督管理工程承包合同的履行，协调业主与工程各方的关系，控制工程进度、投资与质量，组织工程竣工预验收，参与工程竣工验收，审核工程结算；在工程保修期内，检查工程质量状况，鉴定质量问题责任，督促责任单位维修。此外，监理工程师在执业过程中，还要受环境、气候、市场等多因素干扰，所以，监理工程师执业内容比较复杂。

3. 执业技能全面

工程监理业务是高智能的工程管理服务，涉及多学科、多专业，监理方法需要运用技术、经济、法律与管理等多方面的知识。监理工作需要一专多能的复合型人才来承担，监理工程师应具有复合型的知识结构。不仅要有专业理论知识，还要熟悉设计、施工、管理，并且要有组织协调能力，能够综合运用多种知识解决工程实践中的各种问题。因此工程监理业务对执业者的执业技能要求比较全面，资格条件要求较高。

4. 执业责任重大

监理工程师在执业过程中担负着重要的经济、管理等方面涉及生命、财产安全的法律责任，统称为监理责任。监理工程师承担的法律责任主要包括：法律法规所赋予的行政责任、委托监理合同赋予的合同民事责任以及刑法规定的刑事责任。

建设工程实践证明，没有专业技能的人不能从事监理工作；有一定专业技能，从事多年工程建设工作，但如果没有学习过工程监理知识，也难以顺利开展监理工作。

2.1.2　监理工程师的素质与职业道德

2.1.2.1　监理工程师的素质

监理工程师在工程项目建设中处于核心地位，因此，为使监理工程师能发挥核心作用，具体从事监理工作的监理人员，不仅要有较强的专业技术能力和较高的政策水平，能够解决工程设计与施工中的技术问题，而且要能够组织和协调工程施工，能管理工程合同、调解争议，能控制投资、进度和质量，因此，监理工程师是比一般工程师具有更高素质的复合型高智能人才。监理工程师应具备以下几个方面的素质要求。

1. 要有较高的学历和多学科专业知识

现代建设工程规模巨大，多功能兼备，涉及领域较多，应用科技门类广泛，人员分工协作繁杂，如果没有精深广博的现代科技理论知识、经济管理理论知识和法律知识作基础，监理工程师是难以胜任其监理岗位工作的。为胜任监理工作的需要，监理工程师应当具有较高的学历和知识水平。在国外，监理工程师、咨询工程师都具有大专毕业以上的学历，而且大都具有硕士甚至是博士学位。参照国外对监理人员学历、学识的要求，我国规定监理工程师必须具有大专以上学历和工程师（建筑师、经济师）以上职称的人来担任。

建设工程应用的学科很多，监理工作要涉及多种专业技术和基础理论，监理工程师不可能同时学习和掌握这么多的专业理论知识。但是，作为一名监理工程师至少应掌握一种专业理论知识，且在该项技术领域里有扎实的理论基础，同时力求了解或掌握更多的专业知识和一定的经济、法律和组织管理等方面的理论知识。从而达到一专多能的程度，用以正确指导现代建设工程的实践。

2. 要有丰富的建设工程实践经验

建设工程实践经验就是理论知识在建设工程中成功地应用。一般来说，一个人在建设工程中工作的时间越长，参与经历的工程项目越多，经验就越丰富。建设工程中出现失误或对问题处理不当，往往与经验不足有关。监理工程师每天都要处理很多有关工程实施中的设计、施工、材料等问题以及面对复杂的人际关系，仅有一些理论知识，而缺乏工程实践经验是难以出色地做好监理工作的。当然，借鉴以往的经验，要从实际出发，单凭以往的经验，墨守成规，也难以取得预期的效果。

世界各国都很重视工程实践经验，并把它作为获得监理工程师资格的一项先决条件。如英国咨询工程师协会规定，入会的会员年龄必须在 38 岁以上。新加坡要求注册结构工程师，必须具有 8 年以上的工程结构设计实践经验。我国在考核监理工程师的资格中，其体现对实践经验要求的条件是具有高级专业技术职称或取得中级专业技术职称后具有 3 年以上实践经验。当然，一个人的工作年限不等于其工作经验，只有及时地、不断地把工作实践中的做法、体会以及失败的教训加以总结，转化为实践成果，才具有实际意义。

3. 要有健康的体魄和充沛的精力

为了有效地对工程项目实施控制，监理工程师必须经常深入到建设工程第一线。由于现场工作强度高、流动性大、工作条件差、任务重，监理工程师必须具有健康的身体和充沛的精力，否则难以胜任监理工作。我国从人们的体质上考虑，规定年满 65 周岁就不宜再承担监理工作。年满 65 周岁的监理工程师也就不再予以注册。

4. 要有良好的品德

监理工程师良好的品德主要体现在：

(1) 热爱本职工作、热爱建设事业。这是监理工程师提高责任心、端正工作作风、努力进取和搞好建设工程的动力。

(2) 具有科学的工作态度。要坚持严谨求实、一丝不苟的科学态度，一切从实际出发，用数据说话，要做到事前有依据，事后有证据，不能草率从事，以使问题能得到迅速而正确地解决。

(3) 具有廉洁奉公、为人正直、办事公道的高尚情操。对自已不谋私利。对业主和上级，既能贯彻其真正意图，又能坚持正确的原则。对承包商，既能严格监理，又能热情帮促。对各种争议，要能站在公正立场上，使各方的正当权益得到维护。

(4) 具有良好的性格。对与已不同的意见，能权衡取舍，不轻易行使自己的否决权，善于同各方面合作共事。

(5) 具有较好的工作方法和组织协调能力。较好的工作方法和善于组织协调是体现监理工程师工作能力高低的重要因素。监理工程师要能够准确地综合运用专业知识和科学手段，做到事前有计划、事中有记录、事后有总结。建立较为完善的工作程序、工作制度。既要有原则性，又要有灵活性。同时要能够抓好参与建设工程各方的组织协调，发挥系统的整体功能，善于通过别人的工作把事情做好，实现投资、进度、质量目标的协调统一。

2.1.2.2　监理工程师的职业道德

为使工程师的工作充分有效，不仅要求工程师必须不断增长他们的知识和技能，而且要求社会尊重他们的道德公正性，信赖他们中的人员做出的评审，同时给予公正的报酬。在国外，监理工程师的职业道德准则，由其协会组织制定并监督实施。国际咨询工程师联合会（FIDIC）认识到工程师的工作对取得社会及其环境的持续发展是十分关键的，因此分别从对社会和职业的责任、能力、正直性、公正性、对他人的公正这五个问题计十四个方面，规定了监理工程师的道德行为准则。

1. 对社会和职业的责任

(1) 接受对社会的职业责任。

(2) 寻求与确认的发展原则相适应的解决办法。

(3) 在任何时候，维护职业的尊严、名誉和荣誉。

2. 能力

(1) 保持其知识和技能与技术、法规、管理的发展相一致的水平，对于委托人要求的服务采用相应的技能，并尽心尽力。

(2) 仅在有能力从事服务时方才进行。

3. 正直性

在任何时候均为委托人的合法权益行使其职责，并且正直和忠诚地进行职业服务。

4. 公正性

(1) 在提供职业咨询、评审或决策时不偏不倚。

(2) 通知委托人在行使其委托权时可能引起的任何潜在的利益冲突。

(3) 不接受可能导致判断不公的报酬。

5. 对他人的公正

(1) 加强“基于能力进行选择”的观念。

(2) 不得故意或无意地做出损害他人名誉或事务的事情。

(3) 不得直接或间接取代某一特定工作中已经任命的其他咨询工程师的位置。

(4) 通知该咨询工程师并且接到委托人终止其先前任命的建议前不得取代该咨询工程师的工作。

(5) 在被要求对其他咨询工程师的工作进行审查的情况下，要以适当的职业行为和礼节进行。

在国内，监理工程师的职业道德和纪律是用来约束和指导监理工程师职业行为的规范要求，是确保建设监理事业的健康发展、规范监理市场的基本准则，具体要求如下：

(1) 维护国家的荣誉和利益，按照“守法、诚信、公正、科学”的准则执业。

(2) 执行有关建设工程的法律、法规、规范、标准和制度，履行监理合同规定的义务和职责。

(3) 努力学习专业技术和建设监理知识，不断提高业务能力和监理工作水平。

(4) 不以个人名义承揽监理业务。

(5) 不同时在两个以上监理单位注册和从事监理活动，不在政府部门和施工、材料、设备的生产供应等单位兼职。

(6) 不为监理项目指定承包商、建筑构配件设备、材料和施工方法。

(7) 不收受被监理单位的任何礼金。

(8) 不泄露所监理工程各方认为需要保密的事项。

(9) 坚持独立自主地开展工作。

2.1.3 监理工程师的法律地位与责任

2.1.3.1 监理工程师法律地位

监理工程师的法律地位是国家法律确定的，并建立在委托监理合同基础之上。《建筑法》明确提出推行工程监理制度，《建筑质量管理条例》赋予监理工程师多项签字权，并确定监理工程师的职责。监理工程师的法律地位主要体现在执业过程中享有的权利和应履行的义务。在《注册监理工程师管理规定》（中华人民共和国建设部第147号令）中第25条明确规定了监理工程师享有的权利主要有以下几点：

(1) 使用注册监理工程师称谓。

(2) 在规定范围从事执业活动。

(3) 依据本人能力从事相应执业活动。

(4) 保管和使用本人的注册证书和执业印章。

(5) 对本人执业活动进行解释和辩护。

(6) 接受继续教育。

(7) 获得相应的劳动报酬。

(8) 对侵犯本人权利的行为进行申诉。

第26条明确规定了监理工程师应当履行下列义务：

(1) 遵守法律、法规和有关管理规定。

(2) 履行管理职责，执行技术标准、规范和规程。

(3) 保证执业活动成果的质量，并承担相应责任。

(4) 接受继续教育，努力提高执业水准。

(5) 在本人执业活动所形成的工程监理文件上签字、加盖执业印章。

(6) 保守在执业中知悉的国家秘密和他人的商业、技术秘密。

(7) 不得涂改、倒卖、出租、出借或者以其他形式非法转让注册证书或者执业印章。

(8) 不得同时在两个或者两个以上单位受聘或者执业。

(9) 在规定的执业范围和聘用单位业务范围内从事执业活动。

(10) 协助注册管理机构完成相关工作。

2.1.3.2 监理工程师的法律责任

监理工程师的法律责任主要分为民事责任、行政责任、刑事责任。

1. 民事责任

民事责任是指按照《中华人民共和国民法》的规定，民事主体履行自身义务所应承担的法律后果。以产生民事责任的法律为标准，民事责任又可以分为侵权责任和违约责任。监理工程师的侵权责任是指监理工程师侵犯他人的财产权、名称权或人身权时所应承担的责任。根据我国的民法通则，监理工程师可能承担侵权责任的行为包括：泄露业主的商业机密，盗用他人名义发表文章；未经他人同意，采用他人的有关资料；对他人进行诽谤、中伤诋毁他人名誉。

监理工程师的违约责任是指监理工程师违反了委托监理合同的约定，造成业主或第三方的损失而应该承担的民事赔偿责任。违约责任也可以理解为合同责任，其违约方式主要包括越权与失职两种情况。

越权，是指以作为的方式违约，即监理工程师超出合同授权的范围或利用自身的影响力来影响他人履行正常的义务。

失职，是指以不作为的方式违约，即在监理过程中，监理工程师不履行或不适当履行合同义务。例如，未能为业主提供与其水平相应的咨询意见。当承包商未按照合同的要求来组织施工，以至于对工程的质量、造价或进度产生不良的影响，而监理又没能及时提出预控的意见，从而给业主造成损失；该检查验收的不检查验收或不按照规定检查验收，该返工的未要求返工，不合格的按合格进行了验收，或者该及时进行检查验收的超过了合同的时限，影响了正常施工，从而造成业主不应有的损失；该审批的不审批或盲目审批，对进度款支付申请、签证、价格调整等定夺不准，从而造成业主的损失；该巡视的未巡视、该旁站的未进行旁站，对本应该发现的问题未能及时发现，从而造成业主的损失；不按规定签发指令或签发错误的指令，从而造成业主的经济损失等。

2. 行政责任

行政责任是指监理工程师实施了法律、法规所禁止的行为而引起的行政上必须承担的法律后果，也就是说，监理工程师在提供服务时，必须履行遵守国家有关法律、法规的义务。例如，根据《建筑法》及《建设工程质量管理条例》的规定，监理企业不得转让监理业务，也不得超越其资质允许的范围承接工程；监理工程师不得伪造、涂改、出卖执业证书等。如果监理工程师违反了这些规定，则不论其行为的后果如何，政府行业主管部门都将对其进行行政处罚。也就是说，监理工程师承担行政责任，主要看其是否发生了违反相关法律、法规的行为，但其行为并不一定需要导致后果。因此，行政责任的认定相对简单，关键是看责任主体的行为是否违反了相应法律、法规的规定。若有，则依据相关的规定进行处罚。这是行政责任和民事责任的重要区别。

3. 刑事责任

刑事责任是指行为人实施刑事法律禁止的行为所必须承担的法律后果。刑事责任是刑罚的前提，是法律责任中最严厉的一种。监理刑事法律责任，是指监理企业或监理工程师在监理执业过程中触犯了刑律，构成犯罪，国家司法机关依法对监理企业或监理工程师违法犯罪行为所应承担刑事法律后果的追究。刑法规则中有关监理人员作为特殊主体，在从事业务活动中可能构成犯罪的规定有：

《中华人民共和国刑法》第 134 条规定："工厂、矿山、林场、建筑企业或者其他企业、事业单位的职工，由于不服管理、违反规章制度，或者强令工人违章冒险作业，因而发生重大伤亡事故或者造成其他严重后果的，处三年以下有期徒刑或者拘役；情节特别恶劣的，处三年以上七年以下有期徒刑。"

《中华人民共和国刑法》第 137 条规定："建设单位、设计单位、施工单位、工程监理单位违反国家规定，降低工程质量标准，造成重大安全事故的，对直接责任人员，处五年以下有期徒刑或者拘役，并处罚金；后果特别严重的，处五年以上十年以下有期徒刑，并处罚金。”

我国《建筑法》第68条关于在工程发包与承包中索贿、受贿、行贿的法律责任的规定除了适用于建设监理单位之外，也适用于作为直接责任人的监理工程师。

2.1.4 监理工程师违规行为的处罚

监理工程师在执业过程中必须严格遵纪守法。政府建设行政主管部门对于监理工程师的违法违规行为，将追究其责任，并根据不同情节给予必要的行政处罚。监理工程师的违规行为及相应的处罚办法，一般包括以下几个方面：

(1) 对于未取得《监理工程师执业资格证书》、《监理工程师注册证书》和执业印章，以监理工程师名义执行业务的人员，政府建设行政主管部门将予以取缔，并处以罚款；有违法所得的，予以没收。

(2) 对于以欺骗手段取得《监理工程师执业资格证书》、《监理工程师注册证书》和执业印章的人员，政府建设行政主管部门将吊销其证书，收回执业印章，并处以罚款；情节严重的，3年之内不允许考试及注册。

(3) 如果监理工程师出借《监理工程师执业资格证书》、《监理工程师注册证书》和执业印章，情节严重的，将被吊销证书，收回执业印章，3年之内不允许考试和注册。

(4) 监理工程师注册内容发生变更，未按照规定办理变更手续的，将被责令改正，并可能受到罚款的处罚。

(5) 同时受聘于两个及以上单位执业的，将被注销其《监理工程师注册证书》，收回执业印章，并将受到罚款处理；有违法所得的，将被没收。

(6) 对于监理工程师在执业中出现的行为过失，产生不良后果的，《建设工程质量管理条例》中有明确规定：监理工程师因过错造成质量事故的，责令停止执业1年；造成重大质量事故的，吊销执业资格证书，5年以内不予注册；情节特别恶劣的，终身不予注册。

对于监理工程师在安全生产监理工作中出现的行为过失，《建设工程安全生产管理条例》中明确规定：未执行法律、法规和工程建设强制性标准的，责令停止执业3个月以上1年以下；情节严重的，吊销执业资格证书，5年以内不予注册；造成重大安全事故的，终身不予注册；构成犯罪的，依照《中华人民共和国刑法》有关规定追究刑事责任。

2.2 监理工程师执业资格考试、注册与继续教育

2.2.1 监理工程师执业资格考试

2.2.1.1 监理工程师考试的意义

通过考试确认相关资格的做法是国际惯例。监理工程师资格考试有利于促进监理人员和其他愿意掌握建设监理基本知识的人员努力钻研监理业务，提高业务水平；有利于统一

监理工程师的基本水准，公正地确认监理人员是否具备监理工程师的资格，保证全国各地方、各部门监理队伍的素质；通过考试，确认已掌握监理知识的有关人员，可以形成监理人才库；监理工程师考试还有利于我国监理队伍进入国际建设工程监理市场。

2.2.1.2　监理工程师资格考试报考条件

国际上多数国家在设立执业资格时，通常比较注重执业人员的专业学历和工作经验。他们认为这是执业人员的基本素质，是保证执业工作有效实施的主要条件。我国根据对监理工程师业务素质和能力的要求，对参加监理工程师执业资格考试的报名条件也从两方面做出了限制。

一是要有一定的专业学历，必须具有工程技术或工程经济专业大专（含大专）以上学历。二是要有一定年限的建设工程实践经验，一般是取得中级专业技术职称后，并任职满 3 年。

上述两条体现了对监理工程师的基本素质要求，即要有相关的专业技术知识和较为丰富的工程实践经验，并了解我国建设工程的监理体制和掌握必需的建设监理知识。这样才能保证监理人员符合建设工程需要。

2.2.1.3　监理工程师考试内容和方式

1. 考试内容

监理工程师资格考试的内容包括建设工程监理的基本概念、建设工程合同管理、建设工程质量控制、建设工程进度控制、建设工程投资控制和建设工程信息管理等六方面的理论知识和技能。考试设有 4 个科目，即建设工程监理基本概念及相关法规；建设工程合同管理；建设工程三大控制（投资、进度、质量）；建设工程监理案例分析。其中建设工程监理案例分析主要是考核对建设监理理论知识的理解和在工程中运用这些基本理论的综合能力。

2. 考试方式

凡参加监理工程师资格考试者，由所在监理企业向本地区或本部门监理工程师资格考试委员会提出书面申请，经审查批准后，方可参加考试。

为了保障全国考试水准的统一，国家建设主管部门设立了全国考试委员会，统一规划与组织，制定统一考试大纲和确定统一的考试命题与评分标准，采取闭卷考试、分科记分、统一标准录取的方式。

3. 考试管理

根据我国国情，对监理工程师资格考试工作，实行政府统一管理的原则。国家成立由建设行政主管部门、人事行政主管部门、计划行政主管部门和有关方面的专家组成的“全国监理工程师资格考试委员会”，省、自治区、直辖市成立“地方监理工程师资格考试委员会”。

全国监理工程师资格考试委员会是全国监理工程师资格考试工作的最高管理机构，其主要职责是：

（1）拟定考试计划。

（2）组织制定发布考试大纲。

（3）组成命题小组，领导命题小组确定考试命题，拟定标准答案和评分标准。

(4) 确定考试时间，规定考试要求，指导、监督考试工作。

(5) 拟定考试合格标准，报国家人事行政主管部门、建设行政主管部门审批。

(6) 进行考试总结。

地方监理工程师考试委员会在全国监理工程师资格考试委员会领导下，具体负责当地的考试工作。

2.2.2 监理工程师注册

执业资格实行注册制度，是国际上通行的做法。目前，我国对从事建筑活动的专业技术人员已建立起多种执业资格制度，如注册建筑师、注册监理工程师、注册结构工程师和注册造价工程师。注册监理工程师实行注册执业管理制度。经监理工程师考试合格者，由监理工程师注册机关核发《监理师资格证书》，但并不一定意味着取得了监理工程师岗位资格。因为考试仅仅是对考试者知识含量的检验，只有注册才是对申请注册者素质和岗位责任能力的全面考察。因此，取得资格证书的人员，经过注册方能以注册监理工程师的名义执业。

注册监理工程依据所学专业、工作经历、工程业绩，按《工程监理企业资质管理规定》划分工程类别，按专业进行注册。每人最多可以申请两个专业注册。注册证书和执业印章是注册监理工程师的执业凭证，由注册监理工程师本人保管、使用。注册证书和执业印章的有效期为3年。监理工程师的注册分为初始注册、延续注册和变更注册三种。

1. 初始注册

初始注册者，可自资格证书签发之日起3年内提出申请。逾期未申请者，须符合继续教育的要求后方可申请初始注册。

(1) 申请初始注册，应当具备以下条件：

1) 经全国注册监理工程师执业资格统一考试合格，取得资格证书。

2) 受聘于一个相关单位。

3) 达到继续教育要求。

(2) 初始注册需要提交下列材料：

1) 申请人的注册申请表。

2) 申请人的资格证书和身份证复印件。

3) 申请人与聘用单位签订的聘用劳动合同复印件。

4) 所学专业、工作经历、工程业绩、工程类中级及以上职称证书等有关证明材料。

5) 逾期初始注册的，应当提供达到继续教育要求的证明材料。

2. 延续注册

注册监理工程师每一注册有效期为3年，注册有效期满需继续执业的，应当在注册有效期满30日前，按照规定的程序申请延续注册。延续注册有效期3年。延续注册需要提交下列材料：

(1) 申请人延续注册申请表。

(2) 申请人与聘用单位签订的聘用劳动合同复印件。

(3) 申请人注册有效期内达到继续教育要求的证明材料。

3. 变更注册

在注册有效期内，注册监理工程师变更执业单位，应当与原聘用单位解除劳动关系，并按本规定第七条规定的程序办理变更注册手续，变更注册后仍延续原注册有效期。变更注册需要提交下列材料：

（1）申请人变更注册申请表。

（2）申请人与新聘用单位签订的聘用劳动合同复印件。

（3）申请人的工作调动证明（与原聘用单位解除聘用劳动合同或者聘用劳动合同到期的证明文件、退休人员的退休证明）。

申请人有下列情形之一的，不予初始注册、延续注册或者变更注册：

（1）不具有完全民事行为能力的。

（2）刑事处罚尚未执行完毕或者因从事工程监理或者相关业务受到刑事处罚，自刑事处罚执行完毕之日起至申请注册之日止不满 2 年的。

（3）未达到监理工程师继续教育要求的。

（4）在两个或者两个以上单位申请注册的。

（5）以虚假的职称证书参加考试并取得资格证书的。

（6）年龄超过 65 周岁的。

（7）法律、法规规定不予注册的其他情形。

注册监理工程师有下列情形之一的，其注册证书和执业印章失效：

（1）聘用单位破产的。

（2）聘用单位被吊销营业执照的。

（3）聘用单位被吊销相应资质证书的。

（4）已与聘用单位解除劳动关系的。

（5）注册有效期满且未延续注册的。

（6）年龄超过 65 周岁的。

（7）死亡或者丧失行为能力的。

（8）其他导致注册失效的情形。

2.2.3　监理工程师的继续教育

1. 继续教育的目的

随着现代科学技术日新月异地发展，注册后的监理工程师不能一劳永逸地停留在原有知识水平上，而要随着时代的进步不断更新知识、扩大其知识面，通过继续教育使注册监理工程师及时掌握与工程监理有关的政策、法律法规和标准规范，熟悉工程监理与工程项目管理的新理论、新方法，了解建设工程新技术、新材料、新设备及新工艺，适时更新业务知识，不断提高注册监理工程师业务素质和执业水平，以适应开展工程监理业务和工程监理事业发展的需要。因此，注册监理工程师每年都要接受一定学时的继续教育。国际上一些国家，如美国、英国等，对执业人员的年度考核也有类似的要求。

2. 继续教育的学时

注册监理工程师在每一注册有效期（3 年）内应接受 96 学时的继续教育，其中必修课和选修课各为48学时。必修课48学时每年可安排16学时。选修课48学时按注册专业安排学时，只注册1个专业的，每年接受该注册专业选修课16学时的继续教育；注册2个专业的，每年接受相应2个注册专业选修课各8学时的继续教育。

注册监理工程师申请变更注册专业时，在提出申请之前，应接受申请变更注册专业24学时选修课的继续教育。注册监理工程师申请跨省级行政区域变更执业企业时，在提出申请之前，还应接受新聘用企业所在地8学时选修课的继续教育。

注册监理工程师在公开发行的期刊上发表有关工程监理的学术论文，字数在3000以上的，每篇可充抵选修课4学时；从事注册监理工程师继续教育授课工作和考试命题工作，每年每次可充抵选修课8学时。

3. 继续教育方式和内容

继续教育的方式有两种，即集中面授和网络教学。继续教育的内容主要有：

（1）必修课：国家按期颁布的与工程监理有关的法律法规、标准规范和政策；工程监理与工程项目管理的新理论、新方法；工程监理案例分析；注册监理工程师职业道德。

（2）选修课：地方及行业按期颁布的与工程监理有关的法规、标准规范和政策；建设工程新技术、新材料、新设备及新工艺；专业工程监理案例分析；需要补充的其他与工程监理业务有关的知识。

2.3　工程监理企业的组织形式

我国的监理企业是推行建设工程监理制后才兴起的一种组织形式，是建筑市场的三大主体之一。它的主要责任是向工程业主提供高智能的技术服务，对建设工程的质量、进度、投资三大目标进行监督管理。实践证明，监理企业已在工程项目建设中发挥了积极作用。

2.3.1　工程监理企业的设立

2.3.1.1　监理企业的概念

监理企业一般是指具有法人资格、取得监理资质证书、主要从事建设工程监理工作的监理公司、监理事务所等组织。

2.3.1.2　监理企业的分类

监理企业必须是法人。法律规定，法人是指具有民事权利能力和民事行为能力，依法独立享有民事权利和独立承担民事义务的组织。作为法人，必须具备以下四个条件：依法成立；有必要的财产或者经费；能够独立承担民事责任；有自己的名称、组织机构和场所。

监理企业是实行独立核算、从事营利性经营和服务活动的经济组织。不同的企业有不同的性质和特点，根据不同的标准可将企业分成以下几种形式。

1. 按企业所有制性质分

（1）全民所有制企业。全民所有制企业是依法自主经营、自负盈亏、独立核算的社会主义商品生产和经营单位。目前我国的监理企业大多数为全民所有制企业。

（2）集体所有制企业。集体所有制企业是以生产资料的劳动群众集体所有制为基础的独立的商品经济组织。分为城镇集体所有制企业和乡村集体所有制企业两种。

我国有关法规允许成立集体所有制的监理企业，但近几年来申请设立这类经济性质的监理企业很少。

（3）私营企业。私营企业是指企业资产归私人所有、雇工 8 人以上的营利性经济组织（雇工 8 人以下的称为个体工商户，不能称为企业）。私营企业分为独资企业、合伙企业、有限责任公司。

在国外，私营企业比较普遍。现阶段，我国还未考虑成立私营性质的监理企业。

（4）混合所有制企业。混合所有制企业是指资产由不同所有制成分构成的企业。

2. 按照企业的组织形式分

（1）独资企业。独资企业是指一家投资经营的企业。可分为国内独资企业和国外独资企业。

（2）合伙企业（合营企业）。合伙企业是指两家以上共同投资、共同经营、共负盈亏的企业。分为合资企业和合作企业。

合资企业是现阶段经济体制形态下的产物，合资各方按照投入资金的多少或者按照约定的投资章程的规定对企业承担一定的责任，同时享有相应的权利。它包括国内合资和国外合资。合资企业一般为两家，也有多家合资的。

合作企业由两家或多家企业以独立法人的方式按照约定的合作章程组成，且必须经工商行政管理局注册。合作各方以独立法人的资格享有民事权利，承担民事责任。两家或多家监理企业仅合作监理而不注册者不构成合作监理企业。

（3）公司。公司是指依照《中华人民共和国公司法》设立的营利性社团法人，可分为有限责任公司和股份有限公司。

有限责任公司是指由一定人数的股东组成的，股东以其出资额为限对公司承担责任、公司以其全部资产对公司的债务承担责任的公司。股份有限公司是指由一定人数以上的股东组成，公司全部资本分为等额股份，股东以其所持股份为限对公司承担责任，公司以其全部资产对公司的债务承担责任的公司。

3. 按企业经济责任分

（1）有限责任公司。有限责任公司的股东都是只以其对公司的出资额为限来对公司承担责任，公司只是以其全部资产来承担公司的债务，股东对超出公司全部资产的债务不承担责任。

（2）无限责任公司。无限责任公司在民事责任中承担无限责任。即无论资本金多少，在民事责任中承担应担负的经济责任。

4. 按监理企业资质分

建设工程监理企业可分为综合资质监理企业、专业资质监理企业和事务所资质监理企业。专业资质的监理企业又分为甲、乙、丙三个级别。

2.3.2　工程监理企业的管理体制

1. 监理企业管理体制改革

一些由国有企业集团或教学、科研、勘察设计单位按照传统的国有企业模式设立的工程监理企业，由于具有国有企业特点，普遍存在着产权关系不清晰、管理体制不健全、经营机制不灵活、分配制度不合理、职工积极性不高、市场竞争力不强的现象。企业缺乏自主经营、自负盈亏、自我约束、自我发展的能力。这必将阻碍监理企业和监理行业的发展。

党的十五届四中全会《关于国有企业改革和发展若干重大问题的决定》指出：国有企业的改革是整个经济体制改革的中心环节。建立和完善社会主义市场经济体制，实现公有制与市场经济的有效结合，最重要的是使国有企业形成适应市场经济要求的管理制度和经营机制。建立现代企业制度，实现产权清晰、权责明确、政企分开、管理科学、健全决策、执行和监督体系，使企业成为自主经营、自负盈亏的法人实体和市场主体，是发展社会化大生产和市场经济的必然要求，是公有制与市场经济相结合的有效途径，是国有企业改革的方向。

因此，国有工程监理企业管理体制和经营机制改革是必然发展趋势。监理企业改制的目的，一是有利于转换企业经营机制。不少国有监理企业经营困难，主要原因是体制、机制问题。改革的关键在于转换监理企业经营机制，使监理企业真正成为“四自”主体。二是有利于强化企业经营管理。国有监理企业经营困难除了体制和机制外，管理不善也是重要原因之一。三是有利于提高监理人员的积极性。国有企业固有的产权不清晰、责任不明确、分配不合理所形成的大锅饭模式，难以调动员工的积极性。

《中华人民共和国公司法》第7条规定：国有企业改建为公司，必须依照法律、行政法规规定的条件和要求，转换经营机制，有步骤地进行清产核资、评估资产、界定产权、清理债权债务、建立规范的企业内部管理机构。根据这一规定，企业改制的一般程序如下：

(1) 确定发起人并成立筹委会。发起人确定后，成立企业改制筹备委员会，负责改制过程中的各项工作。

(2) 形成公司文件。公司文件主要包括改制申请书、改制的可行性研究报告、公司章程等。

(3) 提出改制申请。筹备委员会向政府主管部门提出改制申请时，应提交以下基本文件：改制协议书；改制申请书；改制的可行性研究报告；公司章程；行业主管部门的审查意见。

(4) 资产评估。资产评估是指对资产价值的重估。它是在财产清查的基础上，对账面价值与实际价值背离较大的资产价值进行重新评估，以保证资产价值与实际相符，促进实现资产价值的足额补偿。资产评估按照申请立项、资产清查、评定估算、验证确认等程序进行。

(5) 产权界定。产权界定是指对财产权进行鉴别和确认。即在财产清查和资产评估的基础上，鉴别企业各所有者和债权人对企业全部资产拥有的权益。对国有产权，一般应指国有企业的净资产，即用评估后的总资产价值减去国有企业的负债。

(6) 股权设置。股权是指股份制企业投资者的法定所有权，以及由此而产生的投资者对企业拥有的各项权利。股权设置是指在产权界定的基础上，根据股份制改造的要求，按投资主体所设置的国家股、法人股、自然人股和外资股。从经济学角度看，股权是产权的一部分，即财产的所有权，而不包括法人财产权。从会计学角度看，二者本质是相同的，都体现财产的所有权。但从量的角度看可能不同，产权指所有者的权益，股权则指资本金或实收资本。因此，股权设置过程中的一个重要环节是净资产折股。

（7）认缴出资额。各股东按照共同订立的公司章程中规定的各自所认缴的出资额出资。

（8）申请设立登记。申请设立登记时，一般应提交公司登记申请书、公司章程、验资报告、法律、行政法规规定的其他文件等。

（9）签发出资证明书。公司登记注册后，应签发证明股东已经缴纳出资额的出资证明书。有限责任公司成立后，原有企业即自行终止，其债权、债务由改组后的公司承担。

2. 产权制度改革的方式

国有工程监理企业的改制可采用以下几种方式：

（1）股份制改革方式。减持国有股，扩大民营股。

（2）股份合作制方式。将原国有监理企业改为由本单位的全体职工和经营者按股份共同拥有。具体的操作方式是：对企业经过资产评估后，折成股份，转让给本企业职工和经营者。

（3）经营者持大股方式。

3. 公司制监理企业

监理公司是以盈利为目的，依照法定程序设立的企业法人。我国公司制监理企业有以下特征：

（1）必须是依照《中华人民共和国公司法》的规定设立的社会经济组织。

（2）必须是以营利为目的的独立企业法人。

（3）自负盈亏，独立承担民事责任。

（4）是完整纳税的经济实体。

（5）采用规范的成本会计和财务会计制度。

我国目前监理公司的种类有两种，即监理有限责任公司和监理股份有限公司。

（1）监理有限责任公司。监理有限责任公司，是指由 50 人以下的股东共同出资，股东以其所认缴的出资额对公司行为承担有限责任，公司以其全部资产对其债务承担责任的企业法人。

监理有限责任公司的主要特征是：

1）公司不对外发行股票，股东的出资额由股东协商确定。

2）股东交付股金后，公司出具股权证书，作为股东在公司中拥有的权益凭证。这种凭证不同于股票，不能自由流通，必须在其他股东同意的条件下才能转让，且要优先转让给公司原有股东。

3）公司股东所负责任仅以其出资额为限，即把股东投入公司的财产与其个人的其他财产脱钩，公司破产或解散时，只以公司所有的资产偿还债务。

4）公司具有法人地位。

5）在公司名称中必须注明有限责任公司字样。

6）公司股东可以作为雇员参与公司经营管理。通常公司管理者也是公司的所有者。

7）公司账目可以不公开，尤其是公司的资产负债表一般不公开。

（2）监理股份有限公司

监理股份有限公司是指全部资本由等额股份构成，并通过发行股票筹集资本，股东以其所认购股份对公司承担责任，公司以其全部资产对公司债务承担责任的企业法人。

设立监理股份有限公司可以采取发起设立或者募集设立方式。发起设立，是指由发起人认购公司应发行的全部股份而设立公司。募集设立，是指由发起人认购公司应发行股份的一部分，其余部分向社会公开募集而设立公司。

监理股份有限公司的主要特征是：

1）公司资本总额分为金额相等的股份。股东以其所认购的股份对公司承担有限责任。

2）公司以其全部资产对公司债务承担责任。公司作为独立的法人，有自己独立的财产，公司在对外经营业务时，以其独立的财产承担公司债务。

3）公司可以公开向社会发行股票。

4）公司股东的数量有最低限制，应当有5个以上发起人，其中必须有过半数的发起人在中国境内有住所。

5）股东以其所持有的股份享受权利和承担义务。

6）在公司名称中必须标明股份有限公司字样。

7）公司账目必须公开，便于股东全面掌握公司情况。

8）公司管理实行两权分离。董事会接受股东大会委托，监督公司财产的保值增值，行使公司财产所有者职权；经理由董事会聘任，掌握公司经营权。

4. 中外合资经营监理企业与中外合作经营监理企业

中外合资经营监理企业是指以中国的企业或其他经济组织为一方，以外国的公司、企业、其他经济组织或个人为另一方，在平等互利的基础上，根据《中华人民共和国中外合资经营企业法》，签订合同、制订章程，经中国政府批准，在中国境内共同投资、共同经营、共同管理、共同分享利润、共同承担风险，主要从事工程监理业务的监理企业。其组织形式为有限责任公司。在合营企业的注册资本中，外国合营者的投资比例一般不得低于25%。

中外合作经营监理企业是指中国的企业或其他经济组织同外国的企业、其他经济组织或者个人，按照平等互利的原则和我国的法律规定，用合同约定双方的权利义务，在中国境内共同举办的、主要从事工程监理业务的经济实体。

中外合资经营监理企业与中外合作经营监理企业主要具有以下区别：

（1）组织形式不同。合营企业的组织形式为有限责任公司，具有法人资格。合作企业可以是法人型企业，也可以是不具有法人资格的合伙企业。法人型企业独立对外承担责任，合作企业是由合作各方对外承担连带责任。

（2）组织机构不同。合营企业是合营双方共同经营管理，实行单一的董事会领导下的总经理负责制。合作企业可以采取董事会负责制，也可以采取联合管理制，既可由双方组织联合管理机构管理，也可以由一方管理，还可以委托第三方管理。

（3）出资方式不同。合营企业一般以货币形式计算各方的投资比例。合作企业是以合同规定投资或者提供合作条件，以非现金投资作为合作条件，可不以货币形式作价，不计算投资比例。

(4) 分配利润和分担风险的依据不同。合营企业按各方注册资本比例分配利润和分担风险。合作企业按合同约定分配收益或产品和分担风险。

(5) 回收投资的期限不同。合营企业各方在合营期内不得减少其注册资本。合作企业则允许外国合作者在合作期限内先行收回投资，合作期满时，企业的全部固定资产归中国合作者所有。

2.4　工程监理企业的资质管理制度

2.4.1　工程监理企业的资质等级标准及其业务范围

监理企业的资质主要体现在监理能力及其监理的效果上。监理能力，是指能够监理多大规模和多大复杂程度的建设工程项目；监理效果，是指对建设工程项目实施监理后，在工程投资控制、工程质量控制、工程进度控制等方面取得的成果。

监理企业的监理能力和监理效果主要取决于：监理人员素质、专业配套能力、技术装备、监理经历和管理水平等。正因为如此，我国的建设监理法规规定，应按照这些要素的状况来划分和审定监理企业的资质等级。

2.4.1.1　监理企业的资质要素

监理企业是智能型企业，可提供高智能的技术服务，较之一般物质生产企业来说，监理企业对人才素质的要求更高，主要有以下几方面要求。

1. 专业知识

监理企业的监理人员应具有较高的学历，一般应为大专以上学历，且应以本科以上学历者为大多数。

技术职称方面，中级以上专业技术职称的人员应在 70%左右，初级专业技术职称的人员应在 20%左右，其他人员应在 10%以下。

对监理企业负责人的素质要求则更高一些，应具有高级专业技术职称，有较强的组织协调和领导才能，并已取得国家确认的《监理工程师资格证书》。

每一个监理人员不仅要具备某一专业技能，而且还要掌握与自己本专业相关的其他专业方面的知识，以及经营管理方面的基本知识，成为一专多能的复合型人才。

2. 专业配套能力

建设工程监理活动的开展需要各专业监理人员的相互配合，一个监理企业，应当按照它的监理业务范围的要求配备专业人员。同时，各专业都应当拥有素质较高、能力较强的骨干监理人员。

审查监理企业资质的重要内容是看它的专业监理人员的配备是否与其所申请的监理业务范围相一致。例如，从事一般工业与民用建筑工程监理业务的监理企业，应当配备建筑、结构、电气、通信、给水排水、暖气空调、工程测量、建筑经济、设备工艺等专业的监理人员。

从建设工程监理的基本内容要求出发，监理企业还应当在质量控制、进度控制、投资控制、合同管理、信息管理和组织协调方面具有专业配套能力。

3. 技术装备

监理企业应当拥有一定数量的检测、测量、交通、通信、计算机等方面的技术装备。例如应有一定数量的计算机，以用于计算机辅助监理；应有一定的测量、检测仪器，以用于监理中的检查、检测工作；应有一定数量的交通、通信设备，以便于高效率地开展监理活动；应有一定的照相、录像设备，以便及时、真实地记录工程情况等。

监理企业用于工程项目监理的大量设施、设备可由业主方提供（监理合同附录中列出），或由有关检测单位代为检查、检测。

4. 管理水平

监理企业的管理水平，首先要看监理企业负责人的素质和能力。其次要看监理企业的规章制度是否健全完善。例如，有没有组织管理制度、人事管理制度、财务管理制度、经济管理制度、设备管理制度、科技管理制度、档案管理制度等，并且能否有效执行。再者就是监理企业是否有一套系统有效的工程项目管理方法和手段。监理企业的管理水平主要反映在能否将本企业的人、财、物的作用充分发挥出来，做到人尽其才、物尽其用；监理人员能否做到遵纪守法，遵守监理工程师职业道德准则；能否沟通各种渠道，占领一定的监理市场；能否在工程项目监理中取得良好的业绩。

5. 监理经历和业绩

一般来讲，监理企业开展监理业务的时间越长，监理的经验越丰富，监理能力也会越高，监理的业绩就会越大。监理经历是监理企业的宝贵财富，是构成其资质的要素之一。监理业绩主要是指在开展项目监理业务中所取得的成效，其中，包括监理业务量的多少和监理效果的好坏。因此，有关部门把监理企业监理过多少工程，监理过什么等级的工程，以及取得什么样的监理效果作为监理企业重要的资质要素。

2.4.1.2 监理企业资质等级划分

按照我国现行规定，工程监理资质分为综合资质、专业资质和事务所资质。其中，专业资质按照工程性质和技术特点划分为若干工程类别。

综合资质、事务所资质不分级别。专业资质分为甲级、乙级。其中，房屋建筑、水利水电、公路和市政公用专业资质可设立丙级。

1. 综合资质标准

（1）具有独立法人资格且注册资本不少于600万元。

（2）企业技术负责人应为注册监理工程师，并具有15年以上从事建设工程工作的经历或者具有工程类高级职称。

（3）具有5个以上工程类别的专业甲级工程监理资质。

（4）注册监理工程师不少于60人，注册造价工程师不少于5人，一级注册建造师、一级注册建筑师、一级注册结构工程师或者其他勘察设计注册工程师合计不少于15人次。

（5）企业具有完善的组织结构和质量管理体系，有健全的技术、档案等管理制度。

（6）企业具有必要的工程试验检测设备。

（7）申请工程监理资质之日前一年内没有规定禁止的行为。

（8）申请工程监理资质之日前一年内没有因本企业监理责任造成重大质量事故。

(9) 申请工程监理资质之日前一年内没有因本企业监理责任发生三级以上建设工程重大安全事故或者发生两起以上四级建设工程安全事故。

2. 专业资质标准

(1) 甲级。

1) 具有独立法人资格且注册资本不少于 300 万元。

2) 企业技术负责人应为注册监理工程师，并具有 15 年以上从事建设工程工作的经历或者具有工程类高级职称。

3) 注册监理工程师、注册造价工程师、一级注册建造师、一级注册建筑师、一级注册结构工程师或者其他勘察设计注册工程师合计不少于 25 人次。其中，相应专业注册监理工程师不少于甲级资质注册监理工程师人数配备见表 2.1 中要求配备的人数，注册造价工程师不少于 2 人。

4) 企业近 2 年内独立监理过 3 个以上相应专业的二级工程项目。但是，具有甲级设计资质或一级及以上施工总承包资质的企业申请本专业工程类别甲级资质的除外。

5) 企业具有完善的组织结构和质量管理体系，有健全的技术、档案等管理制度。

6) 企业具有必要的工程试验检测设备。

7) 申请工程监理资质之日前一年内没有规定禁止的行为。

8) 申请工程监理资质之日前一年内没有因本企业监理责任造成重大质量事故。

9) 申请工程监理资质之日前一年内没有因本企业监理责任发生三级以上建设工程重大安全事故或者发生两起以上四级建设工程安全事故。

表 2.1　各级资质注册监理工程师人数配备表　　单位：人

序号	工程类别	甲级	乙级	丙级
1	房屋建筑工程	15	8	5
2	冶炼工程	15	9	
3	矿山工程	20	10	
4	化工石油工程	15	11	
5	水利水电工程	20	12	5
6	电力工程	15	13	
7	农林工程	15	14	
8	铁路工程	23	14	
9	公路工程	20	12	5
10	港口与航道工程	20	12	
11	航天航空工程	20	12	
12	通信工程	20	12	
13	市政公用工程	15	10	5
14	机电安装工程	15	10	

(2) 乙级。

1) 具有独立法人资格且注册资本不少于 100 万元。

2）企业技术负责人应为注册监理工程师，并具有10年以上从事建设工程工作的经历。

3）注册监理工程师、注册造价工程师、一级注册建造师、一级注册建筑师、一级注册结构工程师或者其他勘察设计注册工程师合计不少于15人次。其中，相应专业注册监理工程师不少于乙级资质注册监理工程师人数配备表见表2.1中要求配备的人数，注册造价工程师不少于1人。

4）有较完善的组织结构和质量管理体系，有技术、档案等管理制度。

5）有必要的工程试验检测设备。

6）申请工程监理资质之日前一年内没有规定禁止的行为。

7）申请工程监理资质之日前一年内没有因本企业监理责任造成重大质量事故。

8）申请工程监理资质之日前一年内没有因本企业监理责任发生三级以上建设工程重大安全事故或者发生两起以上四级建设工程安全事故。

（3）丙级。

1）具有独立法人资格且注册资本不少于50万元。

2）企业技术负责人应为注册监理工程师，并具有8年以上从事建设工程工作的经历。

3）相应专业的注册监理工程师不少于丙级资质注册监理工程师人数配备表见表2.1中要求配备的人数。

4）有必要的质量管理体系和规章制度。

5）有必要的工程试验检测设备。

3. 事务所资质标准

（1）取得合伙企业营业执照，具有书面合作协议书。

（2）合伙人中有3名以上注册监理工程师，合伙人均有5年以上从事建设工程监理的工作经历。

（3）有固定的工作场所。

（4）有必要的质量管理体系和规章制度。

（5）有必要的工程试验检测设备。

2.4.1.3 工程监理企业资质相应许可的业务范围

1. 综合资质

可以承担所有专业工程类别建设工程项目的工程监理业务。

2. 专业资质

（1）专业甲级资质可承担相应专业各工程类别建设工程项目的工程监理业务（以房屋建筑工程为例，其余略）。

（2）可承担相应专业工程类别二级以下（含二级）建设工程项目的工程监理业务。如表2.2所示（以房屋建筑工程为例，其余略）。

（3）可承担相应专业工程类别三级建设工程项目的工程监理业务。如表2.2所示（以房屋建筑工程为例，其余略）。

3. 事务所资质

事务所资质可承担三级建设工程项目的工程监理业务（见表2.2）。但是，国家规定必须实行强制监理的工程除外。

工程监理企业可以开展相应类别建设工程的项目管理、技术咨询等业务。

表 2.2　专业工程类别和等级表

序号	工程类别		一级	二级	三级
1	房屋建筑工程	一般公共建筑	28 层以上；36m 跨度以上（轻钢结构除外）；单项工程建筑面积 3 万 m^2 以上	14～28 层；24～36m 跨度（轻钢结构除外）；单项工程建筑面积 1 万～3 万 m^2	14 层以下；24m 跨度以下（轻钢结构除外）；单项工程建筑面积 1 万 m^2 以下
		高耸构筑工程	高度 120m 以上	高度 70～120m	高度 70m 以下
		住宅工程	小区建筑面积 12 万 m^2 以上；单项工程 28 层以上	建筑面积 6 万～12 万 m^2；单项工程 14～28 层	建筑面积 6 万 m^2 以下；单项工程 14 层以下
2	冶炼工程	略			
3	矿山工程				
4	化工石油工程				
5	水利水电工程				
6	电力工程				
7	农林工程				
8	铁路工程				
9	公路工程				
10	港口与航道工程				
11	航天航空工程				
12	通信工程				
13	市政公用工程				
14	机电安装工程				

2.4.2　工程监理企业的资质申请及审批程序

1. 资质申请

申请综合资质、专业甲级资质的，应当向企业工商注册所在地的省、自治区、直辖市人民政府建设主管部门提出申请。省、自治区、直辖市人民政府建设主管部门应当自受理申请之日起 20 日内初审完毕，并将初审意见和申请材料报国务院建设主管部门。国务院建设主管部门应当自省、自治区、直辖市人民政府建设主管部门受理申请材料之日起 60 日内完成审查，公示审查意见，公示时间为 10 日。其中，涉及铁路、交通、水利、通信、民航等专业工程监理资质的，由国务院建设主管部门送国务院有关部门审核。国务院有关部门应当在 20 日内审核完毕，并将审核意见报国务院建设主管部门。国务院建设主管部门根据初审意见审批。

专业乙级、丙级资质和事务所资质由企业所在地省、自治区、直辖市人民政府建设主管部门审批。省、自治区、直辖市人民政府建设主管部门应当自作出决定之日起 10 日内，将准予资质许可的决定报国务院建设主管部门备案。

申请工程监理企业资质，应当提交以下材料：

(1) 工程监理企业资质申请表（一式三份）及相应电子文档。

(2) 企业法人、合伙企业营业执照。

(3) 企业章程或合伙人协议。

(4) 企业法定代表人、企业负责人和技术负责人的身份证明、工作简历及任命（聘用）文件。

(5) 工程监理企业资质申请表中所列注册监理工程师及其他注册执业人员的注册执业证书。

(6) 有关企业质量管理体系、技术和档案等管理制度的证明材料。

(7) 有关工程试验检测设备的证明材料。

2. 审批程序

工程监理企业申请综合资质、专业甲级资质的，要向企业工商注册所在在地的省、自治区、直辖市人民政府建设主管部门提出申请。省、自治区、直辖市人民政府建设主管部门自受理申请之日起20日内审查完毕，将审查意见与全部申请材料报国务院建设主管部门，国务院建设主管部门自受理申请材料之日起20日内作出决定。其中涉及铁道、交通、水利、信息产业、民航等专业工程监理资质的，由国务院有关部门初审，国务院建设主管部门根据初审意见审批。

工程监理企业申请专业乙级、丙级资质和事务所资质的，由企业所在地省、自治区、直辖市人民政府建设主管部门审批。

工程监理企业合并的，合并后存续或者新设立的工程监理企业可以承继合并前各方中较高的资质等级，但应当符合相应的资质等级条件。工程监理企业分立的，分立后企业的资质等级，根据实际达到的资质条件，按照以上审批程序核定。

2.4.3 工程监理企业的资质管理

我国建设监理企业资质管理体制的基本原则是“分级管理，统分结合”。总的来说，我国的监理企业资质管理分中央和地方两个层次，在中央，由国家建设行政主管部门负责；在地方，由各地方建设行政主管部门归口管理，国务院其他专业部门分管本部门直属的监理企业的资质。

工程监理企业违法从事工程监理活动的，违法行为发生地的县级以上地方人民政府建设主管部门应当依法查处，并将违法事实、处理结果或处理建议及时报告该工程监理企业资质颁发的许可机关。

工程监理企业取得工程监理企业资质后不再符合相应资质条件的，资质许可机关根据利害关系人的请求或者依据职权，可以责令其限期改正；逾期不改的，可以撤回其资质。

有下列情形之一的，资质许可机关或者其上级机关，根据利害关系人的请求或者依据职权，可以撤销工程监理企业资质：

(1) 资质许可机关工作人员滥用职权、玩忽职守作出准予工程监理企业资质许可的。

(2) 超越法定职权作出准予工程监理企业资质许可的。

(3) 违反资质审批程序作出准予工程监理企业资质许可的。

(4) 对不符合许可条件的申请人作出准予工程监理企业资质许可的。

(5) 依法可以撤销资质证书的其他情形。

以欺骗、贿赂等不正当手段取得工程监理企业资质证书的，应当予以撤销。

2.5 工程监理企业经营管理

2.5.1 工程监理企业经营活动基本准则

监理企业从事建设工程监理活动，应当遵循“守法、诚信、公正、科学”的准则。

1. 守法

守法，这是任何一个具有民事行为能力的单位或个人最起码的行为准则，对于监理企业——企业法人来说，守法，就是要依法经营。

(1) 监理企业只能在核定的业务范围内开展经营活动。这里所说的核定的业务范围，是指监理企业资质证书中填写的、经建设监理资质管理部门审查确认的经营业务范围。核定的业务范围有两层内容，一是监理业务的性质。二是监理业务的等级。第一层意思是监理业务的性质是指可以监理什么专业的工程。如以建筑学专业和一般结构专业人员为主组成的监理企业，只能监理一般工业与民用建筑的工程项目的建设；以冶金类专业人员组建的监理企业，则只能监理冶金工程项目的建设。除了建设监理工作之外，根据监理企业的申请和能力，还可以核定其开展某些技术咨询服务。核定的技术咨询服务项目也要写入经营业务范围。核定的经营业务范围以外的任何业务，监理企业不得承接，否则，就是违法经营。如果一个监理企业从政府的其他资质管理部门领取了监理资质证书，并经工商管理部门办理了营业执照，同样属于违法经营之列。第二层意思是指要按照核定的监理资质等级承接监理业务。如甲级资质监理企业可以承接一等、二等、三等工程项目的建设监理业务；丙级资质的监理企业，一般情况下，只能承接三等工程项目的建设监理业务。

(2) 监理企业不得伪造、涂改、出租、出借、转让、出卖《资质等级证书》。

(3) 建设工程监理合同一经双方签订，即具有一定的法律约束力（违背国家法律、法规的合同，即无效合同除外），监理企业应按照合同的规定认真履行，不得无故或故意违背自己的承诺。

(4) 监理企业离开原住所承接监理业务，要自觉遵守当地人民政府颁发的监理法规和有关规定，并要主动向监理工程所在地的省、自治区、直辖市建设行政主管部门备案登记，接受其指导和监督管理。

(5) 遵守国家关于企业法人的其他法律、法规的规定，包括行政的、经济的和技术的。

2. 诚信

所谓诚信，简单地讲，就是忠诚老实、讲信用。为人处事都要讲诚信，这是做人的基本品德，也是考核企业信誉的核心内容。监理企业向业主、向社会提供的是技术服务，按照市场经济的观念，监理企业出售的主要是自己的智力。智力是看不见、摸不着的无形产品。尽管它最终由建筑产品体现出来，但是，如果监理企业提供的技术服务有问题，就会造成不可挽回的损失。何况，技术服务水平的高低，弹性变化很大。例如对建设工程投资或质量的控制，都涉及建设工程的各个环节及各个方面。一个高水平的监理企业可以运用自己的高智能最大限度地把投资控制和质量控制搞好。也可以以低水准的要求，把工作做得勉强能交代过去，这就是不诚信。没有为业主提供与其监理水平相适应的技术服务；或者本来没有较高的监理能力，却在竞争承揽监理业务时，有意夸大自己的能力；或者借故不认真履行监理合同规定的义务和职责等，都是不讲诚信的行为。

我国的建设监理事业刚刚兴起，每个监理企业，甚至每一个监理人员能否做到诚信，都会对这一事业造成一定的影响，尤其对监理企业、对监理人员自己的声誉带来很大影响。所以说，诚信是监理企业经营活动基本准则的重要内容之一。

3. 公平

所谓“公平”，主要是指监理企业在处理业主与承建商之间的矛盾和纠纷时，要做到实事求是，是谁的责任，就由谁承担；该维护谁的权益，就维护谁的权益。决不能因为监理企业受业主的委托，就偏袒业主。例如，承建商因业主没有按合同规定的时间提供施工图而提出索赔，要求业主赔偿损失。监理企业接到承建商的索赔单后，首先要核对提供施工图的具体时间，再查对合同规定提供施工图的日期以及未能提供施工图时，业主的责任和处理办法。如果承建商的索赔成立，那就告诉业主：索赔成立，准备向承建商赔偿，而且该赔多少，就签认赔偿多少。再如，若承建商编制的施工组织方案，从局部看是可行的、合理的，甚至能加快施工进度，但从全局看，会影响交叉作业，会影响其他承建商的施工，或者会增加建设工程资金的投入，那么，就要从全局考虑，从维护业主的整体利益出发，建议承建商修改施工组织设计，以维护业主的利益。一般说来，监理企业维护业主的合法权益容易做到，而维护承建商的利益比较难。究其根源，还是怕别人说自己出卖业主的利益，怕因此而影响自己承揽监理业务。所以，要真正做到公平地处理问题也不容易。

监理企业要做到公平，必须要做到以下几点：

(1) 要培养良好的职业道德，不为私利而违心地处理问题。

(2) 要坚持实事求是的原则，不唯上级或业主的意见是从。

(3) 要提高综合分析问题的能力，不为局部问题或表面现象模糊自己的“视听”。

(4) 要不断提高自己的专业技术能力，尤其是要尽快提高综合理解、熟练运用建设工程有关合同条款的能力，以便以合同条款为依据，恰当地协调、处理问题。

4. 科学

它是指监理企业的监理活动要依据科学的方案，要运用科学的手段，要采取科学的方法。工程项目监理结束后，还要进行科学的总结。总之，监理工作的核心问题是“预控”，必须要有科学的思想、科学的方法。凡是处理业务要有可靠依据和凭证，判断问题，要用数据说话。只有这样，才能提供高智能的、科学的服务，才能符合建设监理事业发展的需要。

(1) 科学的计划。就一个工程项目的监理工作而言，科学的方案主要是指监理细则。它包括：该项目监理机构的组织计划；该项目监理工作的程序；各专业、各年度

（含季度，甚至按天计算）的监理内容和对策；工程的关键部位或可能出现的重大问题的监理措施。总之，在实施监理前，要尽可能地把各种问题都列出来，并拟订解决办法，使各项监理活动都纳入计划管理的轨道。更重要的是，要集思广益，充分运用已有的经验和智能，制定出切实可行、行之有效的监理细则，指导监理活动顺利地进行。

（2）科学的手段。单凭人的感官直接进行监理，这是最原始的监理手段。科学发展到今天，必须借助于先进的科学仪器才能做好监理工作，如已普遍使用的计算机，各种检测、试验、化验仪器等。

（3）科学的方法。监理工作的科学方法主要体现在监理人员在掌握大量的确凿的有关监理对象及其外部环境实际情况的基础上，适时、稳妥、高效地处理有关问题，体现在解决问题要用“事实说话”、“用书面文字说话”、“用数据说话”，尤其体现在要开发、利用计算机软件，建立起先进的软件库。

2.5.2　工程监理企业经营内容

根据建立社会主义市场经济体制的总体目标和建设工程的客观需要，监理企业进行监理经营服务的内容包括：建设工程决策阶段监理、建设工程设计阶段监理、建设工程施工阶段监理三大部分，每一部分的经营服务又包含若干内容。

1. 建设工程决策阶段监理

建设工程决策阶段的工作主要是对投资决策、立项决策和可行性决策的监理。现阶段，这些决策大都由政府负责，也就是由政府来决策。按照我国深化改革，逐步实现政企分开大政方针的要求和建立社会主义市场经济体制的大趋势的发展结果，上述三项决策必将向企业转移，或者大部分转由企业决策，政府核准。无论是由政府决策，或由企业决策，为了达到科学的、完善的决策，委托监理势在必行。

建设工程的决策监理，既不是监理企业替业主决策，更不是替政府决策。而是受业主或政府的委托选择决策咨询单位，协助业主或政府与决策咨询单位签订咨询合同，并监督合同的履行，对咨询意见进行评估。

建设工程决策阶段监理的内容如下：

（1）投资决策阶段监理。投资决策监理的委托方可能是业主（筹备机构），也可能是金融单位，也可能是政府。

1）协助委托方选择投资决策咨询单位，并协助签订合同书。

2）监督管理投资决策咨询合同的实施。

3）对投资咨询意见评估，并提出监理报告。

（2）建设工程立项阶段监理。建设工程立项决策主要是确定拟建工程项目的必要性和可行性（建设条件是否具备）以及拟建规模。这一阶段的监理内容是：

1）协助委托方选择建设工程立项决策咨询单位，并协助签订合同书。

2）监督管理立项决策咨询合同的实施。

3）对立项决策咨询方案进行评估，并提出监理报告。

（3）建设工程可行性研究阶段监理。建设工程的可行性研究是根据确定的项目建议书在技术上、经济上、财务上对项目进行详细论证，提出优化方案。这一阶段的监理内容是：

1）协助委托方选择建设工程可行性研究单位，并协助签订可行性研究合同书。

2）监督管理可行性研究合同的实施。

3）对可行性研究报告进行评估，并提出监理报告。

对于规模小、工艺简单的工程来说，在建设工程决策阶段可以委托监理，也可以不委托监理，而直接把咨询意见作为决策依据。但是，对于大型、中型建设工程项目的业主或政府主管部门来说，最好是委托监理企业，以期得到帮助，搞好管理。同时，搞好对咨询意见的审查，做出科学的决策。

2. 建设工程设计阶段监理

建设工程设计阶段是工程项目建设进入实施阶段的开始。工程设计通常包括扩大初步设计和施工图设计两个小阶段。在进行工程设计之前还要进行勘察（地质勘察、水文勘察等）。所以，这一阶段又叫做勘察设计阶段。在建设工程实施过程中，一般是把勘察和设计分开来签订合同，但也有把勘察工作交由设计单位委托，业主与设计单位签订工程勘查设计合同。为了叙述简便起见，把勘察和设计的监理工作合并叙述。

(1) 编制工程勘察设计招标文件。

(2) 协助业主审查和评选工程勘察设计方案。

(3) 协助业主选择勘察设计单位。

(4) 协助业主签订工程勘察设计合同书。

(5) 监督管理勘察设计合同的实施。

(6) 核查工程设计概算和施工图预算，验收工程设计文件。

建设工程勘察设计阶段监理的主要工作是对勘察设计进度、质量和投资的监督管理。总的内容是依据勘察设计任务批准书编制勘察设计资金使用计划、勘察设计进度计划和设计质量标准要求，并与勘察设计单位协商一致，圆满地贯彻业主的建设意图。对勘察设计工作进行跟踪检查、阶段性审查。设计完成后要进行全面审查。审查的主要内容是：

(1) 设计文件的规范性、工艺的先进性和科学性、结构的安全性、施工的可行性以及设计标准的适宜性等。

(2) 设计概算或施工图预算的合理性以及业主投资的许可性，若超过投资限额，除非业主许可，否则要修改设计。

(3) 在审查上述两项的基础上，全面审查勘察设计合同的执行情况，最后核定勘察设计费用。

3. 建设工程施工阶段监理

这里所说的工程施工阶段是一个比较大的含义，它包括施工招标阶段的监理、施工监理和竣工后保修阶段的监理。工程施工是建设工程最终的实施阶段，是形成建筑产品的最后一步。施工阶段各方面工作的好坏对建筑产品优劣的影响是难以更改的。所以，这一阶段的监理工作至关重要。

(1) 编制工程施工招标文件。

(2) 核查工程施工图设计、工程施工图预算，如标底。当工程总包单位承担施工图设计时，监理企业更要投入较大的精力搞好施工图设计审查和施工图预算审查工作。另外，招标标底包括在招标文件当中，但有的业主另行委托编制标底，所以，监理企业要重新审查。

（3）协助业主组织投标、开标、评标活动，向业主提出中标单位建议。

（4）协助业主与中标单位签订工程施工合同书。

（5）协助业主与承建商编写开工申请报告。

（6）察看工程项目建设现场，向承建商办理移交手续。

（7）审查、确认承建商选择分包单位。

（8）制定施工总体规划，审查承建商的施工组织设计和施工技术方案，提出修改意见，下达单位工程开工令。

（9）审查承建商提出的建筑材料、建筑物配件和设备的采购清单。工业工程的业主往往为了满足连续施工的需求，在选定承建商之前就开始设备订货。

（10）检查工程使用的材料、构件、设备的规格和质量。

（11）检查施工技术措施和安全防护设施。

（12）主持协商业主或设计单位，或施工单位，或监理企业本身提出的设计变更。

（13）监督管理工程施工合同的履行，主持协商合同条款的变更，调解合同双方的争议，处理索赔事项。

（14）核查完成的工程量，验收分项分部工程，签署工程付款凭证。

（15）督促施工单位整理施工文件的归档准备工作。

（16）参与工程竣工预验收，并签署监理意见。

（17）检查工程结算。

（18）向业主提交监理档案资料。

（19）编写竣工验收申请报告。

（20）在规定的工程质量保修期限内，负责检查工程质量状况，组织鉴定质量问题责任，督促责任单位维修。

监理企业除承担建设工程监理方面的业务之外，还可以承担建设工程方面的咨询业务。属于建设工程方面的咨询业务有：

（1）建设工程投资风险分析。

（2）建设工程立项评估。

（3）编制建设工程项目可行性研究报告。

（4）编制工程施工招标标底。

（5）编制建设工程各种估算。

（6）各类建筑物（构筑物）的技术检测、质量鉴定。

（7）有关建设工程的其他专项技术咨询服务。

当然，对于一个监理企业来说，不可能什么都会干。建设工程业主往往把工程项目建设不同阶段的监理业务分别委托不同的监理企业承担，甚至把同一阶段的监理业务分别委托几个不同专业的监理企业监理。但是，作为一个行业，监理企业完全可以承担上述各项监理业务以及各项咨询业务。

2.5.3 工程监理企业市场经营

1. 工程监理企业取得业务的基本方式

按照市场经济体制的观念，业主把监理业务委托给哪家工程监理企业是业主的自由，监理企业愿意接受哪个业主的监理委托是监理企业的权力。

建设工程监理企业承揽监理业务的表现形式有两种：一是通过投标竞争取得监理业务。二是由业主直接委托取得监理业务。

通过投标竞争取得监理业务，这是市场经济体制下比较普遍的形式。我国有关法规也规定：业主一般通过招标投标的方式择优选择建设工程监理企业。这里使用“一般”二字有两层含义：一方面说明业主通过招标的方式选择监理企业，也就是监理企业通过投标竞争的形式取得监理业务是方向，是发展的大趋势，或者说是一种普遍的企业行为。另一方面，也蕴含着在特定的条件下，业主可以不采用招标的形式而把监理业务直接委托给监理企业。在不宜公开招标的机密工程或没有投标竞争对手的情况下，或者是工程规模比较小、比较单一的监理业务，或者是对原监理企业的续用等情况下，业主都可以直接委托监理企业。

无论是通过投标承揽监理业务，还是由业主直接委托取得监理业务，都有一个共同的前提，即监理企业的资质能力和社会信誉得到业主的认可。从这个意义上讲，市场经济发展到一定程度，企业的信誉比较稳固的情况下，业主直接委托监理企业承担监理业务的做法会有所增加。

2. 工程监理企业投标书的核心

工程监理企业向业主提供的是管理服务，因此，工程监理企业投标书的核心是反映所提供的管理服务水平高低的监理大纲，尤其是主要的监理对策。业主在监理招标时应以监理大纲的水平作为评定投标书优劣的重要内容，而不应把监理费的高低当做选择工程监理企业的主要评定标准。作为工程监理企业，不应该以降低监理费作为竞争的主要手段去承揽监理业务。

一般情况下，监理大纲中主要的监理对策是指：根据监理招标文件的要求，针对业主委托监理工程的特点，初步拟定的该工程的监理工作指导思想，主要的管理措施、技术措施，拟投入的监理力量以及为搞好该项建设工程而向业主提出的原则性的建议等。

3. 监理企业的选择要点

建设单位（业主）在选择建设工程监理企业时，主要应考虑以下问题：

（1）监理经验。主要包括对一般工程项目的实际经验和对特殊工程项目的经验。最有效的核验办法就是要求监理企业提供以往所承担工程项目一览表及其实际监理效果。

（2）专业技能。主要表现在各类技术、管理人员专业构成及等级构成上，具有的工作设施与手段，以及工作经验等。

（3）工作人员。拟选择的监理建设单位是否有足够的可以胜任的工作人员。

（4）监理工作计划。拟选择的建设监理企业对于工程项目的组织和管理是否有具体的切实有效的建议计划，对于在规定的工期和概算成本之内保证完成任务，是否有详细完成任务的措施。

（5）理解能力。建设单位根据与各监理公司的面谈，来判断每个公司及其人员对于自己的要求是否能显示出良好的理解力。

（6）声誉。在科学、诚实、公正方面是否有良好的声誉。

（7）对项目所在地或所在国的了解。拟选择的建设监理企业对委托项目所在地或所在国家的条件和情况是否了解和熟悉，是否有该地区工作经历等。

（8）专业名望。建设监理企业在专业方面的名望、地位，在以往服务的工程项目中的信誉等，这些都是建设单位应考虑的因素。

4. 工程监理企业在承揽监理业务时应注意的事项

（1）严格遵守国家的法律、法规及有关规定，遵守监理行业职业道德，不参与恶性压价竞争活动，严格履行建设工程监理委托合同。

（2）严格按照批准的经营范围承接监理业务，特殊情况下承接经营范围以外的监理业务时，需向资质管理部门申请批准。

（3）承揽监理业务的总量要视本监理企业的力量而定，不得在与业主签订监理合同后，把监理业务转包给其他工程监理企业，或允许其他企业、个人以本监理企业的名义挂靠承揽监理业务。

（4）对于风险较大的建设工程，可以联合若干家监理企业组成联合体共同承担监理业务，以分担风险。

5. 建设工程监理费用

根据国家《建设工程监理与相关服务收费管理规定》，建设工程监理与相关服务收费根据建设项目性质的不同情况，分别实行政府指导价或市场调节价。依法必须实行监理的建设工程施工阶段的监理收费实行政府指导价；其他建设工程施工阶段的监理收费和其他阶段的监理与相关服务收费实行市场调节价。

实行政府指导价的建设工程施工阶段监理收费，其基准价根据《建设工程监理与相关服务收费标准》计算，浮动幅度为上下 20%。发包人和监理人应当根据建设工程的实际情况在规定的浮动幅度内协商确定收费额。实行市场调节价的建设工程监理与相关服务收费，由发包人和监理人协商确定收费额。

按照规定，建设工程监理与相关服务收费包括建设工程施工阶段的工程监理（简称“施工监理”）服务收费和勘察、设计、设备采购监造、保修等阶段的监理与相关服务（简称“其他阶段的相关服务”）收费。

（1）施工监理服务收费。施工监理服务收费按照下列公式计算：

施工监理服务收费＝施工监理服务收费基准价×（1＋浮动幅度值）

施工监理服务收费基准价＝施工监理服务收费基价×专业调整系数×工程复杂程度调整系数×高程调整系数

施工监理服务收费基价是完成国家法律法规、行业规范规定的施工阶段监理服务内容的酬金。施工监理服务收费基价见表 2.3 中确定，计费额处于两个数值区间的，采用直线内插法确定施工监理服务收费基价。

表 2.3　　**施工监理服务收费基价表**　　单位：万元

序号	计费额	收费基价	序号	计费额	收费基价
1	500	16.5	9	60000	991.4
2	1000	30.1	10	80000	1255.8
3	3000	78.1	11	100000	1507
4	5000	120.8	12	200000	2712.5
5	8000	181	13	400000	4882.6
6	10000	218.6	14	600000	6835.6
7	20000	393.4	15	800000	8658.4
8	40000	708.2	16	1000000	10390.1

注　计费额大于 100 亿元的，以计费额乘以 1.04%的收费率计算收费基价。

(2) 施工监理服务收费标准的调整系数。施工监理服务收费标准的调整系数包括：专业调整系数、工程复杂程度调整系数和高程调整系数。

1) 专业调整系数是对不同专业建设工程项目的施工监理工作复杂程度和工作量差异进行调整的系数。计算施工监理服务收费时，专业调整系数在见表 2.4 中查找确定。

表 2.4　　**施工监理服务收费专业调整系数表**

序号	工程类型		专业调整系数
1	矿山采选工程	黑色、有色、黄金、化学、非金属及其他矿采选工程	0.9
		矿井工程，选煤及其他煤炭工程	1
		铀矿采选工程	1.1
2	加工冶炼工程	船舶水工工程	1
		各类加工、冶炼工程	1
		核加工工程	1.2
3	石油化工工程	石油工程	0.9
		化工、石化、化纤、医药工程	1
		核化工工程	1.3
4	水利电力工程	风力发电、其他水利工程	0.9
		火电工程、送变电工程	1
		核电常规岛、水电、水库工程	1.2
		核能工程	1.3
5	交通运输工程	机场场道、机场空管和助航灯光工程	0.9
		铁路、公路、城市道路、轻轨工程	1
		水运、地铁、桥梁、隧道、索道工程	1.1
6	建筑市政工程	邮政、电信、广电工艺工程	0.9
		建筑、人防、市政工程	1
		园林绿化工程	0.8
7	农业林业工程	农业工程	0.9
		林业工程	0.9

2）工程复杂程度调整系数是对同一专业不同建设工程项目的施工监理复杂程度和工作量差异进行调整的系数。工程复杂程度分为一般、较复杂和复杂三个等级，其调整系数分别为：一般（Ⅰ级）0.85；较复杂（Ⅱ级）1.0；复杂（Ⅲ级）1.15。计算施工监理服务收费时，工程复杂程度可在《建设工程监理与相关服务收费标准》的“工程复杂程度表”中查找确定，如表 2.5 所示的为建筑、人防工程的复杂程度表。

表 2.5　　建筑、人防工程复杂程度表

等　级	工　程　特　征
Ⅰ	1. 高度小于 24m 的公共建筑和住宅工程 2. 跨度小于 24m 厂房和仓储建筑工程 3. 室外工程及简单的配套用房 4. 高度小于 70m 的高耸构筑物
Ⅱ	1. 24m 小于等于高度小于 50m 的公共建筑工程 2. 24m 小于等于跨度小于 36m 厂房和仓储建筑工程 3. 高度大于等于 24m 的住宅工程 4. 仿古建筑，一般标准的古建筑、保护性建筑以及地下建筑工程 5. 装饰、装修工程 6. 防护级别为四级及以下的人防工程 7. 70m 大于等于高度小于 120m 的高耸构筑物
Ⅲ	1. 高度大于等于 50m 的公共建筑工程，或跨度大于等于 36m 的厂房和仓储建筑工程 2. 高标准的古建筑、保护性建筑 3. 防护级别为四级以上的人防工程 4. 高度大于等于 120m 的高耸构筑物

3）高程调整系数如下：

高程 2001m 以下的为 1。

高程 2001～～3000m 为 1.1。

高程 3001～～3500m 为 1.3。

高程 3501～～4000m 为 1.4。

高程 4001m 以上的，高程调整系数由发包人和监理人协商确定。

发包人将施工监理服务中的某一部分工作单独发包给监理人，则按照其占施工监理服务工作量的比例计算施工监理服务收费，其中质量控制和安全生产监督管理服务收费不宜低于施工监理服务收费总额的 70%。

建设工程项目施工监理服务由两个或者两个以上监理人承担的，各监理人按照其占施工监理服务工作量的比例计算施工监理服务收费。发包人委托其中一个监理人对建设工程项目施工监理服务总负责的，该监理人按照各监理人合计监理服务收费的 4%～6%向发包人加收总体协调费。

(3) 其他阶段的相关服务收费。其他阶段的相关服务收费一般按相关服务工作所需工日和如表 2.6 所示的规定收费。

表 2.6　**建设工程监理与相关服务人员人工日费用标准**

建设工程监理与相关服务人员职级	工日费用标准（元）
一、高级专家	1000～1200
二、高级专业技术职称的监理与相关服务人员	800～1000
三、中级专业技术职称的监理与相关服务人员	600～800
四、初级及以下专业技术职称监理与相关服务人员	300～600

复 习 思 考 题

1. 监理工程师应具备哪些素质？
2. 监理工程师应遵循的职业道德是什么？
3. 监理工程师注册应具备什么条件？
4. 监理企业的资质要素包括哪些内容？
5. 监理企业经营活动的基本准则是什么？
6. 阐述建设工程监理企业的市场开发。
7. 监理费的构成有哪些？如何计算监理费用？
8. 阐述监理工程师和监理企业的法律责任。

第3章　建设工程目标控制

建设工程监理的中心任务就是对建设工程项目的三大目标，即建设工程项目投资目标、进度目标和质量目标实施有效地协调控制。本章详细介绍目标控制的基本思想、基本理论和基本方法；建设工程各阶段目标和任务；以及建设工程目标控制措施。

3.1　目标控制概述

控制活动是现代经济活动中必不可少的重要管理活动，控制理论是现代经济管理理论的重要理论基础之一。控制理论是一门博大精深的科学理论。在此，只介绍控制活动的基本含义、控制活动的基本环节、控制的类型和控制系统的基本构成等最基本的知识。

3.1.1　控制流程及其基本环节

在管理理论中，控制通常是这样一种管理活动，即管理人员按计划标准来衡量所取得的成果，纠正实际过程中发生的偏差，以保证预定的计划目标得以实现的管理活动。

简单来说，管理包括两大步骤，即计划与控制。管理活动首先开始于制订计划，而一旦计划开始付诸运行，管理就进入到控制状态。这包括进行组织和人员配备，实施有效地领导，以检查计划实施情况，找出偏离计划的误差，确定应采取的纠正措施，并采取纠正行动。

3.1.1.1　目标控制的程序

控制过程可以用控制程序准确地表示出来。监理目标控制的一般程序如图 3.1 所示。

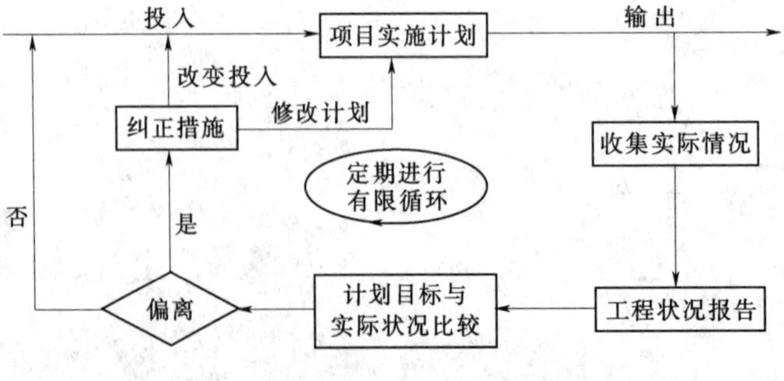

图 3.1　监理目标控制程序图

从控制的程序图中可以看出控制的基本过程：控制是在事先制定的计划基础上进行的，而计划则要有明确的目标。

当建设工程项目开始进入实施阶段时，首先要按预定计划要求将所需的人力、材料、设备、机具、方法等资源和信息及时进行投入。于是，预定计划开始付诸运行，工程项目建设活动得以开展，并不断输出实际的工程项目建设状况和实际的投资、进度、质量目标实现情况。由于建设工程项目外部环境和内部系统的各种因素变化的影响，实际输出的投资、进度、质量目标实现情况常常会偏离计划所预定的目标，有时甚至相差很大。为了最终实现计划所预定的目标，建设工程项目的各级控制人员要定期收集工程项目建设的实际情况和其他有关的工程项目建设信息，将各种投资、进度、质量、数据和其他有关工程信息进行整理、分类和综合，提出工程状态报告。建设工程项目的控制部门则根据工程状态报告将建设工程项目实际完成的投资、进度、质量状况与相应的计划目标进行比较，以确定是否偏离了计划。

如果计划运行正常，那么就按原计划继续运行。但是，计划运行正常，只表示当时的情况是正常的，并不表示整个建设工程项目的建设活动会始终处于正常状态。因此，各级控制人员仍然需要定期收集工程项目建设的实际情况和其他有关的工程项目建设信息，将各种投资、进度、质量、数据和其他有关工程信息进行整理、分类和综合，提出工程状态报告。

如果实际输出的投资、进度、质量目标已经偏离计划目标，或者预计将要偏离，就需要采取纠正措施。或改变投入，或修改计划，或采取其他纠正措施，使计划呈现一种新状态，使工程能够在新的计划状态下进行。当新计划付诸运行之后，各级控制人员仍然需要定期收集工程项目建设的实际情况和其他有关的工程项目建设信息，将各种投资、进度、质量、数据和其他有关工程信息进行整理、分类和综合，提出工程状态报告。

因此，控制活动是一种循环往复的过程，一个建设工程项目目标控制的全过程就是由这样的一个个循环过程所组成的。循环控制要持续到建设工程项目建成运行，控制贯穿建设工程项目的整个建设过程。

3.1.1.2 控制的基本环节

从控制活动的每个循环中，可以清楚地看到控制过程的基本环节工作。对于每个控制循环来说，如果缺少这些基本环节中的任何一个，这个控制循环就不健全，也就必然会降低控制工作的有效性，从而使循环控制的整体作用不能充分发挥。

从控制的流程图可以看出，每个控制循环过程都要经过投入、转换、反馈、对比、纠正等五个基本步骤。因此，做好投入、转换、反馈、对比、纠正各项工作就成为控制循环过程的五项基本工作。

1. 投入——按计划的要求进行投入

控制过程首先从投入开始，一项计划能否顺利地实现，其基本条件就是能否按计划要求的人力、财力、物力进行投入。计划所确定的资源数量、质量和投入的时间是保证计划得以顺利实施的基本条件，也是实现计划目标的基本保障。因此，要使计划能够正常实施并达到预期目标，就应当保证能够将质量、数量符合计划要求的资源按规定时间和地点投入到建设工程项目的建设中去。

建设工程监理单位及其监理工程师如果能够把握住对“投入”的控制，也就把握住了控制循环的起点要素。

2. 转换——做好从投入到产出转换过程的控制工作

所谓转换，主要是指建设工程项目的实现总是要经过由各种资源投入到建设工程项目产品产出的转换过程。

正是由于这样的转换才使所投入的材料、劳力、资金、方法、信息转变为产品，如设计图样、分项（分部）工程、单位工程、单项工程，最终输出完整的建设工程项目。在转换过程中，计划的运行往往受到来自建设工程项目外部环境和内部系统多种因素的干扰，造成实际工程状况偏离计划轨道。而这类干扰往往是潜在的，未被人们所预料或人们无法预料的。同时，由于计划本身不可避免地存在着程度不同的问题，因而造成期望的输出与实际输出之间发生偏离。比如，计划没有经过科学的资源可行性分析、技术可行性分析、经济可行性分析和财务可行性分析，在计划实施过程中就难免发生各种问题。

建设工程监理单位及其监理工程师应当做好从投入到产出的转换过程的控制工作，跟踪了解工程项目建设的进展情况，掌握工程转换过程中的第一手资料，为今后分析偏差原因，确定纠正措施提供可靠依据。同时，对于那些可以及时解决的问题，采取“即时控制”措施，发现偏离，及时纠偏，避免“积重难返”。

做好从投入到产出转换过程中的控制工作是实现有效控制的重要一环。

3. 反馈——控制过程中必不可少的基础工作

反馈是控制理论中一个重要的概念，它是指一项控制活动实施之后，控制活动所导致的结果的信息按照某种方式传递给控制者的过程。

控制活动的目的是为了实现人们所制定的计划，要想确保控制活动能够达到其目的，制定完善的计划是十分必要的。但是，由于环境总是千变万化的，而人们对于这个世界的认识又总是有局限性，这就使得控制人员对于一项即使认为制定得相当完善的计划，也难以对它运行的结果有百分之百的把握。因为计划在实施过程中，实际情况的变化是绝对的，不变是相对的，每个变化都会对预定目标的实现带来一定的影响。所以，控制人员、控制部门必然对计划的执行结果是否达到要求十分关注。例如，外界环境是否与所预料的一致？执行人员是否能切实按计划要求实施？执行过程会不会发生错误等。只有及时、准确获悉计划的执行情况，才能确定是否需要采取新的对策，这正是控制功能的必要性之所在。及时、准确获悉计划的执行情况，就必须在计划与执行之间建立密切的联系，需要及时捕捉工程信息并传递给控制部门，这就是反馈过程。没有有效的反馈过程，控制部门、控制人员将无法及时获悉计划的执行情况，而这必将导致控制部门、控制人员难以采取必要的应对措施。

反馈给控制部门的信息既应包括已发生的工程状况、环境变化等信息，还应包括对未来工程预测的信息。信息反馈方式可以分成正式和非正式两种，在控制过程中两者都需要。正式信息反馈是指书面的工程状况报告一类，它是控制过程中应当采用的主要反馈方式。非正式信息反馈主要指口头方式，对口头方式的信息反馈也应当给予足够的重视。当然，对非正式信息反馈还应当让其转化为正式信息反馈。

在建设工程项目的建设工程监理过程中，建设工程监理组织中的控制部门需要什么样的工程项目建设信息，取决于建设工程监理的实际需要。建设工程监理组织中的信息管理部门和控制部门应当事先对信息进行必要的规划，只有这样，建设工程监理组织才能获得控制活动所需要的全面、准确、及时的工程项目建设信息。

为使工程项目建设信息的反馈能够有效配合控制的各项工作，使整个控制过程通畅地进行，需要设计信息反馈系统。它可以根据需要建立信息来源和供应程序，使建设工程监理组织的每个控制和管理部门都能及时获得它们所需要的工程项目建设信息。

4. 对比——以确定是否偏离

控制系统将从信息反馈系统得到的反馈信息与计划期望的状况相比较，是控制过程的重要特征。控制活动的核心工作就是找出实际和计划之间的差距并采取必要纠正措施，使建设工程项目的建设得以在预定计划的轨道上进行。因此，对比是控制活动的重要一环。

由于这里所说的对比，就是将实际目标成果与计划目标比较，以确定是否偏离。因此，要想做好对比工作需要两步：第一步是收集工程实际成果并加以分类、归纳，从而形成与计划目标相对应的实际情况的目标值，以便进行比较。第二步则是对比较结果的判断，即判断是否偏离以及偏离的程度。

将实际目标成果与计划目标对比后，一般都会发现二者之间有所不同，但是并不是二者之间有了不同就定义为偏差并采取相应措施的。那么，什么情况才算是偏离？偏离就是指那些需要采取纠正措施的情况。凡是判断为偏离的情况，就是那些已经超过了“度”的情况。因此，对比之前必须确定好这个“度”，即确定好衡量目标偏离的标准。这些标准的确定有三种方式，第一种是定量的方式，第二种是定性的方式，第三种是定量与定性相结合的方式。例如，某网络进度计划在实施过程中，发现其中一项工作比计划要求拖延了一段时间，我们根据什么来判断它是否偏离了呢？答案应当用标准来判断。如果这项工作是关键工作，或者虽然不是关键工作，但它拖延的时间超过了它的总时差，那么这种拖延肯定影响了计划工期，理所当然地应判断为偏离，需要进一步采取纠偏措施。如果它既不是关键工作，又未超过总时差，它的拖延时间小于它的自由时差，或者虽然大于自由时差但并未对后续工作造成大的影响的话，就可以认为尚未偏离。

5. 纠正——取得控制应有的效果

如果确实出现了实际目标成果偏离计划目标的情况，控制部门、控制人员就需要采取必要的措施加以纠正。如果只是轻度偏离，通常可采用较简单的措施进行纠偏。比如，对工程项目建设进度稍许拖延的情况，可以采用适当增加人力、机械、设备等投入量的办法加以解决。如果实际目标成果与计划目标已经有了较大的偏离，虽然存在着执行部门执行不力的可能性，但是也不排除原有计划存在着一定问题的可能性。如果是后者，则需要改变计划目标。这又有两种情况，一是如果已经确认原定计划目标不能实现，那就要重新确定目标，然后根据新目标制定新计划，使工程在新的状态下运行。二是原有计划还可以实现，但是需要对局部计划进行修改。当然，最好的纠偏措施是把管理的各项职能结合起来，采取系统的办法实施纠偏。这就不仅要在计划上做文章，还要在组织、人员配备、领导等方面做文章。

总之，每一次控制循环的结束都有可能使建设工程项目的建设呈现一种新的状态，或者是重新修订工程项目建设计划，或者是重新调整建设工程监理目标，使其在这种新状态下继续开展。同时，还应使内部管理呈现一种新状态，力争使工程运行出现一种新气象。

控制循环过程的5项基本工作之间的关系如图3.2所示。

3.1.2　目标控制的类型

3.1.2.1　控制类型分类

由于控制活动的方式和方法不同，控制活动可分为多种类型（如表 3.1 所示）。例如，按事物的发展过程，将控制活动可分为事前控制、事中控制、事后控制；按照是否形成闭合回路，控制活动可分为开环控制和闭环控制；按照纠正措施或控制信息的来源，控制活动可分为前馈控制和反馈控制。从控制措施的出发点来看，控制活动可分为两大类，即主动控制和被动控制。

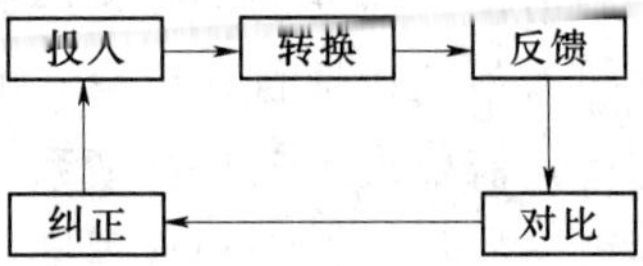

图 3.2　控制循环过程的基本工作

表 3.1　　控 制 类 型 分 类

序号	划分依据	分类	备　注
1	作用于控制对象的时间	事前控制	在投入阶段对被控制系统进行控制
		事中控制	在转化过程对被控制系统进行控制
		事后控制	在产出阶段对被控制系统进行控制
2	控制信息来源	前馈控制	根据测得的干扰信息预测可能出现的偏差，采取预防措施
		反馈控制	按照计划所确定的标准来衡量计划的完成情况，并纠正执行计划过程中所出现的偏差，最终确保计划目标的实施
3	控制过程是否形成闭合回路	开环控制	受控制对象不对控制主体产生反作用的控制系统
		闭环控制	受控制对象能反作用于控制主体产生的控制系统
4	控制措施的出发点	主动控制	事前控制（起到防患于未然的作用）、前馈控制（起到避免重蹈覆辙的作用）、开环控制
		被动控制	事中和事后控制、反馈控制（控制效果在很大程度是取决于反馈信息的全面性、及时性和可靠性）、闭环控制

3.1.2.2　主动控制

1. 主动控制的概念

所谓主动控制是控制部门、控制人员预先分析实际目标成果与计划目标偏离的可能性，并以此为前提拟定和采取各项预防性措施，以使计划目标得以实现。主动控制有三个主要特点：

（1）主动控制是一种面对未来的控制。传统的控制活动是建立在反馈回来的信息的基础上的，由于信息的传递需要一定的时间，这样就不可避免地造成信息反馈存在着时滞的现象，即控制部门、控制人员收到的反馈信息只反映以前发生的情况，如果信息反馈系统不畅通，这种时滞现象就更为严重。信息反馈存在时滞的现象，使得传统控制活动常常面临这样一种情形，即当控制部门、控制人员通过信息反馈知道实际目标成果与计划目标之间出现严重偏差时，这种严重的偏差已经成为既成事实而难以改变。因此，信息反馈时滞的现象使传统控制活动的控制效果受到了较大的限制。

与传统控制活动不同，主动控制并不是被动地等待反馈回来的信息，而是通过预先分析，在一定程度上解决了传统控制过程中存在的时滞影响；尽最大可能改变偏差已经成为事实的被动局面，从而使控制活动更为有效。

(2) 主动控制是一种前馈式控制。控制部门、控制人员根据执行部门反馈回来的信息断定实际目标成果与计划目标存在着偏差之后，就需要研究偏差产生的原因，只有找到了真正造成偏差的原因，才能对症下药，制定有效的纠偏措施。这样，从信息反馈到措施出台之间也存在着一段时间，即措施出台也存在着时滞现象。在现场情况千变万化的条件下，这种措施出台的时滞，就可能造成情况的迅速恶化。当纠偏措施出台时，即使是这种措施在理论上十分有效，但是偏差已经无法改变了。因此，措施出台时滞的现象也使传统控制活动的控制效果受到了较大的限制。

与传统控制活动不同，主动控制并不只是根据已掌握的可靠信息解决目前的偏差（实际上已经是过去的偏差），而是对这些可靠信息进行分析和预测。如果通过分析和预测，得出系统将要输出偏离计划的目标成果时，就及时制定纠正措施并向系统输入，以使系统因此而不发生目标的偏离。这就好比一个骑车人为了在上坡时不至于停下来，在上坡之前就要加大速度一样。

(3) 主动控制是一种事前控制。传统的控制活动不仅存在着信息反馈的时滞、措施出台的时滞，而且还存在着措施传达的时滞，即纠偏措施传达到执行部门也需要一定的时间。如果控制组织的管理不善，或者是控制层次过多，或者是存在着组织内部的相互推诿现象时，那么纠偏措施传达到具体的执行部门必将耗费较多的时间。由于措施传达存在时滞，即使信息反馈及时，措施出台迅速，也可能造成偏差成为既成事实的危险。因此，措施传达的时滞也同样使传统控制活动的控制效果受到较大的限制。

认识到主动控制这种风险，必须在事情发生之前采取控制措施并确保这些措施迅速而准确地传达到执行部门。当然，人们都不会否认，即使采取了主动控制，仍需要衡量最终输出，因为谁也保证不了所有工作都将做得完美无缺，保证不了在完成过程中再没有任何外部干扰。

2. 主动控制的措施

如何分析和预测实际目标成果偏离计划目标的可能性？需要采取哪些预防措施来防止实际目标成果偏离计划目标？以下几种办法均能起到重要作用。

(1) 进行详细调查研究。做好主动控制工作，应该首先进行详细调查并认真分析研究外部环境条件，以便确定存在着哪些影响目标实现和计划运行的各种有利和不利因素，并将它们考虑到计划和其他管理职能当中。

(2) 做好风险管理工作。研究和预测未来，一个重要的任务就是识别风险。只有识别了未来存在着哪些风险，才有可能做好避免风险的发生，或者是将风险的危害降低到最小的程度。因此，做好主动控制工作，应当努力将各种影响目标实现和计划执行的潜在因素揭示出来，为风险分析和管理提供依据，并在计划实施过程中做好风险管理工作。

(3) 做好可行性分析工作。做好主动控制，必须用科学的方法制订计划，而这就需要做好可行性研究工作。只有做好可行性分析工作，才有可能最大限度地提高决策的科学性。做好计划可行性分析工作，能够消除那些造成资源不可行、技术不可行、经济不可行和财务不可行的各种错误和缺陷，保障工程的实施能够有足够的时间、空间、人力、物力和财力，并在此基础上力求使计划优化。事实上，计划制定得越明确、完善，就越能设计出有效的控制系统，也就越能使控制产生出更好的效果。

（4）做好组织工作。高质量的做好组织工作，使组织与目标和计划高度一致，把目标控制的任务与管理职能落实到适当的机构和人员，做到职权与职责明确，使全体成员能够通力协作，为共同实现目标而努力。高质量的做好组织工作，还可以最大限度地减少信息反馈的时滞、措施出台的时滞和措施传达的时滞。这样，出现偏差就能够及时反馈给控制部门，控制部门就能够根据这些信息及时制定相应的措施，这些纠偏措施也就能够及时传达下去。

（5）制定必要的备用方案。常言道，有备无患。面对复杂多变的环境，难以保证原有方案能够顺利执行下去。通过对未来的分析和预测，制定必要的备用方案是十分必要的。制定了必要的备用方案，就可有效对付可能出现的影响目标或计划实现的情况。一旦发生这些情况，则有应急措施作保障，从而可以减少偏离量，或避免发生偏离。

（6）计划要留有一定余地。由于外在环境和内部因素的各种干扰，原定计划一般无法完全实现。在这种条件下制订计划的时候，应该留有适当的松弛度，即“计划应留有余地”。这样，可以避免那些经常发生，又不可避免的干扰对计划的不利影响，减少“例外”情况发生的数量，使管理人员处于主动地位。

（7）加强信息工作。控制的基础是信息，做好主动控制工作尤其需要做好信息工作。要想做好信息工作，应该沟通信息流通渠道，加强信息收集、整理和研究工作，为预测工程未来发展状况提供全面、及时、可靠的信息。

3.1.2.3　被动控制

1. 被动控制的概念

被动控制是指当系统按照计划进行时，控制人员对计划实施的实际情况进行跟踪，把它输出的工程项目建设信息进行加工、整理，再传递给控制部门，使控制人员从中发现问题，找出偏差，寻求并确定解决问题和纠正偏差的方案，然后再回送给计划实施系统付诸实施，使得计划目标一旦出现偏离就能得以纠正。这种从计划的实际输出中发现偏差，及时纠偏的控制方式称为被动控制。

被动控制是一种反馈控制，它按照如图 3.3 所示的过程实施控制。

在工程项目建设的建设工程监理过程中，被动控制往往形成如图 3.4 所示的反馈闭合回路，这就是被动控制的闭合循环特征。

图 3.4 比较实际地说明了一个被动控制的循环过程：发现偏差，分析产生偏差的原因，研究确定纠偏方案，预计纠偏方案的成效，落实并实施方案，产生实际成效，收集实际实施情况，对实施的实际效果进行评价，将实际效果与预期效果相比较，再找出新的偏

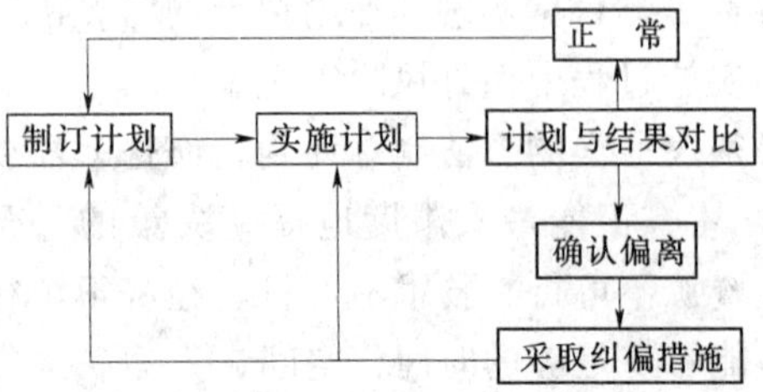

图 3.3　反馈过程图

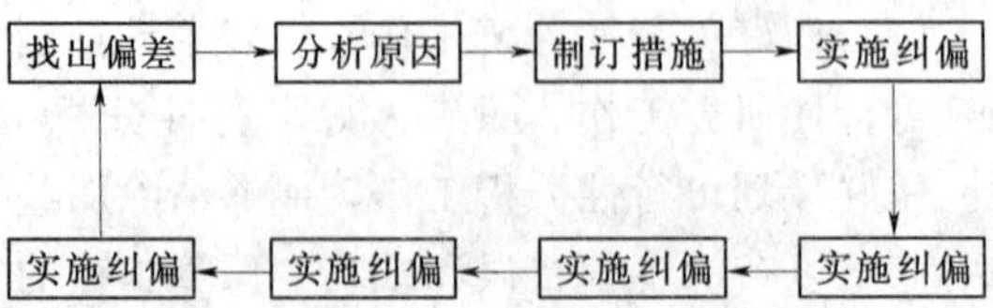

图 3.4　被动控制的闭合回路

差……

2. 被动控制的特点

被动控制之所以被称为被动控制，最根本的原因就是它只有在发现了偏差之后，才会研究偏差原因，然后才会采取纠偏措施。而当偏差真的出现之际，控制部门往往无法在较短的时间内弄清偏差产生的真正原因，结果必然是控制工作陷入极其被动的局面中。

被动控制实际上就是传统的控制方式，与主动控制方式相比，它有3个基本特点：

(1) 被动控制是一种针对当前工作的控制方式。被动控制并不关心未来的事情，当偏差尚未发生时，控制部门就看作没有偏差，它只关注发生的偏差。由于被动控制不关注未来的事情，实际上也就没有研究和预测可能发生的偏差。因此，一旦偏差出现，特别是当这种偏差是由新的原因引发的时候，控制部门就只能处于被动状态。

(2) 被动控制是一种反馈性的控制。被动控制只有偏差出现后，才研究偏差原因并采取纠偏措施。这种方式就表明被动控制是一种反馈性控制，即只有实际目标成果与计划目标出现偏差的信息反馈到控制部门，控制工作才付诸实施。这样，被动控制只有在确保信息反馈渠道极其畅通的条件下，才不至于影响控制的效果。但是，在实际的控制工作中，由于信息反馈存在着时滞，结果常常是控制效果不佳。

(3) 被动控制是一种事后的控制。由于信息反馈存在着时滞，制定出相应的纠偏措施存在着时滞，纠偏措施的传达也存在着时滞，使得被动控制实际上变为事后的控制，正是由于这一点，使得被动控制的控制效率极低。

3.1.2.4 主动控制与被动控制的关系

虽然相对于主动控制而言，被动控制有较多的缺点，但是，对于建设工程监理单位及其监理工程师来讲，被动控制仍然是一种积极的控制，也是十分重要的控制方式，而且是经常运用的控制形式。主动控制与被动控制，对建设工程监理单位及其监理工程师缺一不可，它们都是实现建设工程项目目标所必须采用的控制方式。这是因为：一方面，主动控制中的主动必然只是相对的，人们不可能完全预测出未来的情况。另一方面，被动控制是最基本的控制方式，一旦出现了未曾预料到的偏差情况，控制就不可避免转变为被动控制。被动控制是不可能被主动控制完全取代的，因此，正确处理被动控制与主动控制的关系是建设工程监理单位及其监理工程师的重要任务。有效地控制是将主动控制与被动控制紧密地结合起来，力求加大主动控制在控制过程中的比例，同时进行定期、连续的被动控制。只有如此，才能完成建设工程项目目标控制的根本任务。

怎么才能做到主动控制与被动控制有机结合呢？下面用如图3.5所示来表明它们的关系。

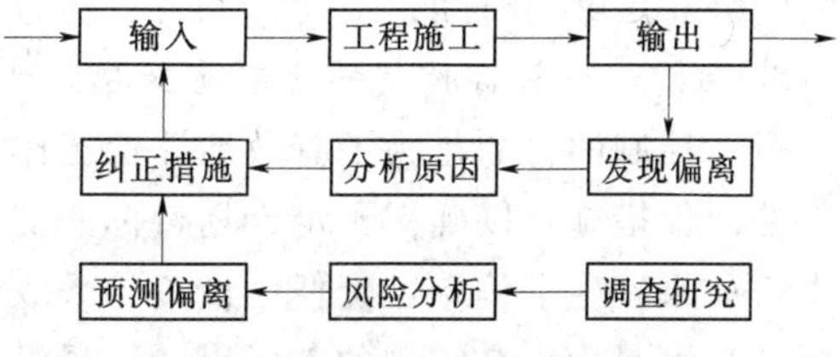

图 3.5 主动控制与被动控制相结合

（注：图中“纠正措施”包括主动控制采取的纠正措施和被动控制采用的纠正措施）

实际上，所谓主动控制与被动控制相结合也就是要求建设工程监理单位及其监理工程师在进行目标控制的过程中，既要实施前馈控制又要实施反馈控制，既要根据实际输出的工程信息又要根据预期的工程信息实施控制，并将它们有机地融合在一起。

在工程项目建设的建设工程监理工作中，控制工作的主要任务就是要通过各种途径找出工程项目建设的实际情况偏离建设工程计划的差距，以便采取纠正潜在偏差和实际偏差，来确保建设工程计划取得成功。能够做到这一点，关键有两条：一要扩大工程项目建设的信息来源，即不仅从被控制的系统内部获得工程项目建设的各种相关信息，还要从外部环境获得有关信息。二要把握住输入这道关，即输入的纠正措施应包括两类，既有纠正可能发生偏差的措施，又有纠正已发生偏差的措施。

3.1.3　目标控制的前提工作

建设工程监理企业及其监理工程师开展目标控制工作之前必须做好两项重要的工作；一是制定出科学的目标规划和计划，二是在前者的基础上有效地做好目标控制的组织工作。

1. 目标规划和计划——目标控制的前提之一

首先必须对目标进行合理的规划并制定相应的计划。目标规划和计划越明确、越具体、越全面，目标控制的效果就越好。

（1）目标规划和计划与目标控制的关系。目标规划需要反复进行多次。这表明，目标规划和计划与目标控制的动态性相一致。随着工程建设的进展，要求目标规划与之相适应，需要在新的条件和情况下不断深入、细化，并可能需要对前一阶段的目标规划作出必要的修正或调整，真正成为目标控制的依据。由此可见，目标规划和计划与目标控制之间表现出一种交替出现的循环关系。

（2）目标控制的效果在很大程度上取决于目标规划和计划的质量。目标控制的效果直接取决于目标控制的措施是否得力，是否将主动控制与被动控制有机地结合起来，以及采取控制措施的时间是否及时等。但是，目标控制的效果虽然是客观的，而人们对目标控制效果的评价却是主观的，通常是将实际结果与预定的目标和计划进行比较。如果出现较大的偏差，一般就认为控制效果较差；反之，则认为控制效果较好。从这个意义上讲，目标控制的效果在很大程度上取决于目标规划和计划的质量。

为了提高目标规划和计划的质量，应做好两个方面的工作：一方面是合理确定并分解目标。另一方面是制定可行且优化的计划。计划是对实现总目标的方法、措施和过程的组织和安排，是建设工程实施的依据和指南。计划不仅是对目标的实施，也是对目标的进一步论证。制订计划首先应保证计划的技术、资源、经济和财务的可行性，保证建设工程的实施能够有足够的时间、空间、人力、物力和财力。

2. 组织——目标控制的基本前提和保障

目标控制的目的是为了有效地评价工作，从而及时发现计划执行出现的偏差，并采取有效的纠偏措施，以确保预定计划目标的实现。因此，管理人员必须知道在实施计划的过程中，如果发生了偏差，责任由谁负，采取纠偏行动的职责应由谁承担。由于所有的目标控制活动都是由人来实现的，所以，如果没有明确组织机构和人员，如何承担目标控制的各项工作的职能，那么，目标控制工作就无法进行。因此，与计划一样，组织也是进行目标控制的前提工作。

目标控制的组织机构和任务分工越明确、越完善，目标控制的效果就越好。为了有效地进行目标控制，需要做好以下几方面的组织工作：

（1）设置目标控制机构。

（2）配置合适的目标控制人员。

（3）落实目标控制机构和人员的任务与职能分工。

（4）合理组织目标控制的工作流程和信息流程。

3.2 建设工程目标系统

建设工程监理在工程项目建设过程中的目标控制工作有三项，这就是人们常说的三大目标控制，要想理解三大目标控制，首先需要了解什么是工程项目建设的三大目标。

3.2.1 工程项目建设三大目标的关系

建设工程项目的三大目标分别是：投资目标，即争取以最低的投资金额建成预定的建设工程项目；进度目标，即争取用最短的建设工期建成建设工程项目；质量目标，即争取建成的建设工程项目的质量和功能达到最优水平。

能够称得上建设工程项目的工程都应当具有明确的目标，建设工程监理单位及其监理工程师在进行目标控制的时候，应当把建设工程项目的时间目标、费用目标和质量目标当做一个整体目标来控制。这是因为，这三大目标之间是相互联系、互相制约的，都是整个建设工程项目目标系统中的一个子系统，即目标子系统。

投资目标、进度目标、质量目标三者之间既存在矛盾的方面，又存在着统一的方面。建设工程监理单位及其监理工程师无论在制定建设工程项目的目标规划过程中，还是在建设工程监理的目标控制过程中都应当牢牢把握这一点。

1. 建设工程项目三大目标之间存在对立的关系

建设工程项目的投资目标（即投资省）、进度目标（即工期短）、质量目标（即质量优）这三大目标之间首先存在着矛盾和对立的一面。

例如，在通常情况下，如果项目业主对工程质量有较高的目标要求，那么就需要投入较多的资金和花费较多的建设时间，即强调质量目标，就不得不降低投资目标和进度目标；如果项目业主要抢时间、争速度地完成工程目标，把工期目标定得很高，那么投资就要相应地提高，或者质量要求适当下降，即强调进度目标，就需要降低投资目标或质量目标；如果要降低投资、节约费用，那么势必要考虑降低建设工程项目的功能要求与质量标准，可能会造成工程难以在正常工期内完成，即强调投资目标，势必会导致质量目标或进度目标的降低。所有这些表现都反映了建设工程项目三大目标之间存在着矛盾和对立的一面。

2. 建设工程项目三大目标之间也存在统一的关系

建设工程项目的投资目标、进度目标、质量目标三者之间的关系不仅存在着对立的一面，而且还存在着统一的一面。

例如，如果项目业主适当增加投资的数量，为工程承建商采取加快进度措施提供必要的经济条件，就可以加快建设工程项目的建设速度，从而缩短工期，使建设工程项目提前动用，这样建设工程项目投资就能够尽早收回，建设工程项目的全寿命经济效益得到提高，即进度目标在一定条件下会促进投资目标的实现；如果项目业主适当提高建设工程项目功能要求和质量标准，虽然会造成一次性投资的提高和工期的增加，但能够节约建设工程项目动用后的经常费和维修费，降低产品的生产成本，从而使建设工程项目能够获得更好的投资经济效益，即质量目标也会在一定条件下促进投资目标的实现；如果建设工程项目进度计划制定得既可行又优化，使工程进展具有连续性、均衡性，则不但可以使工期得以缩短，而且有可能获得较好质量和较低的费用。这一切都说明了建设工程项目投资、进度、质量三大目标关系之中存在着统一的一面。

认识到建设工程项目质量目标、进度目标、投资目标三者之间的关系，明确了三大目标是一个不可分割的系统，监理工程师在进行目标控制时就能注意以下事项：

（1）力求三大目标的统一。监理工程师在对建设工程项目进行目标规划时，必须要注意统筹兼顾，合理确定投资目标、进度目标与质量目标三者的标准，在三大目标之间进行反复协调，力求做到需求与目标的统一，三大目标的统一。

（2）要针对整个目标系统实施控制。由于三大目标构成了一个统一的整体目标系统，建设工程项目的目标控制就必须针对整个目标实施控制，防止建设工程项目在建设过程中发生盲目追求单一目标而冲击或干扰其他目标的现象。

（3）追求目标系统的整体效果。在实施目标控制过程中，应该以实现建设工程项目的整体目标系统作为衡量目标控制效果的标准，追求目标系统整体效果，做到各目标的互补。例如，实际工期拖延了，能否通过罚款给予费用方面的补偿；投资超了，能否在进度和质量方面得到比计划目标更好的结果。

3.2.2　建设工程目标的确定

1．建设工程目标确定的依据

目标规划是一项动态性工作，在建设工程的不同阶段都要进行，因而建设工程的目标并不是一经确定就不再改变的。由于建设工程不同阶段所具备的条件不同，目标确定的依据自然也就不同。一般来说，在施工图设计完成之后，目标规划的依据比较充分，目标规划的结果也比较准确和可靠。但是，对于施工图设计完成以前的各个阶段来说，建设工程数据库具有十分重要的作用，应予以足够的重视。

建设工程数据库对建设工程目标确定的作用，在很大程度上取决于数据库中与拟建工程相似的同类工程的数量。因此，建立和完善建设工程数据库需要经历较长的时间，在确定数据库的结构之后，数据的积累、分析就成为主要任务，也可能在应用过程中对已确定的数据库结构和内容还要作适当的调整、修正和补充。

建立建设工程数据库，应做好如下几项工作：

（1）按照一定的标准对建设工程进行分类，通常按使用功能分类比较直观，也易于接受和记忆。

（2）对各类建筑工程所采用的结构体系统一分类。

（3）数据既要有一定的综合性，又要足以反映建筑工程的基本情况和特征。

2. 建设工程数据库的应用

要确定某一拟建工程的目标，首先必须大致明确该工程的基本技术要求，如工程类型、结构体系、基础形式、建筑高度、主要设备、主要装饰要求等。然后，在建设工程数据库中检索并选择尽可能相近的建设工程（可能有多个），将其作为确定该拟建工程目标的参考对象。由于建设工程具有多样性和单件生产的特点，有时很难找到与拟建工程基本相同或相似的同类工程，因此，在应用建设工程数据库时，往往要对其中的数据进行适当的综合处理，必要时可将不同类型工程的不同分部工程加以组合。另外，建设工程数据库中的数据都是历史数据，由于拟建工程与已建工程之间存在“时间差”，因而对建设工程数据库中的有些数据不能直接应用，而必须考虑时间因素和外部条件的变化，采取适当的方式加以调整。

建设工程的目标规划总是由某个单位编制的，如设计院、监理公司或其他咨询公司。这些单位都应当把自己承担过的建设工程的主要数据存入数据库。若某一地区或城市能建立本地区或本市的建设工程数据库，则可以在大范围内共享数据，增加同类建设工程的数量，从而大大提高目标确定的准确性和合理性。

由以上分析可知，建设工程数据库中的数据表面上是静止的，实际上是动态的（不断得到充实）；表面上是孤立的，实际上内部有着非常密切的联系。因此，建设工程数据库的应用并不是一项简单的复制工作。要用好、用活建设工程数据库，关键在于客观分析拟建工程的特点和具体条件，并采用适当的方式加以调整，这样才能充分发挥建设工程数据库对合理确定拟建工程目标的作用。

3.2.3 建设工程目标的分解

为了在建设工程实施过程中有效地进行目标控制，仅有总目标还不够，还需要将总目标进行适当的分解。

1. 目标分解的原则

建设工程目标分解应遵循以下几个原则：

(1) 能分能合。这要求建设工程的总目标能够自上而下逐层分解，也能够根据需要自下而上逐层综合。

(2) 按工程部位分解，而不按工种分解。这是因为建设工程的建造过程也是工程实体的形成过程，这样分解比较直观，而且可以将投资、进度、质量三大目标联系起来，也便于对偏差原因进行分析。同时也有利于施工同一工程部位的不同工种之间为同一目标进行配合与协作。

(3) 区别对待，有粗有细。根据建设工程目标的具体内容、作用和所具备的数据，目标分解的粗细程度应当有所区别。例如，在建设工程的总投资构成中，有些费用数额大，占总投资的比例大，而有些费用则相反。从投资控制工作的要求来看，重点在于前一类费用。因此，对前一类费用应当尽可能分解得细一些、深一些；而对后一类费用则分解得粗一些、浅一些。另外，有些工程内容的组成非常明确、具体（如建筑工程、设备等），所需要的投资和时间也较为明确，可以分解得很细；而有些工程内容则比较笼统，难以详细分解。因此，对不同工程内容目标分解的层次或深度，不必强求一律，要根据目标控制的实际需要和可能来确定。

(4) 有可靠的数据来源。目标分解本身不是目的而是手段，是为目标控制服务的。目标分解的结果是形成不同层次的分目标，这些分目标就成为各级目标控制组织机构和人员进行目标控制的依据。如果数据来源不可靠，分目标就不可靠，就不能作为目标控制的依据。因此，目标分解所达到的深度应当以能够取得可靠的数据为原则，并非越深越好。

(5) 目标分解结构与组织分解结构相对应。如前所述，目标控制必须要有组织加以保障，要落实到具体的机构和人员，因而就存在一定的目标控制组织分解结构。只有使目标分解结构与组织分解结构相对应，才能进行有效的目标控制。当然，一般而言，目标分解结构较细、层次较多，而组织分解结构较粗、层次较少，目标分解结构在较粗的层次上应当与组织分解结构一致。

2. 目标分解的方式

建设工程的总目标可以按照不同的方式进行分解。对于建设工程投资、进度、质量三个目标来说，目标分解的方式并不完全相同，其中，进度目标和质量目标的分解方式较为单一，而投资目标的分解方式较多。

按工程内容分解是建设工程目标分解最基本的方式，适用于投资、进度、质量三个目标的分解，但是，三个目标分解的深度不一定完全一致。一般来说，将投资、进度、质量三个目标分解到单项工程和单位工程是比较容易办到的，其结果也是比较合理和可靠的。在施工图设计完成之前，目标分解至少都应当达到这个层次。至于是否分解到分部工程和分项工程，一方面取决于工程进度所处的阶段、资料的详细程度、设计所达到的深度等；另一方面还取决于目标控制工作的需要。

建设工程的投资目标还可以按总投资构成内容和资金使用时间（即进度）分解。

3.3 建设工程目标控制

3.3.1 建设工程投资控制

1. 建设工程投资控制的目标

建设工程监理过程中的投资控制是指在整个建设工程项目的实施阶段开展管理活动，力求使建设工程项目在满足质量和进度要求的前提下，实现建设工程项目实际投资额不超过计划投资额。

实际投资不超过计划投资可能表现为以下几种情况：

(1) 在目标分解的各个层次上，实际投资均不超过计划投资（为是最理想的情况）。

(2) 在目标分解的较低层次上，实际投资在有些情况下超过计划投资；在大多数情况下不超过计划投资，因而在目标分解的较高层次上，实际投资不超过计划投资。

(3) 实际总投资不超过计划总投资，在投资目标分解的各个层次上，都出现实际投资超过计划投资的情况，但在大多数情况下实际投资未超过计划投资。

2. 系统控制

在建设工程监理过程中，不能简单地把投资控制理解为将建设工程项目实际发生的投资控制在计划投资的范围内。而应当认识到，投资控制是与质量控制和进度控制同时进行的，它是针对整个建设工程项目目标系统所实施的控制活动的一个组成部分，在实现投资控制的同时需要兼顾质量和进度目标。系统控制的思想就是要实现目标规划与目标控制之间的统一，三大目标控制的统一。

根据目标控制的原则，在实现投资控制时应当注意以下问题：

(1) 在对建设工程项目的投资目标进行确定或论证时，应当综合考虑整个目标系统的协调和统一。不仅要使建设工程项目的投资目标满足项目业主的需求，还要使进度目标和质量目标也能满足项目业主的要求。这就要求在确定建设工程项目目标系统时，要认真分析项目业主对建设工程项目的整体需求，做好投资目标、进度目标和质量目标三方面的反复协调工作，力求优化地实现各目标之间的平衡。

(2) 在进行投资控制的过程中，要协调好与质量控制和进度控制的关系，做到三大控制的有机配合。当采取某项投资控制措施时，要考虑这项措施是否对其他两个建设工程控制目标产生不利影响。例如，采用限额设计进行设计投资控制时，一方面要力争使实际的建设工程项目设计投资限定在投资额度内，另一方面又要保障建设工程项目的功能、使用要求和质量标准，这种协调工作在目标控制过程中是绝对不可缺少的。

投资控制与质量控制和进度控制的关系如图 3.6 所示。

3. 全过程控制

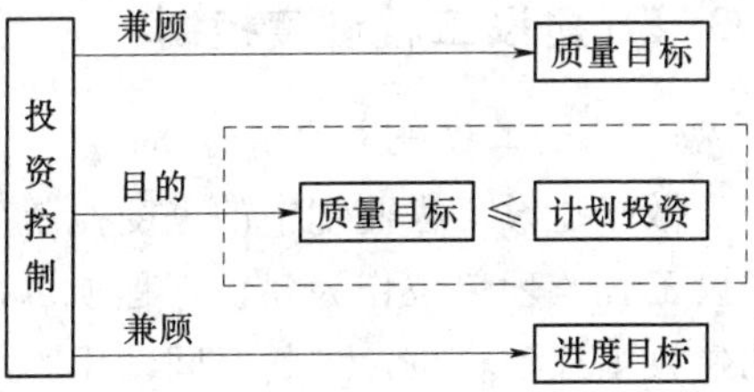

图 3.6 投资控制与质量控制和进度控制的关系

建设工程的实施阶段包括设计阶段（包括设计准备）、招标阶段、施工阶段以及竣工验收和保修阶段。在这几个阶段中都要进行投资控制，但从投资控制的任务来看，主要集中在前三个阶段。所谓全过程就是指建设工程实施的全过程或工程建设全过程。

建设工程的实施过程，是实物形成过程，也是价值形成过程。在建设工程实施过程中，虽然建设工程的实际投资主要发生在施工阶段，但节约投资的可能性却主要在施工以前的阶段，尤其是在设计阶段。

在明确建设投资的全过程控制前提下，还要特别强调早期控制的重要性，越早进行控制，投资控制的效果越好，节约投资的可能性越大。如果能实现建设工程全过程投资控制，投资控制的效果应当更好。

在施工阶段，为了控制建设工程项目的计划投资，监理工程师要从每个投资子块开始，从工程的每个分项分部工程开始，一步一步地进行控制，一个循环一个循环地进行控制。从“小”处着手，放眼整个建设工程项目，从多方面着手，实施全面投资控制。

4. 全方位控制

对投资目标进行全方位控制，包括两种含义：一是对按工程内容分解的各项投资进行控制，即对单项工程、单位工程、分部分项工程的投资进行控制。二是对按总投资构成内容分解的各项费用进行控制，即对建筑安装工程费用、设备和工器具购置费用以及建设工程其他费用等都要进行控制。通常，投资目标的全方位控制主要是指上述第二种含义。

由于建设工程项目的投资是指“全部费用”，所以要从多方面对它实施控制。监理工程师进行投资控制时要针对建设工程项目费用组成实施控制。防止只控制建筑安装工程费用而忽视甚至不去控制设备和工器具购置费及其他费的现象发生；要针对建设工程项目结构的所有子项目的费用实施控制，防止只重视主体工程或红线内工程投资控制而忽视其他子项目投资控制；要对所有合同的付款实施控制，控制住整个合同价；投资控制不能只在施工阶段还要在建设工程项目实施的其他阶段进行控制，它是全过程的控制；不仅要对投资的量进行控制，还要对费用发生的时间进行控制，要满足资金使用计划的要求。

全方位对建设工程项目投资进行控制是建设工程监理控制的主要特点。因此，监理工程师需要从建设工程项目系统性出发，进行综合性的工作，从多方面采取措施实施控制。也就是说，除了从经济方面做好控制工作以外，还应当围绕投资控制的组织、技术和合同等有关方面开展相应的工作。在考虑问题时，还应立足于建设工程项目的全寿命经济效益，不能只局限于建设工程项目的一次性投资费用。

5. 投资控制应注意的问题

在对建设工程投资进行全方位控制时，还应注意以下几个问题：一是认真分析建设工程及其投资构成的特点，了解各项费用的变化趋势和影响因素。二是抓主要矛盾，有所侧重。三是根据各项费用的特点选择适当的控制方式。

3.3.2 建设工程进度控制

1. 建设工程进度控制的目标

做好建设工程监理中的进度控制工作，首先应当明确建设工程项目进度控制的目标。建设工程监理单位作为建设工程项目管理服务的主体，它所进行的进度控制是为了最终实现建设工程项目按计划的时间动用。

建设工程进度控制的目标可以表达为：通过有效的进度控制工作和具体的进度控制措施，在满足投资和质量要求的前提下，力求使工程实际工期不超过计划工期，或整个建设工程按计划的时间动用。

进度控制的目标能否实现，主要取决于处在关键线路上的工程内容能否按预定的时间完成。当然，同时要不发生非关键线路上的工作延误而成为关键线路的情况。

局部工期延误的严重程度与其对进度目标的影响程度之间并无直接的联系，更不存在某种等值或等比例的关系，这是进度控制与投资控制的重要区别。

2. 系统控制

在采取进度控制措施时，要尽可能采取可对投资目标和质量目标产生有利影响的进度控制措施。例如完善施工组织设计、优化进度计划等。相对于投资控制和质量控制而言，进度控制措施可能对其他两个目标产生直接的有利影响，这一优点显得尤为突出，应予以足够重视并加以充分利用，以提高目标控制的总体效果。

当然，采取进度控制措施也可能对投资目标和质量目标产生不利影响。因此，当采取进度控制措施时，应当综合考虑三大目标控制。根据工程进展的实际情况和要求以及进度控制措施选择的可能性，有以下三种处理方式：一是在保证进度目标的前提下，将对投资目标和质量目标的影响减少到最低程度。二是适当调整进度目标，不影响或基本不影响投资目标和质量目标。三是介于上述两者之间。

3. 全过程控制

明确了建设工程监理进度控制的目标是建设工程项目的计划动用时间，那么进度控制就不仅仅包括施工阶段，还要包括设计准备阶段、设计阶段，以及工程招标和动用准备等阶段，它的时间范围包括了工程项目建设的全过程。关于进度控制的全过程控制，要注意以下三方面问题：

（1）在建设工程的早期就应当编制进度计划。业主的整个建设工程总进度计划包括的内容很多，除了施工之外，还包括前期工作（如征地、拆迁、施工场地准备等）、勘察、设计、材料和设备采购、动用前准备等。应当按“远粗近细”的原则，编制业主方的整个建设工程总进度计划。随着工程的进展，进度计划也应相应地深化和细化。越早进行控制，进度控制的效果越好。

（2）在编制进度计划时要充分考虑各阶段工作之间的合理搭接。建设工程实施各阶段的工作是相对独立的，但不是截然分开的，在内容上有一定的联系，在时间上有一定搭接。例如设计工作与征地、拆迁工作搭接，设计工作与施工准备工作的搭接等。搭接时间越长，建设总工期应越短。合理确定具体的搭接工作内容和搭接时间，也是进度计划优化的重要内容。

（3）抓好关键线路的进度控制。进度控制的重点对象是关键线路上的各项工作，包括关键线路变化的各项工作。对于非关键线路上的各项工作，要确保其不因工期的延误而变为关键工作。如果没有进度计划，就不知道哪些工作是关键工作，进度控制就没有重点，精力可能被分散，甚至可能对关键工作控制不力，而对非关键工作控制全力以赴。由此可见，建设工程的早期编制进度计划的重要性。

4. 全方位控制

对进度目标进行全方位控制即对整个建设工程所有内容进行控制。控制要从以下几个方面考虑：一是对整个建设工程所有工程内容的进度都要进行控制。二是对整个建设工程所有工作内容都要进行控制。三是对影响进度的各种因素都要进行控制，采取措施减少或避免这些因素对进度控制的不利影响。四是注意各方面工作进度对施工进度的影响。

各方面的工作进度对施工进度都有影响。施工进度作为一个整体，肯定是在总进度计划中的关键线路上，任何拖延施工进度的情况，都将导致总进度的拖延。要考虑围绕施工进度的需要来安排其他方面的工作进度，这不是否认其他工作进度计划的重要性，这正是说明全方位进度控制的重要性，说明业主方总进度计划的重要性。

5. 进度控制的特殊问题

在建设工程三大目标控制中，组织协调对进度控制的作用最为突出且最为直接。要做好建设工程项目进度控制工作必须做好与有关单位的协调工作。与建设工程项目进度有关的单位较多，包括项目业主、设计单位、施工单位、材料供应单位、设备供应厂家、资金供应单位、工程毗邻单位、监督管理建设工程的政府部门等。如果不能有效地与这些单位做好协调工作，不建立协调工作网络，不投入一定力量去做联结、联合、调和工作，进度控制将是十分困难的。

建设工程进度不能按计划实现有多种原因。例如，管理人员、劳务人员素质和能力低下，数量不足；材料和设备不能按时、按质、按量供应；建设资金缺乏，不能按时到位；技术水平低，不能熟练掌握和运用新技术、新材料、新方法；组织协调困难，各承建商不能协作同步工作；未能提供合格的施工现场；异常的工程地质、水文、气候、社会、政治环境等。要实现有效进度控制必须对上述影响进度的因素实施控制，采取措施减少或避免这些因素的影响。

建设工程监理所进行的进度控制是指在实现建设工程项目总目标的过程中，为使工程项目建设的实际进度符合建设工程项目进度计划的要求，使建设工程项目按计划要求的时间动用而开展的有关监督管理活动。

3.3.3　建设工程质量控制

建设工程监理过程中的质量控制是指在力求实现建设工程项目总目标的过程中，为满足建设工程项目总体质量要求所开展的有关的监督管理活动。

1. 建设工程质量控制的目标

建设工程质量控制的目标，就是通过有效的质量控制工作和具体的质量控制措施，在满足投资和进度要求的前提下，实现工程预定的质量目标。

建设工程的质量首先必须符合国家现行的关于工程质量的法律、法规、技术标准和规范等有关规定，尤其是强制性标准的规定。这实际上也就明确了对设计、施工质量的基本要求。从这个角度讲，同类建设工程的质量目标具有共性，不因其业主、建造地点以及其他建设条件的不同而不同。

建设工程的质量目标又是通过合同加以约定的，其范围更广、内容更具体。任何建设工程都有其特定的功能和使用价值。建设工程的功能与使用价值的质量目标是相对于业主的需要而言，并无固定和统一的标准。从这个角度讲，建设工程的质量目标都具有个性。

建设工程质量控制的目标就是要实现以上两方面的工程质量目标。由于工程共性质量目标一般都有严格、明确的规定，因而质量控制工作的对象和内容都比较明确，也可以较准确、客观地评价质量控制的效果。而工程个性质量目标具有一定的主观性，有时没有明确、统一的标准，因而质量控制工作的对象和内容较难把握，对质量控制效果的评价与评价方法和标准密切相关。因此，在建设工程的质量控制工作中，要注意对工程个性质量目标的控制，最好能预先明确对控制效果定量评价的方法和标准。另外，对于合同约定的质量目标，必须保证其不得低于国家强制性质量标准的要求。

2. 系统控制

建设工程质量控制的系统控制应考虑：

(1) 要合理确定质量目标，避免不断提高质量目标的倾向。由于建设工程的建设周期较长，新设备、新工艺、新材料等会不断涌现，因此在建设工程早期确定质量目标时要有一定的前瞻性，对质量目标有一个理性认识，不要盲目追求最新、最高、最好的目标，作为业主也最好不要经常随市场变化改变质量目标。如果确要提高质量目标，要定量分析提高质量目标对投资目标和进度目标的影响，把对投资目标和进度目标的不利影响减少到最低程度。

(2) 确保基本质量目标的实现。建设工程的质量关系到生命安全、环境保护等社会问题，国家有相应的强制性标准。必须保证建设工程安全可靠、质量合格的目标予以实现。

(3) 建设工程都有预定的功能，若无特殊原因，也应确保实现。还要尽可能发挥质量控制对投资目标和进度目标的积极作用。

3. 全过程控制

建设工程总体质量目标的实现与工程质量的形成过程息息相关，因而必须对工程质量实行全过程控制。应当根据建设工程各阶段质量控制的特点和重点，确定各阶段质量控制的目标和任务，以便实现全过程质量控制。设计阶段和施工阶段的持续时间较长，这两个阶段工作的“过程性”也尤为突出。

建设工程项目的建成动用过程也就是它的质量形成的过程，要使建设工程项目的质量控制能够产生所期望的成效，建设工程监理单位及其监理工程师就要沿着建设工程项目的建设全过程不间断地进行质量控制。

在工程项目建设的规划和设计阶段，建设工程项目的建设是处于由“粗”到“细”而形成规划、计划和设计的阶段。在这个时期，一方面要全面落实建设工程项目的质量目标系统，另一方面又要根据上阶段确定的计划目标和设计文件对下阶段要达到的目标实施控制。也就是说，既要确定各级工程质量目标，又要进行质量控制。

在施工阶段，随着一道道工序、分部（分项）工程、单位工程、单项工程的逐步完成，最终形成建设工程项目实体，它是从“小”到“大”逐步建成建设工程项目实体的时期。在这个时期，要把建设工程项目质量的事前控制与事中控制、事后控制紧密地结合起来。在各项工程或工作开始之前，要明确目标、制定措施、确定流程、选择方法、落实手段，做好人、财、物的各项准备工作，并为其创造和建立良好环境。然后，在各项工程或工作开展的过程中，及时发现和预测问题并采取相应措施加以解决。最后，对完成的工程或工作的质量进行检查验收，把存在的工程质量问题查出来并集中处理，使建设工程项目最终达到总体质量目标的要求，这是一种序列性的控制，要将它们视为有机的整体控制过程。

4. 全方位控制

对建设工程质量进行全方位控制应从以下几方面着手：一是对建设工程所有工程内容的质量进行控制。二是对建设工程质量目标的所有内容进行控制。要特别注意对设计质量的控制，要尽可能做多方案的比较。三是对影响建设工程质量目标的所有因素进行控制。例如，可以将这些影响因素分为人、机械、材料、方法和环境五个方面。质量控制的全方位控制，就是要对这五方面因素都进行控制。

由于建设工程项目质量目标的内容具有广泛性，所以实现建设工程项目总体质量目标应当实施全方位的质量控制。质量控制的全面性首先表现在对建设工程项目的实体质量、功能和使用价值质量以及工作质量的全面控制上，要对建设工程项目的所有质量特征都要实施控制，使它从性能、功能、表面状态、可靠性、安全性，直至可维修性方面都能达到质量的符合性要求和适用性要求。全方位的质量控制还表现在对影响工程质量的各种因素都要采取控制措施，无论是来自人的影响因素、材料和设备方面的影响因素、施工机械、机具方面的影响因素、方法方面的影响因素，还是来自环境方面的影响因素，都应实施有效控制。

对建设工程项目质量实施全方位的控制，要把控制重点放在调查研究外部环境和内部系统各种干扰质量的因素上，做好风险分析和管理工作，预测各种可能出现的质量偏差，并采取有效的预防措施。要使这些主动控制措施与监督、检查、反馈，发现问题并及时解决，发生偏差及时纠偏等控制有机结合起来，使建设工程项目的质量能够处于监理工程师的有效控制之下。

5. 质量控制的特殊问题

（1）对建设工程质量实行三重控制。第一重是实施者自身的质量控制，这是从产品生产者角度进行的质量控制。第二重是政府对工程质量的监督，这是从社会公众角度进行的质量控制。第三重是监理单位的质量控制，这是从业主角度或者说是从产品需求者角度进行的质量控制。对于建设工程质量，加强政府的质量监督和监理单位的质量控制是非常必要的，但决不能因此而淡化或弱化实施者自身的质量控制。

（2）工程质量事故处理。在实施建设监理的工程上，减少一般性工程质量事故，杜绝重大工程质量事故，应当说是最基本的要求。为此，不仅监理单位要加强对工程质量事故的预控和处理，而且要加强工程实施者自身的质量控制，把减少和杜绝工程质量事故的具体措施落实到工程实施过程之中，落实到每一道工序之中。

工程质量事故处理的本身就是建设工程项目质量控制的一项重要工作。“返工”就是质量控制中的“纠正”措施之一。如果说，拖延的工期、超额的资金还能在以后的过程中挽回的话，那么质量一旦不合格，就形成了既成事实而难以改变。不合格的工程，决不会因为时间的推移而变成合格品，也不会因为后序工程的优良而“中和”成为合格品。因此，对于不合格工程必须及时处理，决不能含糊。对工程质量事故进行及时处理，是实施有效的质量控制的重要措施之一，是建设工程项目质量控制一项必不可少的工作。

工程质量事故在工程项目建设过程中具有多发性特点。诸如基础不均匀沉降、现浇混凝土强度不足、屋面渗漏、建筑物倒塌，乃至一个建设工程项目报废等都有可能发生。因此，建设工程监理单位及其监理工程师应当把杜绝或最大限度地减少工程质量事故的发生当做建设工程项目质量控制的重要任务。

工程质量事故的实质就是实际工程质量偏离了计划的质量目标。像其他目标偏离一样，一旦出现事故就要进行调查研究，分析事故产生的原因，根据事故的严重程度，决定如何处理，落实处理方案，对最后处理的结果进行检查并提出事故处理报告。

建设工程监理单位及其监理工程师无论对一般的工程质量事故，还是对重大工程质量事故都有处理上的责任。但对重大建设工程项目质量事故的处理则应当上报政府有关工程质量监督管理部门，建设工程监理单位及其监理工程师要配合政府工程质量监督管理部门做好事故处理工作。

减少一般性工程质量事故，杜绝重大工程质量事故，只有通过连续性、系统性的质量控制才能实现，只有认真做好主动控制、事前控制才能实现。

3.4 建设工程目标控制的任务和措施

3.4.1 建设工程设计阶段与施工阶段的特点

认识建设工程项目实施各阶段的特点对于确定各阶段目标控制的任何工作是有益的，下面主要分析设计阶段和施工阶段的特点。

1. 设计阶段的特点

在设计阶段，通过设计将项目业主的基本需求具体化了，同时也从各方面衡量了他的需求的可行性，并经过设计过程中的反复协调，使项目业主的需求变得科学、合理，从而为实现建设工程项目确定了信心。

(1) 设计阶段是确定工程价值的主要阶段。在设计阶段，通过设计使建设工程项目的规模、标准、功能、结构、组成、构造等各方面都确定下来，从而也就确定了它的基本工程价值。

一项工程预计资金投放量的多少要取决于设计的结果。因此，在建设工程项目计划投资目标确定以后，能否按照这个目标来实现建设工程项目，设计就是最关键、最重要的工作。

(2) 设计阶段是影响投资程度的关键阶段。建设工程项目实施各个阶段对工程项目建设投资程度的影响是不同的，总的趋势是随着阶段性设计工作的进展，建设工程项目构成状况一步步地明确，可以优化的空间越来越小，优化的限制条件却越来越多，各阶段性工作对投资程度影响逐步下降。其中，方案设计阶段影响最大，初步设计阶段次之，施工图设计阶段影响已明显降低，到了施工阶段至多也不过10%左右。

(3) 设计阶段为制定建设工程项目控制性进度计划提供了基础条件。要想实施有效的进度控制，不仅需要确定建设工程项目进度的总目标，还需要明确各级分目标，而各级进度分目标的确定有赖于设计输出的建设工程信息。随着设计不断深入，使建设工程各级子项目逐步明确，从而为子项目进度目标的确定提供了依据。

(4) 设计工作的特殊性和设计阶段工作的多样性要求加强进度控制。设计工作与施工活动相比较具有一定的特殊性。首先，设计过程需要进行大量的反复协调工作。其次，设计工作是一种智力型工作，更富有创造性。再有，外部环境因素对设计工作的顺利开展有着重要影响。

设计阶段进度控制的效果对今后建设工程项目的实施产生重要影响。因此，应当紧紧把握住设计工作的特点，认真做好计划、控制和协调，在保障建设工程项目安全可靠性、适用性和经济性的前提下，力求实现设计计划工期的要求。

(5) 设计阶段对建设工程项目总体质量具有决定性影响。在设计阶段，通过设计将对工程项目建设方案和建设工程项目总体质量目标进行具体落实。建设工程项目实体质量要求、功能和使用价值质量要求都通过设计明确确定下来。实际调查表明，设计质量对整个建设工程项目总体质量的影响是决定性的。

2. 施工阶段的特点

(1) 施工阶段是资金投放量最大的阶段。从资金投放数量来讲，其他阶段都无法与施工阶段相比，它是资金投入最大的阶段。

(2) 施工阶段是暴露问题最多的阶段。施工之前各阶段的主要工作，全部要接受施工阶段主动或被动地检验，存在的问题会大量地暴露出来。

(3) 施工阶段是合同双方的利益冲突最多的阶段。由于施工阶段合同数量大，存在频繁的和大量的支付关系。又由于对合同条款理解上的差异，以及合同中不可避免地存在着含糊不清和矛盾的内容，再加上外部环境变化引起的分歧等，合同纠纷会经常出现，于是，各种索赔事件就会接踵发生。

(4) 施工阶段持续时间长、动态性强。施工阶段是工程项目建设各阶段中持续时间最长的阶段。时间长，则内、外部因素变化就多，各种干扰就大大增加。同时，施工阶段具有更明显的动态性。

(5) 施工阶段是形成建设工程项目实体的阶段，需要严格地进行系统过程控制。施工是由小到大将工程实体"做出来"的过程。从工序开始，按分项工程、分部工程、单位工程、单项工程的顺序，最后形成整个建设工程项目实体，并将设计的安全可靠性、适用性体现出来。由于形成工程实体过程中，前续工程质量对后续工程质量有直接影响，所以需要进行严格的系统过程控制。

(6) 施工阶段是以执行计划为主的阶段。进入施工阶段，建设工程项目的目标规划和计划的制订工作基本完成，余下的后续工作主要是伴随着控制而进行的计划调整和完善。因此，施工阶段是以执行计划为主的阶段。

(7) 施工阶段工程信息内容广泛、时间性强、数量大。在施工阶段，工程状态时刻在变化，各种工程信息和外部环境信息的数量大、类型多、周期短、内容杂。

(8) 施工阶段涉及的单位数量多。在施工阶段，不但有项目业主、施工单位、材料供应单位、设备厂家、设计单位等直接参加建设的单位，而且涉及政府工程质量监督管理部门、工程毗邻单位等建设工程项目组织外的有关单位。

(9) 施工阶段存在着众多影响目标实现的因素。在施工阶段往往会遇到更多因素的干扰，影响目标的实现。其中以人员、材料、设备、机械、机具、方案、方法、环境等方面的影响因素较为突出，面对众多因素干扰，风险管理的任务就尤其重要。

3.4.2 建设工程目标控制的任务

3.4.2.1 设计阶段目标控制的任务

设计阶段建设工程监理目标控制的基本任务是通过目标规划与计划、动态控制、组织协调、合同管理、信息管理，力求使工程设计能够达到保障建设工程项目的安全可靠性，满足适用性和经济性，保证设计工期要求，使设计阶段的各项工作能够在预定的投资目标、进度目标、质量目标内予以完成。

1. 投资控制任务

在设计阶段，建设工程监理单位及其监理工程师进行投资控制的主要任务是通过收集类似建设工程项目的投资数据和资料，协助项目业主制定建设工程项目投资目标规划；开展技术经济分析等活动，协调和配合设计单位力求使设计投资合理化；审核设计概（预）算，提出改进意见，优化设计，最终满足项目业主对建设工程项目投资的经济性要求。

设计阶段建设工程监理单位及监理工程师进行投资控制的主要工作，包括对建设工程项目总投资进行论证，确认其可行性；组织设计方案竞赛或设计招标，协助项目业主确定对投资控制有利的设计方案；伴随着设计各阶段的成果输出制定建设工程项目投资目标划分系统，为本阶段和后续阶段投资控制提供依据；在保障设计质量的前提下，协助设计单位开展限额设计工作；编制本阶段资金使用计划，并进行付款控制；审查工程概算、预算，在保障建设工程项目具有安全可靠性、适用性基础上，概算不超估算，预算不超概算；进行设计挖潜，节约投资；对设计进行技术经济分析、比较、论证，寻求一次性投资少而全寿命经济性好的设计方案等。

2. 进度控制任务

在设计阶段，建设工程监理单位及其监理工程师进行设计进度控制的主要任务是根据建设工程项目的总工期要求，协助项目业主确定合理的设计工期要求；根据设计的阶段性输出，由“粗”而“细”地制定建设工程项目进度计划，为建设工程项目进度控制提供前提和依据；协调各设计单位一体化开展设计工作，力求使设计能按进度计划要求进行；按合同要求及时、准确、完整地提供设计所需要的基础资料和数据；与外部有关部门协调相关事宜，保障设计工作顺利进行。

设计阶段建设工程监理单位及其监理工程师进行进度控制的主要工作，包括对建设工程项目进度总目标进行论证，确认其可行性；根据方案设计、初步设计和施工图设计制定建设工程项目总进度计划、建设工程项目总控制性进度计划和本阶段实施性进度计划，为本阶段和后续阶段进度控制提供依据；审查设计单位设计进度计划，并监督执行；编制项目业主方材料和设备供应进度计划，并实施控制；编制本阶段工作进度计划，并实施控制；开展各种组织协调活动等。

3. 质量控制任务

在设计阶段，建设工程监理单位及其监理工程师进行设计质量控制的主要任务是了解项目业主的建设需求，协助项目业主制定建设工程项目质量目标规划（如设计要求文件）；根据工程设计合同要求及时、准确、完整地提供设计工作所需的基础数据和资料；协调和配合设计单位优化设计，并最终确认设计符合有关法规要求，符合技术、经济、财务、环境条件要求，满足项目业主对建设工程项目的功能和使用要求。

设计阶段建设工程监理单位及其监理工程师进行质量控制的主要工作，包括建设工程项目总体质量目标论证；提出设计要求文件，确定设计质量标准；利用竞争机制选择、确定并优化设计方案；协助项目业主选择符合目标控制要求的设计单位；进行设计过程跟踪，及时发现质量问题，并及时与设计单位协调解决；审查阶段性设计成果，并根据需要提出修改意见；对设计提出的主要材料和设备进行比较，在价格合理的基础上确认其质量符合要求；做好设计文件验收工作等。

为了有效进行目标控制，建设工程监理单位及其监理工程师在直接开展控制活动之外，还应当做好与之配套的合同管理、信息管理、组织协调工作。

其中，设计阶段的合同管理工作包括：协助项目业主选择并确定建设工程项目承发包模式、合同结构、合同方式；编制设计招标文件，起草勘察、设计合同条件，并参加合同谈判；协助项目业主签订材料和设备采购合同；处理本阶段合同争议；采取预防索赔措施，处理索赔事宜等。

设计阶段信息管理方面的工作有：建立设计阶段信息目录和编码体系；确定本阶段信息流程；做好设计阶段信息收集、整理、处理、存储、传递、应用等各项信息管理工作；建立设计会议制度，并组织好各项会议等。

设计阶段组织协调工作包括协调各设计单位的关系；与项目业主协调本阶段的设计监理有关事宜；与政府建设管理部门和其他有关部门协调，办理设计审批等事宜；协调并处理业主与勘察、设计单位之间的有关事项等。

3.4.2.2　招标阶段目标控制的任务

建设工程监理施工招标阶段目标控制的主要任务是通过编制施工招标文件、编制标底、做好投标单位资格预审、组织评标和定标、参加合同谈判等工作。根据公开、公正、公平的竞争原则，协助项目业主选择理想的施工承包单位。以合理的价格、先进的技术、较高的管理水平、较短的时间、较好的质量来完成工程施工任务。

(1) 协助项目业主编制施工招标文件。施工招标文件是工程施工招标工作的纲领性文件，同时又是投标人编制投标书的依据，以及进行评标的依据。建设工程监理单位及其监理工程师在编制施工招标文件时应当为选择符合投资控制、进度控制、质量控制要求的施工单位打下基础，为合同价不超计划投资、合同工期符合计划工期要求、施工质量满足设计要求打下基础，为施工阶段进行合同管理、信息管理打下基础。

(2) 协助项目业主编制标底。建设工程监理单位接受项目业主委托编制工程标底时，应当使工程标底控制在工程概算或预算以内，并用其控制工程承包合同价。

(3) 做好投标资格预审工作。建设工程监理单位及其监理工程师应当将投标资格预审看作公开招标方式的第一轮竞争择优活动。要抓好这项工作，为选择符合目标控制要求的工程承包单位做好首轮择优工作。

(4) 组织开标、评标、定标工作。通过开标、评标、定标工作，特别是评标工作，协助项目业主选择出报价合理、技术水平高、社会信誉好、保证施工质量、保证施工工期、具有足够承包财务能力和工程项目管理水平的施工承包单位。

3.4.2.3　施工阶段目标控制的任务

施工阶段建设工程监理的主要任务是在施工过程中，根据施工阶段的目标规划和计划，通过动态控制、组织协调、合同管理使建设工程项目施工质量、施工进度和投资符合预定的目标要求。

1. 投资控制的任务

施工阶段建设工程监理投资控制的主要任务是通过工程付款控制、新增工程费用控制、预防并处理好费用索赔、挖掘节约投资潜力来努力实现实际发生的费用不超过计划投资。

为完成施工阶段投资控制的任务，监理工程师应做好以下工作：制定本阶段资金使用计划，并严格进行付款控制，做到不多付、不少付、不重复付；严格控制工程变更，力求减少变更费用；预防费用索赔措施，以避免、减少对方的索赔量；及时处理费用索赔，并协助项目业主进行反索赔；根据项目业主责任制和有关合同的要求，协助做好应由项目业主完成的、与工程进展密切相关的各项工作，如按期提交合格施工现场，按质、按量、按期提供材料和设备等工作；做好工程计量工作；审核施工单位提交的工程结算书等。

2. 进度控制的任务

施工阶段建设工程监理进度控制的任务主要是通过完善建设工程项目控制性进度计划、审查施工单位施工进度计划、做好各项动态控制工作、协调各单位关系、预防并处理好工期索赔，以求实际施工进度达到计划施工进度的要求。

为完成施工阶段进度控制任务，监理工程师应当做好以下工作：根据施工招标和施工准备阶段的工程信息，进一步完善建设工程项目控制性进度计划，并据此进行施工阶段进度控制；审查施工进度计划，确认其可行性，并满足建设工程项目控制性的要求；制定项目业主方材料和设备供应进度计划并进行控制，使其满足施工要求；审查施工单位进度控制报告，督促施工单位做好处理工期索赔工作；在施工过程中，做好对人力、材料、机具、设备等的投入控制工作，以及转换控制工作、信息反馈工作、对比和纠正工作，使进度控制定期连续进行；开好进度协调会议，及时协调有关各方关系，使工程施工顺利进行。

3. 质量控制的任务

施工阶段建设工程监理质量控制的任务主要是通过对施工投入、施工安装过程、产出品进行全过程控制，以及对参加施工单位和人员的资质、材料和设备、施工机械和机具、施工方案和方法、施工环境实施全面控制，以期按标准达到预定的施工质量等级。

为完成施工阶段质量控制任务，监理工程师应当做好以下工作：协助项目业主做好施工现场准备工作，为施工单位提交质量合格的施工现场；确认施工单位资质；审查确认施工分包单位；做好材料和设备检查工作，确认其质量；检查施工机械和机具，保证施工质量；审查施工组织设计；检查并协助搞好各项生产环境、劳动环境、管理环境条件；进行施工工艺过程质量控制工作；检查工序质量，严格工序交接检查制度；做好各项隐蔽工程的检查工作；做好工程变更方案的比选，保证工程质量；进行质量监督，行使质量监督权；认真做好质量签证工作；行使质量否决权，协助做好付款控制；组织质量协调会；做好中间质量验收准备工作；做好建设工程项目竣工验收工作；审核建设工程项目竣工图等。

3.4.3 建设工程目标控制的措施

为了取得目标控制的理想成果，应当从多方面采取措施实施控制。通常可以将这些措施归纳为若干方面，如组织方面措施、技术方面措施、经济方面措施、合同措施等。

1. 组织方面措施

组织方面的措施是建设工程监理目标控制的必要措施。如果不落实投资控制、进度控制、质量控制的部门及人员，不确定他们实施目标控制的任务和管理职能，不制定各建设工程项目目标控制的工作流程，那么目标控制就无法进行。控制是由人来执行的，监督按计划要求投入劳动力、机具、设备、材料、巡视、检查工程运行情况，对工程信息的收集、加工、整理、反馈，发现和预测目标偏差，采取纠正行动都需要事先委任执行人员，授予相应职权，确定职责，制定工作考核标准，并力求使之一体化运行。

除此以外，如何充实控制机构，挑选与其工作相称的人员；对工作进行考评，以便评估工作、改进工作、挖掘潜在工作能力、加强相互沟通；在控制过程中，激励人们以调动和发挥他们实现目标的积极性、创造性；培训人员等都是在控制当中需要考虑采取的措施。只有采取适当的组织措施，保证目标控制的组织工作明确、完善，才能使目标控制有效发挥作用。

2. 技术方面措施

技术方面的措施也是建设工程监理目标控制的必要措施。工程项目建设工程监理中的目标控制工作，在很大程度上要通过技术方面的措施来解决问题。实施有效控制，如果不对多个可能的方案评选事先确定原则，不通过科学试验确定新材料、新工艺、新方法的适用性，不对各投标文件中的主要施工技术方案做必要的论证，不对施工组织设计进行审查，不想方设法在整个建设工程项目实施阶段寻求节约投资、保障工期和质量的技术措施，那么目标控制也就毫无效果可谈。

使计划能够输出期望的目标正是依靠掌握这些特定技术的人，并应用各种先进的工程技术，采取一系列有效的技术措施以实现目标控制。

3. 经济方面措施

经济方面的措施更是建设工程监理目标控制的必要措施。这是因为任何一项建设工程项目的建成动用，归根结底是一项投资的实现。从建设工程项目的提出到建设工程项目的实现，自始至终都贯穿着资金的筹集和使用工作。不仅对投资实施目标控制，离不开经济方面的措施，就是对进度、质量实施目标控制，也离不开经济方面的相应措施。为了理想地实现建设工程项目，监理工程师要收集、加工、整理大量的工程经济信息和数据，要对各种实现预定目标的计划进行必要的资源、经济、财务诸方面的可行性分析，要对经常出现的各种设计变更和其他工程变更方案进行技术经济分析，以力求减少对计划目标实现的影响。要对工程概、预算进行审核，要编制资金使用计划，要对工程付款进行审查等。如果监理工程师在目标控制时忽视了经济方面的措施，那么不但投资目标难以实现，而且进度目标和质量目标也难以实现。

4. 合同措施

合同方面的措施同样是建设工程监理目标控制的必要措施。工程项目建设需要设计单位、施工单位、材料与设备供应单位分别承担设计、施工、材料与设备供应，没有这些建设工程行为，任何建设工程项目都无法建成动用。

在市场经济条件下，这些承建商是根据分别与项目业主签订的设计合同、施工合同和供销合同来参与工程项目建设的。他们与项目业主构成了建设工程项目的承发包关系，他们是被建设工程监理的一方。承包设计的单位根据工程设计合同要保障建设工程项目设计的安全可靠性，提高建设工程项目的适用性和经济性，并保证设计工期的要求。承包施工的单位要根据工程施工合同保证实现规定的施工质量和建设工期。承包材料与设备供应的单位根据工程供销合同，保证按质、按量与按时供应材料和设备。

建设工程监理就是根据这些建设工程合同以及建设工程监理合同来实施的监督管理活动。监理工程师实施目标控制也是紧紧依靠建设工程合同来进行的，依靠合同进行目标控制是建设工程监理目标控制的重要手段。因此，协助项目业主确定对目标控制有利的承发包模式和合同结构，拟定合同条款，参加合同谈判，处理合同执行过程中的问题，做好防止和处理索赔的工作等，都是监理工程师重要的目标控制措施。所以，目标控制离不开合同方面的措施。

复 习 思 考 题

1. 阐述控制的基本过程，控制过程一般包括哪些环节？
2. 阐述控制类型，何谓主动控制？何谓被动控制？
3. 监理工程师如何在工作中综合运用两种控制？
4. 控制系统由哪些子系统构成？它们的各自作用是什么？
5. 建设工程项目的投资目标、进度目标、质量目标三者之间的辩证关系是什么？
6. 目标控制的两个前提是什么？
7. 建设工程监理投资控制的含义是什么？
8. 建设工程监理进度控制的含义是什么？
9. 建设工程监理质量控制的含义是什么？
10. 工程设计阶段的特点是什么？
11. 工程施工阶段的特点是什么？
12. 设计阶段建设工程监理目标控制的基本任务是什么？
13. 施工阶段建设工程监理目标控制的基本任务是什么？

第4章 建设工程监理组织

建设工程监理单位在履行委托监理合同时，必须在施工现场建立项目监理机构。项目监理机构的组织形式和规模，应根据委托监理合同规定的服务内容、服务期限、工程类别、规模、技术复杂程度、工程环境等因素确定。工程监理的重要作用就是组织协调，通过监理的组织协调，使项目参与各方彼此沟通，促进相互了解和理解，达到统一思想与行动，使建设项目的各项工作能够顺利进行。本章详细介绍组织的基本原理、建设工程监理组织模式、建设项目实施监理程序以及监理组织协调等内容。

4.1 组织的基本原理

组织是管理中的一项重要职能。建立精干、高效的工程项目监理机构，并使之正常运行，是实现建设监理对工程项目三大目标控制的前提。因此，组织理论是建设工程监理企业及其监理工程师必备的基础知识。

4.1.1 组织和组织结构

4.1.1.1 组织的概念

组织的概念有两个含义：一是指相对静态的社会实体单位——组织（组合体），如一个企业、学校、医院、设计院或政府机关等都称为组织。另外，为了一项工程的建设而成立的项目监理机构、项目监理部也属于组织的范畴。二是指动态组织活动过程，它是管理的一项职能，是为了实现企业或项目的共同任务和目标，对人们的活动进行合理地分工和协作，合理地配备和使用资源，正确处理人际关系的管理活动。

1. 相对静态的社会实体单位——组织

相对静态的社会实体单位——组织，就是为了达到系统的某种特定的目标，经分工与协作，以及设置不同层次的权力责任制度而构成的人的组合体。一般有三层含义：

（1）目标是组织存在的前提。任何组织的存在都有其特定的目标。

（2）分工和协作是组织的基本特点。组织是人的组合体，需要许多人的分工与协作，没有分工与协作就不是组织。

（3）组织有不同层次权力和责任制度。假如没有不同层次的权力和责任制度，就不能实现组织活动和组织目标。

2. 动态的组织活动过程——组织

在高度社会化、专业化的现代化大生产中，人们对组织的要求越来越高，对组织原理的研究和应用，也越来越重视。组织作为生产的四大要素之一，与其他三大要素（劳动力、劳动对象、劳动工具）相比有如下特点：

（1）在生产过程中，其他三个要素可以相互替代。例如，增加机器设备等劳动工具就可以替代劳动力，而组织不能替代其他要素，也不能被其他要素所替代。

（2）组织是使其他三个要素合理配合而增值的要素。所谓“（1+1）>2”，就是说明组织可以提高其他要素的使用效益。随着现代化社会大生产的发展，随着其他生产要素的增加和复杂程度的提高，组织在提高经济效益方面的作用也日益显著。

4.1.1.2 组织结构

1. 组织结构的含义

组织内部各构成部分和各部分间所确定的较为稳定的相互关系和联系方式，或者是一个组织内部各要素的排列组合方式，称为组织结构。一般而言，组织结构的基本内涵有四个要点：

（1）确定正式关系与职责的形式。

（2）向组织各个部门或个人分派任务和各种活动的方式。

（3）协调各个分离活动和任务的方式。

（4）组织中权力、地位和等级关系。

2. 组织结构与职权的关系

组织结构与职权形态之间存在着一种直接的相互关系。这是因为结构与职位以及职位间关系的确立密切相关，因而它为职权关系提供了一定的格局。组织中职权指的就是组织中成员间的关系，而不是某一个人的属性。职权关系的格局就是组织结构，但它又不是组织结构含义的全部。职权的概念与合法地行使某一职位的权力是紧密相关的，而且是以下级服从上级的命令为基础。

3. 组织结构与职责的关系

组织结构与组织中各部门、各成员的职责和责任的分派直接有关。有了职位也就有了职权，从而也就有了职责。组织结构为责任的分配和确定奠定了基础，而组织的管理则是以机构和人员职责及责任的分派和确定为基础的。利用组织结构可以评价成员的功绩与过错，从而使各项活动得以有效地开展起来。

4. 组织结构图

组织结构图是组织结构简化后的抽象模型。描述组织结构常用方法是通过绘制能表明组织的正式职权和联系网络的图来进行的。但是组织结构图也不能准确地、完整地表达组织。例如，它不能表明某一个上级对其下级所具有的职权的程度，以及平级职位之间相互作用的横向关系。尽管如此，它毕竟是表示组织结构的一种方法而被人们所利用。如图4.1所示的就是某工程项目监理机构的组织结构图。

4.1.2 组织设计

4.1.2.1 组织设计的概念

组织设计是对组织活动和组织结构的设计过程，也是对一个组织的结构进行规划、构造、创新，以便从组织结构上确保组织目标的有效实现。其要点有四个方面：

（1）组织设计是管理者在系统中，建立最有效相互关系的一种合理化的、有意识的

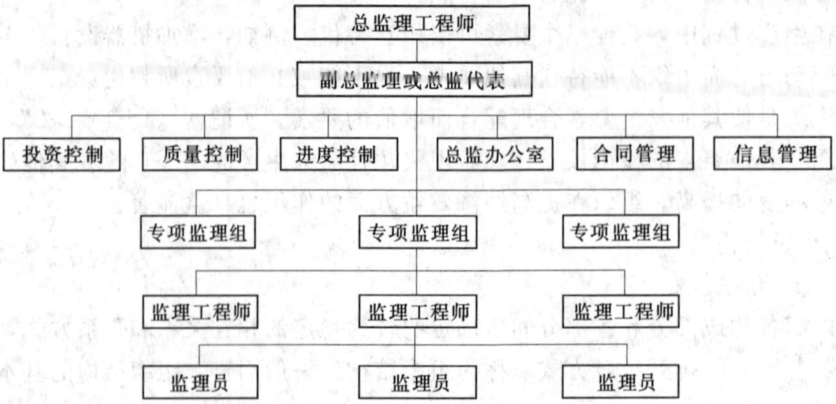

图 4.1 项目监理机构组织结构图

过程。

(2) 这个过程既要考虑系统的外部要素，又要考虑系统的内部要素。

(3) 组织设计的结果是形成组织结构。

(4) 有效的组织设计在提高组织活动效能方面起着重大的作用。

4.1.2.2 组织设计的依据

在对组织活动和组织结构进行设计时，应考虑组织战略、组织环境、组织规模和技术状况等因素对组织结构有明显的影响。因此，这些因素配合恰当，组织就可以发挥优势，提高效率。

1. 组织战略

在影响组织结构的各种因素中，组织战略是一个重要因素。组织要选择一个与自身条件相匹配的战略，同时还要在组织结构上有所配合，才能使组织战略更有效地实施。

2. 组织环境

组织在社会中是一个开放型的系统，其生存与发展都直接受到所处环境的干扰。对环境而言，其不确定性是必然的，对组织来讲要不断适应环境的变化。因此，组织结构要随着环境的变化来进行设计和调整。

3. 组织规模

组织规模对于组织结构复杂程度产生影响。组织规模增长导致水平差异的增加，组织规模的扩大导致组织结构规范化程度提高。

4. 技术状况

企业的组织结构必须与采用的生产技术方式相适应，才能使组织更有效率。一般来讲，常规技术易变性小，组织结构通常规范化程度高，反之组织结构规范化程度低，但集权化程度较高。

4.1.2.3 组织构成因素

组织一般是由管理层次、管理跨度、管理部门、管理职责四大因素构成，其形状呈上小下大的正放三角形形式。各因素之间密切相关、相互制约，同时在组织结构设计时，还应考虑各因素间的平衡与衔接。

1. 管理层次

管理层次是指从最高管理者到实际工作人员的等级层次的数量。管理层次通常分为决策层、协调层和执行层、操作层。

(1) 决策层：决策层的任务是确定管理组织的目标和大政方针，要求它必须精干、高效。

(2) 协调层：协调层主要是参谋、咨询职能，其人员应有较高的业务工作能力。

(3) 执行层：执行层是直接调动和组织人力、财力、物力等具体活动内容的，其人员应具备实干精神并能坚决贯彻管理指令。

由于执行层和协调层的作用和地位基本相近，有时将这两个层次合并，称为中间控制层。

(4) 操作层：操作层又称作业层。是从事操作和完成具体任务的，其人员应有熟练的作业技能。

上述层次的职能和要求不同，表明了不同的职责和权限，同时也反映出组织系统中的人数变化规律。管理层次犹如一个三角形，从最高管理者到最基层的实际工作人员，权责逐层递减，而人数却逐层递增。管理层次数量的形成是组织发展的必然现象，缺乏足够的管理层次将使组织的运作陷入无序的状态。因此，组织必须形成必要的管理层次。不过，管理层次也不宜过多，否则是一种极大的资源和人力的浪费，也会使信息传递慢，指令走样，协调困难。

2. 管理跨度

管理跨度是指一名上级管理人员所直接管理的下级人数。每一个人因能力和精力的有限性，所以一个上级领导人能够直接、有效地指挥下级的数目也会有一定的限度。另外，管理跨度大小也取决于需要协调的工作量。管理跨度大时，影响因素很多。它与管理人员性格、才能、个人精力、授权程度，以及被管理者的素质也有很大关系。此外，还与职能的难易程度、工作地点远近、工作的相似程度、工作制度和程序等客观因素有关。因此，确定适当的管理跨度需要积累经验，并在实践中进行必要的调整。

在组织中，某级管理人员管理跨度的大小直接取决于这一级管理人员所需要协调的工作量。下面公式说明了下级数目按算术级数增长的话，其直接领导者需要协调的关系数目则按几何级数增长，即领导者需要协调的关系数目$=n(2^{n-1}+n-1)$，其中n为下级数目。

当$n=1$时，领导者需要协调的关系数目=1。

当$n=2$时，领导者需要协调的关系数目=6。

当$n=3$时，领导者需要协调的关系数目=18。

当$n=4$时，领导者需要协调的关系数目=44。

当$n=5$时，领导者需要协调的关系数目=100。

……

3. 合理划分部门

组织中各部门的合理划分对发挥组织效应十分重要。如果部门划分不合理，会造成控制、协调的困难，也会造成人浮于事，浪费人力、物力、财力。部门的划分要根据组织目标与工作内容确定，形成既有相互分工，又有相互配合的组织系统。

4. 合理确定职能

组织设计中确定各部门的职能，应使纵向的领导、检查、指挥灵活，达到指令传递快。信息反馈及时。同时要使横向各部门间相互联系、协调一致，使各部门能够有职有责、尽职尽责。

4.1.2.4　组织设计原则

现场监理组织（项目监理机构）的形式和规模，应根据委托监理合同规定的服务内容、服务期限、工程类别、规模、技术复杂程度、工程环境等因素确定。现场监理组织机构设计就是监理组织机构活动和结构的设计过程。在设计过程中，应考虑下面的原则：

1. 集权与分权统一的原则

在组织理论中，集权是指把权力集中在最高管理者手中，而分权是指经过上级领导授权，将部分权力交给下级掌握。通常情况下，组织中不存在绝对的集权，也不存在绝对的分权，只有相对集权和相对分权之分。例如，建设工程监理实行总监理工程师负责制，项目监理的权力应集中在总监手中。总监理工程师可以将部分权力交给总监代表或各子项目或专业监理工程师手中。在现场监理组织设计中，采取集权形式还是分权形式，要根据工程项目的规模特点、地理位置以及总监理工程师的能力、精力和下属监理工程师的工作经验、工作能力和工作性质等综合考虑确定。假如工作地点集中、工程规模小、工程难度较大，可以采取相对集权的形式；如果工作地点分散，工程规模较大，下属工作经验、工作能力较强，工作难度较小，可以采取适当分权的形式。

2. 专业分工与协作统一的原则

分工就是按照提高监理的专业化程度和工作效率的要求，把现场监理组织（机构）的目标、任务分成各级、各部门和每个人的目标、任务，明确干什么、怎么干，谁来干。协作就是在分工的基础上要求不同部门、专业相互配合，形成统一的整体，避免各自为政，相互推诿。

在监理工作中，各项控制之间是一个矛盾的统一体。所以在监理组织中，在强调应有明确分工，以提高监理目标控制的深度的同时，又要强调全体人员的协作和配合，使目标控制不被孤立的、割裂的看待。

3. 管理跨度与管理分层统一的原则

管理跨度的大小和管理层次的多少一般由监理项目的规模、分布等决定。当人数一定时，管理跨度与管理层次成反比例关系。换言之，如果管理跨度加大，那么管理层次就可以适当减少。一般来说，管理跨度并不是越大越好，跨度大意味着上级领导需要协调的工作量大。由于每个人的知识、能力和精力有限，所以决定了管理跨度不能无限制增大。反之，如果管理跨度缩小，那么管理层次肯定就会增多。

在进行监理组织设计时，如果下级人员能力强、经验丰富，管理跨度可以适当大一些，反之则小一些。此外，上下级之间如果沟通能力强，有关指令能及时传达疏通时，其管理跨度可大一些，反之要小一些。总之，应全面的、通盘的考虑。例如，在项目设计阶段，可考虑将监理组织分成两个层次，即：以总监理工程师为首的决策层和以各专业监理工程师为主的执行层。在项目施工阶段，可以考虑分为三个层次，即总监理工程师、专业监理工程师或子项目监理工程师、其他监理员等。

4. 权责一致的原则

权责一致的原则就是在监理组织中明确划分职责、权力范围，同等的岗位职务赋予同等的权力，做到责任和权力相一致。从组织结构的规律来看，一定的人总是在一定的岗位上担任一定的职务，这样就产生了与岗位职务相应的权力和责任，只有做到有职、有权、有责，才能使组织系统得以正常运行。由此可见，组织的权责是相对于一定的岗位职务来说的，不同的岗位职务应有不同的权责。权责不一致对组织的效能损害很大。权大于责就很容易产生瞎指挥、滥用权力的官僚主义；责大于权就会影响管理人员的积极性、主动性、创造性，使组织缺乏活力。在工程项目监理机构中，各类人员的职责和分工，应依据监理合同规定的监理内容，监理组织机构内部的划分来明确进行授权，并承担相应的责任。

5. 才职相称的原则

每个人的知识和技能必须满足他所担负的职责的要求，所以可以通过对每个人的学历与经历进行考察或进行测验和面谈等方式，了解其知识、经验、才能和兴趣等，并进行评审比较。职务设计和人员评审都可以采用科学的方法，使每一个人员能够做到他现有或可能有的才能与其职务上的要求相适应，做到才职相称、人尽其才、才得其用、用得其所。

6. 效率优先原则

效率优先原则对于现场项目监理组织（机构）设计十分重要。组织结构中的每个部门、每个人为了一个统一的目标，组合成最适宜的结构形式，实行最有效的内部协调，使事情办得简捷而正确，减少重复和推诿，并且具有灵活的应变能力。现代化管理中的一个要求就是组织高效化。一个组织办事效率的高低，是衡量这个组织中的结构是否合理的主要标准之一。

7. 弹性原则

又称动态原则。它是指监理组织结构既要有相对的稳定性，不要总是轻易变动，但又必须随监理阶段内容、外部条件的变化和监理目标控制的要求，及时进行适当的调整，在组织结构、专业人员数量等方面做出变更，使组织结构具有一定的弹性。

4.1.3 组织机构活动基本原理

1. 要素有用性原理

组织系统中的基本要素有人力、财力、物力、信息、时间等。这些要素不但有作用，而且往往是有的要素作用大，有的要素作用小；有的要素起核心的、主要的作用，有的要素起辅助的、次要的作用；有的要素暂不起作用，将来才可能起作用；有的要素在某种条件，某些方面，某个地方不能发挥作用，但在另一条件下，另一方面，或是另一个地方就可能发挥作用。

组织活动运用要素有用性原理，应看到人力、物力、财力等因素在组织活动过程中的有用性，充分发挥各要素的作用，根据各要素作用的大、小、主、次、好、坏进行合理安排、组合使用，做到人尽其才、财尽其利、物尽其用，尽最大可能提高各要素的有用率。此外，一切要素都有作用，这是要素的共性，但是要素不仅具有共性，而且还具有个性。

例如项目监理机构中各专业监理工程师之间，由于专业、知识、能力、经验等水平的差异，所起的作用也就不同。所以总监理工程师不但要看到一切要素都是有作用的，而且还要具体分析发现各要素的个性，以使充分发挥每一要素的作用。

2. 动态相关性原理

组织系统的静止状态是相对，而运动状态则是绝对的。组织系统的内部各要素之间既相互联系，又相互排斥，这种相互作用推动了组织活动的进步与发展。这种相互作用的因子，叫做相互因子，充分发挥相关因子的作用，是提高组织管理效应的有效途径。事物在组合过程中，由于相关因子的作用，可以发生质变。常言道："三个臭皮匠，顶个诸葛亮"，说的就是相关因子的积极作用。相反，"一个和尚挑水吃，两个和尚抬水吃，三个和尚没水吃"，说的就是相关因子的内耗、内讧作用。换言之，整体效应不等于其各局部效应的简单相加，各局部效应之和与整体效应也不一定相等，即所谓的动态相关性原理。

3. 主观能动性原理

人具有生命、思想、感情和创造力，是生产力中最活跃的因素。组织管理者的重要任务就是要把人的主观能动性发挥出来，人的主观能动性发挥之时，就是达到预定监理目标之日。

4. 规律效应性原理

规律就是客观事物的内部的、本质的、必然的联系。组织管理者在管理过程中首先要掌握规律，并且按规律办事，紧紧抓住事物内部的、本质的、必然的联系，以达到预期的目标，取得良好的效应。规律与效应的关系非常密切，成功的管理者懂得只有努力揭示规律，才有取得良好效应的可能，而要取得良好的效应，就要主动研究规律，实事求是，坚持按规律办事。

4.2　建设工程组织管理与监理模式

建设监理制度的实行，使工程项目建设形成了三个主体（业主、监理企业和承包商）结构体系。三个主体在这个体系中形成平等的关系。为实现工程项目的总目标联系在一起，形成了工程项目建设的组织系统。由于在市场经济条件下，维系着他们之间关系的纽带主要是工程合同，所以工程项目承发包模式在很大程度上，影响了工程项目建设中三大主体形成的工程项目组织结构形式。

建设工程项目承发包模式与建设工程监理模式对建设工程项目"三控、三管、一协调"起着重要作用，不同的模式有不同的合同体系和不同的管理特点。

4.2.1　平行承发包模式

平行承发包模式是业主将工程项目的设计、施工，以及设备和材料采购的任务经过分解分别发包给若干个设计单位、施工单位和材料设备供应商，并分别与各方签订工程承包合同或供销合同。各承包单位之间是平行的关系，如图 4.2 所示。

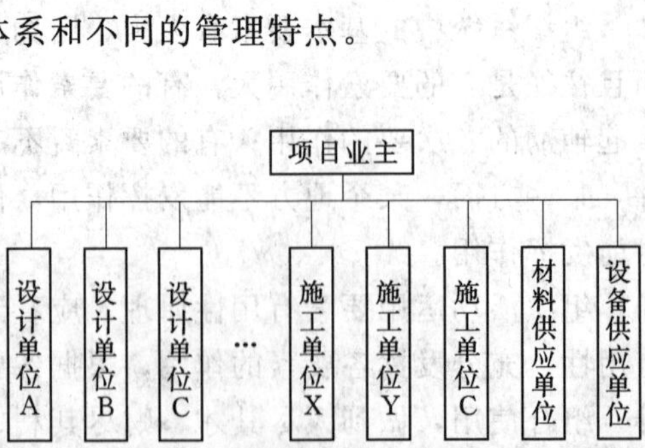

图 4.2　平行承发包模式

1. 平行承发包模式的特点

(1) 有利于缩短工期目标。由于设计和施工任务经过分解分别发包，设计与施工阶段有可能形成搭接关系，从而缩短整个项目工期。

(2) 有利于质量控制。整个工程经过分解分别发包给各承包商，合同约束与相互制约使每一部分能够较好地实现质量要求。例如，将主体工程与装修工程分别交由两个施工单位承包，当主体工程不合格时，装修单位不会同意在不合格的主体上进行装修，这相当于有了他人控制和制约。

(3) 有利于业主择优选择承包商。在一般建筑市场上专业性强、规模小的承包商所占比例较大。采用这种承发包模式的合同内容比较单一、合同价值小、风险小，使各承包商之间都有可能参与竞争，作为业主也可以在较广泛的范围内进行选择，为择优选择创造了条件。

(4) 有利于繁荣建设市场。平行承发包模式给专业性较强的承包商提供承包机会和生存发展机会，促进建筑市场的繁荣和发展。

(5) 合同数量多，会造成合同管理困难。合同乙方多使项目系统内部结合部位数量增加，组织协调工作量大。因此，加强合同管理的力度，加强部门之间的横向协调工作，沟通各种渠道，使工程有条不紊地进行十分重要。

(6) 投资控制难度大。平行承发包模式的投资难度大，一方面合同总价不易在短期内确定，直接影响投资控制的实施；另一方面工程招标任务量大，需要控制多个合同价格，增加了投资控制的难度。

2. 按照平行承发包模式时应考虑的因素

采用平行承发包模式关键是应当合理地进行工程项目建设任务的分解，然后进行分类综合，确定每个合同的发包内容，以便有利于择优选择承包商。为此，应考虑下列三方面因素：

(1) 工程状况。工程项目的性质、规模、结构等是决定合同数量和内容的重要因素。工程规模大、范围广、专业多的项目往往要比规模小、范围窄、专业单一的工程项目合同数量要多。工程项目实施时间的长短，计划的安排也对合同数量有影响。例如，对分期建设的两个单项工程，就可以考虑分成两个合同分别发包。

(2) 市场状况。一是市场结构。各类承包商的专业性质、规模大小在不同市场的分布状况不同，项目的分解发包应当力求使其与市场结构相适应。二是合同任务和内容应对市场具有吸引力。中小合同对中小承包商有吸引力，又不妨碍大承包商参与竞争。最后，还应按市场惯例做法、市场范围和有关规定来决定合同内容和大小。

(3) 贷款协议要求。对两个以上贷款人的情况，贷款人可能对贷款使用范围有不同的要求，对贷款人的资格也有不同要求，所以需要在拟订合同结构时给予考虑。

4.2.2 设计或施工总分包模式

工程项目建设的设计或施工总分包模式，就是项目业主将全部设计或施工的任务发包给一个设计单位或一个施工单位作为总包单位，总包单位可以将其任务的一部分再分包给其他承包单位，形成一个设计主合同或一个施工主合同，以及若干个分包合同的结构模式，如图 4.3 所示。

设计或施工总分包模式的特点：

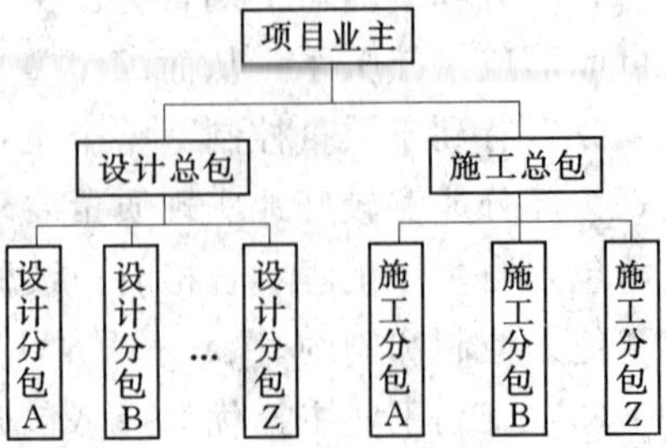

图 4.3　设计或施工总分包模式

(1) 有利于项目的组织管理。一是由于业主只与一个设计总包单位或一个施工总包单位签订合同，承包合同数量比平行承发包模式要少很多，这更有利于合同管理。二是由于合同数量的减少，也使项目业主需协调的工作量减少，这样可以发挥监理工程师与总包单位进行多层次协调的积极性。

(2) 有利于投资控制。总包合同价格可以较早确定，并且使监理工程师也便于进行控制。

(3) 有利于质量控制。由于总包与分包方建立了内部的责、权、利关系，有分包方的自控，有总包方的监督，有监理方的检查确认，对质量控制有利。但监理工程师应严格控制总包单位“以包代管”，否则会对质量控制造成不利影响。

(4) 有利于进度控制。总包单位具有控制的积极性，分包单位之间也有相互制约的作用，这有利于总体进度的协调和控制，便于监理工程师控制进度。

4.2.3　工程项目总承包模式

建设工程项目总承包模式是指项目业主将工程设计、施工、材料和设备采购供应等一系列工作全部发包给一家承包商，由其进行实质性设计、施工和采购工作，最后向项目业主交出一个已达到动用条件的建设工程项目。这种承发包模式的工程也叫做“交钥匙工程”，如图 4.4 所示。

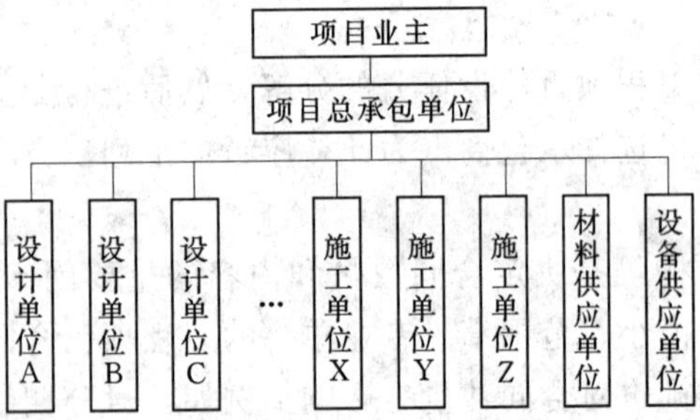

图 4.4　工程项目总承包模式

建设项目总承包模式一般具有如下的特点：

(1) 项目业主与承包方之间只有一个主合同，使合同管理范围整齐、单一。

(2) 协调工作量较小，监理工程师主要与总承包商进行协调。相当一部分协调工作量转移给项目总承包单位内部以及它与分包之间，这就使得监理方的协调工作量大大减少。但是监理难度并不一定减轻。

(3) 由于设计与施工是由一个单位统筹安排，使得两个实施阶段能够有机融合，一般都能做到设计阶段与施工阶段相互搭接，所以对进度目标控制有利。

(4) 对投资控制工作有利，但应注意这并不意味着项目总承包的价格较低。

(5) 招标发包工作难度大，合同条款不易准确确定，容易造成较多的合同纠纷。因此，尽管合同量最少，但是合同管理的难度一般较大。

(6) 业主择优选择承包方范围小，工程承包量大，工作开展早，未知的工作信息量大。因此，承包方要承担较大的风险，又因为有这样能力的承包单位数量相对较少，所以项目业主择优选择承包商的余地也就不多。

(7) 质量控制难。一方面质量标准和功能要求不易做到全面、具体、准确、清晰，因而质量控制标准制约性受到影响；另一方面“相互之间被制约、被控制”能力薄弱。因此，监理工程师对质量控制应加强力度。

(8) 项目业主的主动性受到限制，处理问题的灵活性受到影响。

(9) 由于这种模式承包工程量大，承包方的风险也大，所以，一般合同价格较高。

基于建设工程项目总承包模式的特点，此模式适用于简单、明确的常规性工程，例如，一般性商业用房、标准化建筑等。对一些专业性较强的工业建筑，例如，钢铁、化工、水利等工程由专业性的承包公司进行项目总承包也很常见。这种承包模式在国际上也只有那些实力雄厚的科研—设计—施工一体化的公司才能承担，并从中获取更多的利益。

4.2.4 工程项目总承包管理模式

工程项目总承包管理模式是指项目业主将建设工程项目设计和施工的主要部分发包给专门从事设计与施工组织管理的单位，再由它分包给若干设计、施工和材料设备供应商，并对他们进行建设工程项目管理，如图 4.5 所示。

特别应引起注意的是：建设工程项目总承包管理模式与建设工程项目总承包模式之间存在着差异。前者不直接进行设计与施工，自身并没有设计和施工的力量，而是将承揽的设计和施工任务全部分包出去后，专门致力于工程项目的管理。而后者有自己的设计、施工力量，直接进行设计、施工、材料和设备采购等工作。

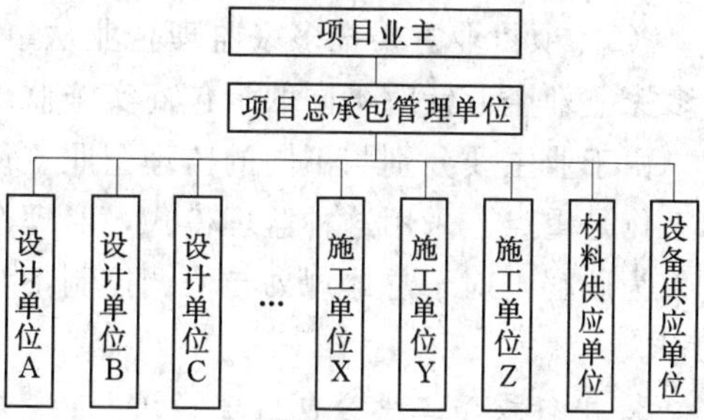

图 4.5 工程项目总承包管理模式

项目总承包管理模式一般具有以下特点：

(1) 建设工程项目总承包管理模式与建设工程项目总承包模式相类似。即：对合同管理、组织协调比较有利，对进度和投资控制也很有利。

(2) 总承包管理单位与设计、施工单位等之间属于总包与分包关系。因此，设计、施工等单位才是工程项目实施的主要力量，所以监理工程师对分包的资质、社会信誉等的确认十分关键。

(3) 建设工程项目总承包管理单位自身经济实力一般较弱，而承担的风险相对较大。因此，建设工程项目采取这种承发包模式应当持十分慎重的态度。

4.3 建设工程项目实施监理的程序与实施原则

4.3.1 建设工程监理委托模式

1. 平行承发包监理模式

与工程项目建设平行承发包模式相适应的监理组织的模式有下面两种：

(1) 项目业主委托一家监理企业从事监理的模式。此种建设工程监理组织模式就是工程项目业主只委托一家监理企业为其服务。

这种监理组织模式要求监理企业有较强的合同管理能力和组织协调能力，而且应做好全面规划工作。监理企业的项目监理组织可以组建多个监理分支机构对各承包商分别实施监理。项目总监理工程师还要做好总体协调工作，并加强横向联系，保证监理工作一体化。这种监理模式如图 4.6 所示。

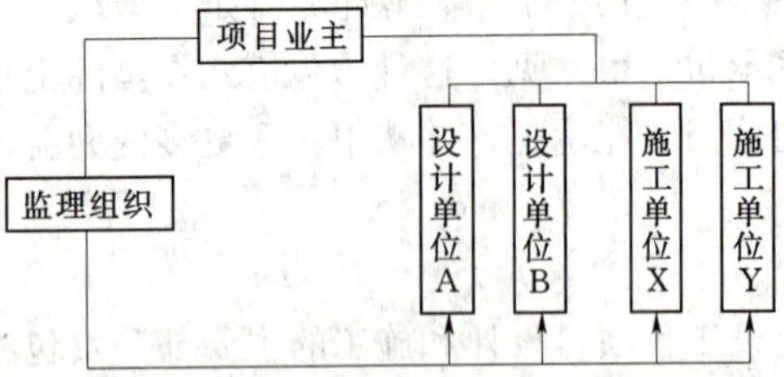

图 4.6　项目业主委托一家监理企业从事监理的模式

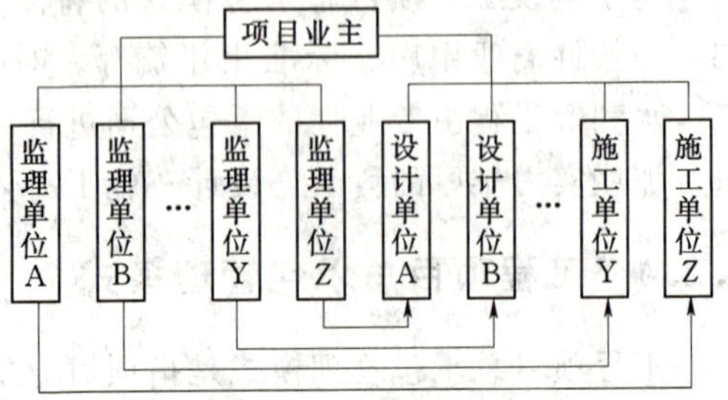

图 4.7　项目业主委托多家监理企业从事监理的模式

(2) 项目业主委托多家监理企业从事监理活动。这种监理模式是指项目业主分别委托多家监理企业针对不同的承包商实施监理服务。这种监理模式如图 4.7 所示。

由于业主要分别与不同的监理企业签订委托监理合同，所以做好各监理企业之间的协调工作是重点。采用这种监理模式，监理企业对象单一，便于管理。但工程项目监理工作被人为肢解，对于总体规划与协调控制不利。这种模式常用于专业性强，工程较为复杂的工程。

2. 平行或施工总分包监理模式

对工程项目建设设计或施工总分包的承发包模式，项目业主可以委托一家监理企业进行全过程监理，如图 4.8 所示。也可以按设计阶段和施工阶段分别委托监理企业，如图 4.9 所示。总包单位对承包合同承担乙方的最终责任，但监理工程师必须做好对分包单位的确认工作。

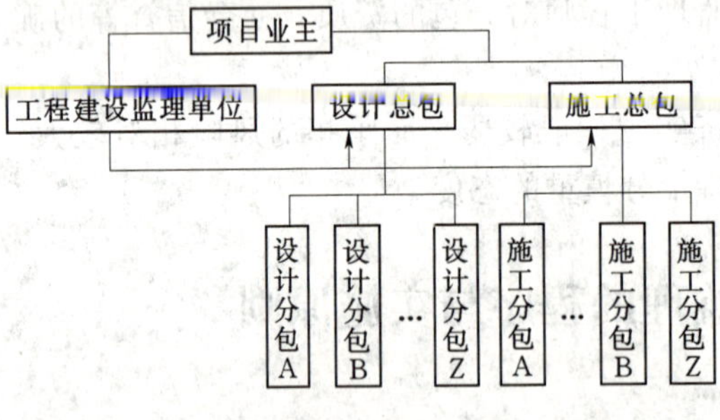

图 4.8　项目业主委托一家监理企业的监理模式

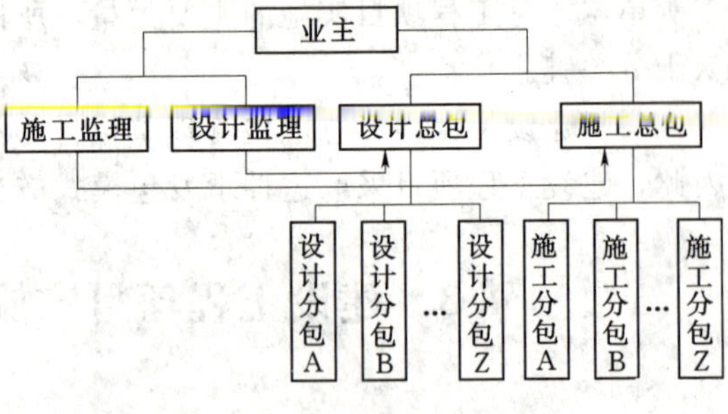

图 4.9　项目业主按阶段委托监理企业的监理模式

3. 项目总承包监理模式

在工程项目总承包模式条件下，由于业主与总承包单位只签订一份工程承包合同，所以一般宜委托一家监理企业进行监理。在这种委托监理模式下，监理工程师需要具备较全面的知识，并做好合同管理工作。

4. 项目总承包管理监理模式

采取建设工程项目总承包管理模式的总承包单位一般属管理型的“智力密集型”企业，并且主要的工作是项目管理。由于业主与总承包方只签订一份总承包合同。因此，项目业主宜委托一家监理企业进行监理，这样便于监理工程师对总承包合同和总包单位进行分包等活动的管理。应当注意的是，总承包单位和监理企业都是进行工程项目管理，但两者的性质、立场、内容等均有较大的区别，不能互为替代。

4.3.2 建设工程监理实施程序

1. 确定总监理工程师、成立项目监理机构

通常监理企业在承揽工程项目监理任务时，在参与项目监理的投标、拟订监理方案（大纲），以及与项目业主商签监理委托合同时，就应选派称职的人员主持该项工作。在监理任务确定并签订监理委托合同后，该主持人即可作为项目的总监理工程师。这样做的好处是项目的总监理工程师在承接任务阶段就已介入，从而能更好地了解业主的建设意图和监理工作的要求，与后续监理工作衔接。

项目总监理工程师是由监理企业法定代表人书面授权，全面负责委托监理合同的履行、主持项目监理机构工作的监理工程师。总监理工程师在项目监理机构中处于核心的地位，对内向监理企业负责，对外向业主负责。建设工程监理实行的是总监理工程师负责制。监理企业履行委托监理合同时，必须在现场建立一个临时性的组织机构，这个机构称为项目监理机构，是由总监理工程师负责建立，其目的是管理派驻工程现场，负责履行委托监理合同的监理人员。

2. 收集和熟悉相关资料

收集并熟悉与监理相关的资料，作为开展监理工作的依据。相关资料的内容和种类如下：

（1）工程项目的有关资料。

1）建设工程项目的批文。

2）规划部门关于规划红线范围和设计条件通知。

3）土地管理部门关于准予用地的批文。

4）批准的建设工程项目可行性研究报告或设计任务书。

5）建设工程项目地形图。

6）建设工程项目勘察、设计图纸及有关说明。

（2）当地建设工程政策、法规的有关资料。

1）关于建设工程报建程序的有关规定。

2）当地关于拆迁工作的有关规定。

3）当地关于建设工程应交纳有关税、费的规定。

4）当地关于工程项目建设管理机构资质管理的有关规定。

5）当地关于工程项目建设实行建设工程监理的有关规定。

6）当地关于建设工程招标、投标制度的有关规定。

7）当地关于工程造价管理的有关规定等。

（3）工程所在地区技术经济状况等建设条件资料。

1）气象资料。

2）工程地质及水文地质资料。

3）与交通运输（包括铁路、公路、航运）有关的可提供的能力、时间及价格等资料。

4）与供水、供电、供热、供燃气、电信有关的可提供的容（用）量、价格等资料。

5）勘察设计单位状况。

6）土建、安装施工单位状况。

7）建筑材料及构件、半成品、成品的生产、供应情况。

8）进口设备及材料的有关到货口岸、运输方式的情况等。

（4）同类工程项目建设情况的有关资料。

1）同类工程项目投资方面的有关资料。

2）同类工程项目建设工期方面的有关资料。

3）同类工程项目的其他技术经济指标等。

3. 编制监理规划

建设工程监理规划是在建设工程委托监理合同签订后制定的指导监理工作开展的纲领性文件，它起着对建设工程监理工作全面规划和进行监督指导的重要作用。监理规划是在项目总监理工程师的主持下，根据工程项目建设委托监理合同和项目业主的要求，在充分收集和详细分析研究建设工程监理项目有关资料的基础上，结合监理企业的具体条件编制。

4. 制定各专业监理实施细则

监理实施细则是根据监理规划，由专业监理工程师编写，并经总监理工程师批准，针对工程项目中某一专业或某一方面监理工作的操作性文件。监理实施细则应结合工程项目的专业特点，做到详细具体，具有可操作性。

5. 监理工作交底

在监理工作实施前，一般就监理工程项目管理工作重点、难点以及监理工作应注意的问题，事先进行说明，增强监理工作的针对性和预见性。

6. 规范化地开展监理工作

从科学的工程项目管理制度看，监理工作的规范化体现在：

（1）工作的时序性。监理的各项工作都是按一定的逻辑顺序先后展开的，从而使监理工作能有效地达到目标，避免出现无序和混乱状态。

（2）职责分工的严密性。建设工程监理工作是由不同专业、不同层次的专家群体共同来完成。他们之间严密的职责分工，是协调监理工作的前提和实现监理目标的重要保证。

（3）工作目标的确定性。在职责分工的基础上，每一项监理工作应达到的具体目标都应是确定的，完成的时间也应有时限规定，从而能通过报表资料对监理工作及其效果进行检查和考核。

7. 参与工程竣工验收、签署监理意见

建设工程项目施工完成后，应由施工单位在正式验交前组织竣工预验收，监理企业应参与预验收工作，在预验收中发现的问题，应与施工单位沟通，提出要求，签署建设工程监理意见。

8. 向业主提交监理档案资料

工程项目建设监理业务完成后，应向项目业主提交监理档案资料。监理档案资料包括：监理设计变更、工程变更资料、监理指令性文件、各种签证资料以及其他约定提交的档案资料。

9. 进行监理工作总结

监理工作总结包括下面三个部分内容：

(1) 向业主提交的监理工作总结。其内容主要包括：委托监理合同履行情况概述；监理任务或监理目标完成情况的评价；由业主提供的供监理活动使用的办公用房、车辆、试验设施等的清单；表明监理工作终结的说明等。

(2) 向监理企业提交的监理工作总结。其内容主要包括：监理工作的经验；某种监理技术、方法的经验；某种经济措施、组织措施的经验；签订委托监理合同方面的经验以及如何处理好与业主、承包商关系的经验等。

(3) 监理工作中存在的问题及改进的建议。对于监理工作中存在的问题及改进的建议也应及时加以总结，以指导今后的监理工作。

4.3.3 建设工程项目监理实施基本原则

监理企业受项目业主委托对工程项目实施监理时，应遵守以下基本原则。

1. 公正、独立、自主的原则

监理工程师在建设工程监理中必须尊重科学、尊重事实，组织各方协同配合，维护有关各方的合法权益。为此，必须坚持公正、独立、自主的原则。项目业主与承包商虽然都是独立运行的经济主体，但它们追求的经济目标有差异，各自的行为也有差别。监理工程师应在按委托监理合同约定的权、责、利关系基础上，协调双方的一致性。即只有按合同的约定建成工程项目，项目业主才能实现投资的目的，承包商也才能实现自己生产的产品的价值，获取工程款和实现盈利。

2. 权责一致的原则

监理工程师履行其职责而从事的监理活动，是根据建设工程监理有关规定和受项目业主的委托和授权而进行的。监理工程师承担的职责应与项目业主授予的权限相一致。即：项目业主向监理工程师的授权，应以能保证其正常履行监理职责为原则。

建设工程监理活动的客体是承包商的活动，但监理工程师与承包商之间并无经济合同关系。监理工程师之所以能行使监理职权，主要依赖业主的授权。这种权力的授予，除体现在业主与监理企业之间签订的建设工程监理合同中外，还应作为项目业主与承包商之间工程承包合同的合同条件。因此，监理工程师在明确业主提出的监理目标和监理工作内容要求后，应与业主协商明确相应的授权，达成共识后，明确反映在委托监理合同和工程项目承包合同中。据此，监理工程师才能开展监理活动。

3. 总监理工程师负责制的原则

监理规范规定，建设工程监理实行总监理工程师负责制。因此，总监理工程师是项目监理机构的核心，其工作的好坏直接影响项目监理目标的实现。总监理工程师负责制的内涵包括：

（1）总监理工程师是工程项目监理的责任主体。总监理工程师是实现项目监理目标的最高责任者。责任是总监理工程师负责制的核心，它构成了对监理工程师的工作压力与动力，也是确定总监理工程师权力和利益的依据。所以总监理工程师应是向项目业主和监理企业负责任的承担者。

（2）总监理工程师是工程项目监理的权力主体。依据总监理工程师承担责任的要求，总监理工程负责制体现了总监理工程师全面领导工程项目的建设监理工作，这其中包括组建项目监理组织（机构）、主持编制监理规划、组织实施监理活动以及对监理工作总结、监督、评价等。

（3）总监理工程师是工程项目监理的利益主体。总监理工程师是工程项目监理的利益主体，主要体现在建设工程监理中总监理工程师对国家的利益负责，对项目业主投资建设项目的效益负责，同时也对所监理工程项目的监理效益负责。另外，总监理工程师还负责项目监理机构内部所有监理人员利益的分配。

4. 严格监理、热情服务的原则

监理工程师与承包商的关系，以及处理项目业主与承包商之间的利益关系时，一方面应坚持严格按合同办事，严格监理的要求；另一方面又应当立场公正，为项目业主提供热情服务。

严格监理就是监理人员严格按照国家政策、法规、规范、标准和合同控制项目的目标，严格把关，依照既定的程序和制度，认真履行职责，建立良好的工作作风。所以，监理工程师要不断提高自身素质和监理水平。

FIDIC 指出，"监理（咨询）工程师必须为业主提供热情的服务，并应运用合理的技能，谨慎而勤奋地工作"。由于项目业主对建设工程业务不可能完全精通，监理工程师应按委托监理合同的要求多方位、多层次为业主提供良好的服务，维护业主的正当权益。但是不顾承包商的正当经济利益，一味向承包商转嫁风险，也非明智之举。

5. 综合效益的原则

建设工程监理活动在考虑项目业主的经济效益的同时，也必须考虑社会效益和环境效益，即符合"公众"的利益。因此，监理工程师应严格遵守国家的建设管理法规、法律、标准等。以高度负责的态度和责任感，既对项目业主负责，谋求最大的经济效益，又要对国家和社会负责，取得最佳的综合效益。只有在符合宏观经济效益、社会效益和环境效益的条件下，项目业主投资项目的微观经济效益才能得以实现。

6. 预防为主的原则

建设工程监理活动的产生与发展的前提条件，是拥有一批具有工程技术与管理知识和实践经验，精通法律与经济的专门高素质人才，形成专门化、社会化的高智能建设工程监理企业，为业主提供服务。由于工程项目的"一次性"、"单件性"等特点，使工程项目建设过程存在很多风险，监理工程师必须具有预见性，并把重点放在"预控"上，"防患于未然"。在制定监理规划、编制监理实施细则和实施监理控制过程中，对工程项目投资控制、进度控制和质量控制中可能发生的失控现象要有预见性和超前的考虑，制定相应的对策和预控措施加以防范。此外，还应考虑多个不同的措施与方案，做到事前有预测，事后有对策，防止出现被动。

7. 实事求是的原则

建设工程监理工作中，监理工程师应当尊重事实，以理服人。监理工程师的任何指令、判断都应有事实依据，有证明、检验、试验资料等。由于经济利益或认识上的关系，监理工程师与承包商对某些问题的认识、看法可能存在分歧，监理工程师不能以权压人，而应晓之以理，做到以理服人。

4.4 项目监理机构的建立和组织设计

《监理规范》规定，监理企业接受业主委托，履行施工阶段的委托监理合同时，必须在施工现场建立与工程项目监理活动相适应的监理组织机构，这个组织称为项目监理机构。在完成委托监理合同约定的监理工作后，该机构可以撤离现场。

4.4.1 建立项目监理组织构的步骤

监理企业在建立项目组织机构时，一般应按以下步骤进行，如图 4.10 所示。

1. 分析监理项目的特点

项目监理机构是为了一个特定的建设工程项目而设立，每一个工程项目都有自身的特点。在项目的规模情况、地理位置、监理合同的要求等方面差异较大，项目监理机构的设计也不相同。例如，项目的规模会影响到监理机构组织的层次与跨度。监理合同的要求不同，相应的监理企业派出的监理专业配套情况也就不同。此外，当监理企业考虑到地理位置的不同时，可以选择是从本单位派出监理人员为主，还是在当地招聘监理人员为主，再有监理项目的特点还直接决定了监理的目标和任务内容等。

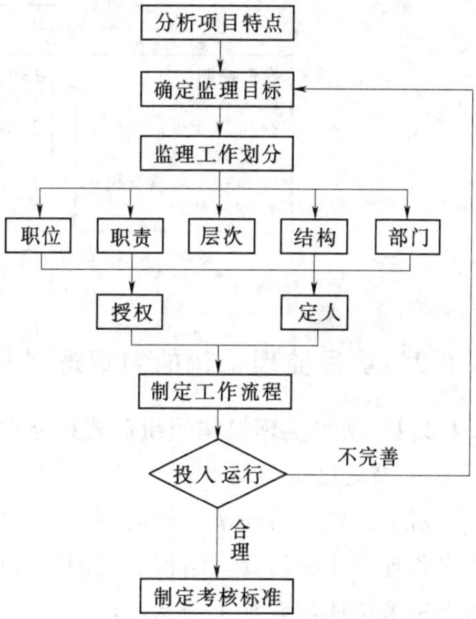

图 4.10 建立监理组织机构的步骤

2. 确定监理目标

监理目标应根据工程项目委托监理合同和监理项目的特点来确定。项目建设监理的目标是监理组织机构设置的根本目的，离开监理目标，监理组织机构的设置就会失去方向。所以，所有的监理活动都应围绕监理目标的实现这个中心工作来开展。因此，要根据监理目标划分部门、设置机构、确定人员、划分层次，因事定岗定职定责，并因责而授权。

3. 确定监理的工作内容

根据监理目标和委托监理合同中规定的监理任务，明确列出监理工作内容，并进行分类归并和组合。对各项工作进行归并及组合应以便于监理目标控制为目的，并考虑监理项目的规模、性质、工期、工程复杂程度以及监理企业自身技术业务水平、监理人员数量、组织管理水平等。

例如，进行实施阶段全过程监理时，监理工作的划分可按设计阶段和施工阶段分别归并和组合，如图 4.11 所示。如果进行施工阶段监理，可按投资、进度、质量目标进行归并和组合，如图 4.12 所示。

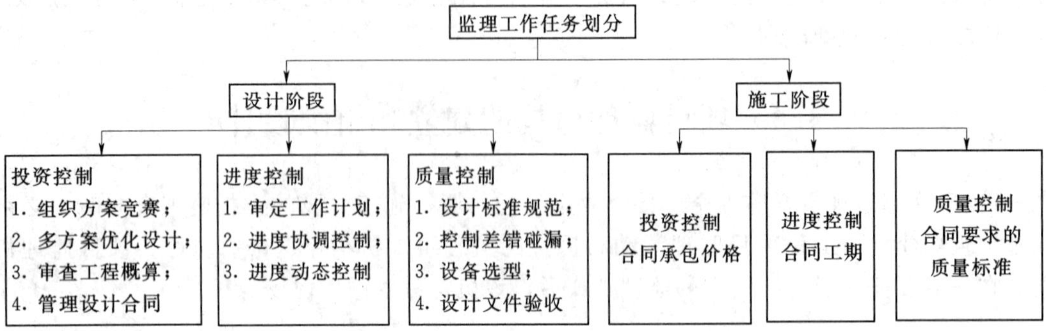

图 4.11　全过程监理工作划分

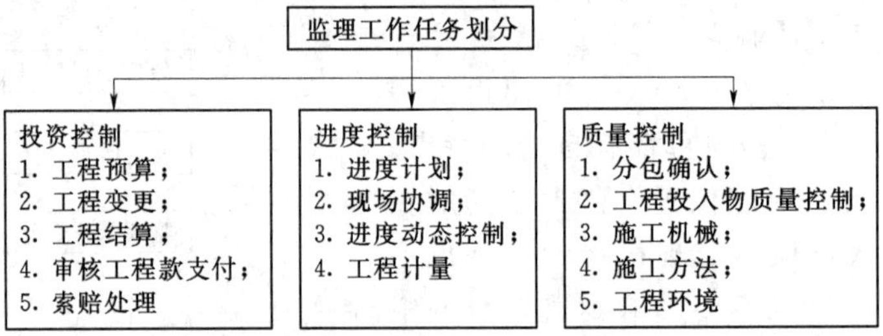

图 4.12　施工阶段监理工作划分

4.4.2　项目监理机构的组织形式

4.4.2.1　项目监理机构组织形式确定的程序

1. 确定组织结构形式

由于工程项目规模、性质、建设阶段等的不同，可以选择不同的监理组织结构形式以适应监理工作的需要。结构形式的选择应考虑有利于项目合同管理，有利于控制目标，有利于决策指挥，有利于信息沟通。

2. 合理确定管理层次

总监理工程师、专业监理工程师和监理员构成了监理组织结构中的三个层次。

(1) 决策层。决策层由总监理工程师和其助手组成。

(2) 中间控制层（执行层、协调层）。中间控制层由专业监理工程师和子项目监理工程师组成。具体负责监理规划的落实、分项目标控制及对合同实施管理，属于承上启下的管理层次。

(3) 操作层（作业层）。操作层（作业层）由监理员、检查员等组成，具体负责现场监理工作的操作。

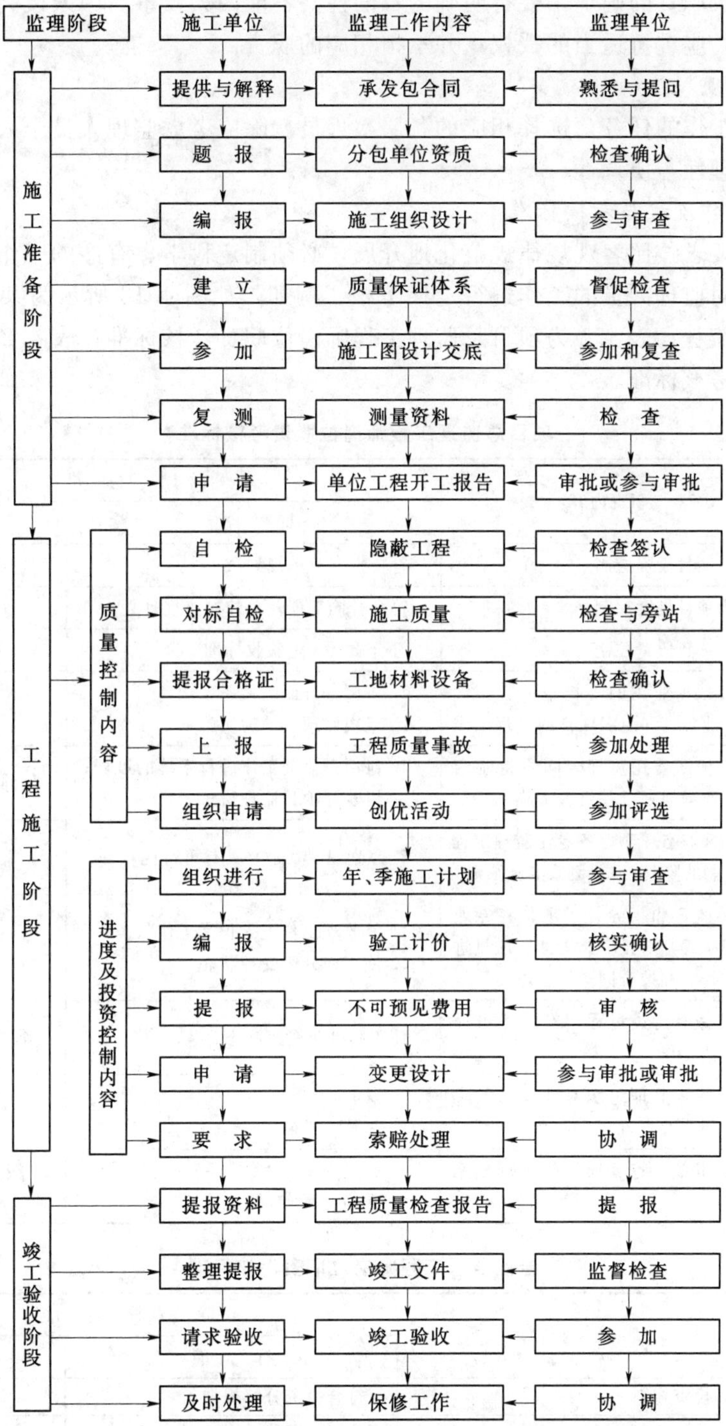

图 4.13 施工阶段监理工作流程

3. 制定岗位职责

岗位职务及职责的确定，要有明确的目的性，不能因人设事、因人设岗，而应依据责权一致的原则，应进行适当的授权，并承担相应的职责。

4. 选派监理人员

根据监理工作的任务，选择相应的各层次人员。除应考虑监理人员个人素质外，还应考虑总体的合理性与协调性。

5. 制定工作流程与考核标准

监理工作要求按照客观规律规范化地开展，必须制定科学、有序的工作流程，并且要根据工作流程对监理人员的工作进行定期考核。例如，如图 4.13 所示为某工程项目施工阶段监理工作流程；表 4.1 为项目总监理工程师岗位职责考核标准；表 4.2 为专业监理工程师岗位职责考核标准。

表 4.1　项目总监理工程师岗位职责考核标准

项目	职责内容	考核标准	
		标　准	完成时间
工作指标	1. 项目投资控制	符合投资分解规划	每月（季）末
	2. 项目进度控制	符合合同工期及总控制进度计划	每月（季）末
	3. 项目质量控制	符合质量评定验收标准	工程各阶段末
基本职责	1. 根据业主的委托与授权，代表企业负责和组织项目的监理工作	1. 协调各方面的关系； 2. 组织监理活动的实施	
	2. 根据委托监理合同主持制定项目监理规划，并组织实施	1. 对项目监理工作进行系统的策划； 2. 组建好项目监理班子	合同生效后 1 个月
	3. 审核各子项、各专业监理工程师编制的监理工作计划或实施细则	符合监理规划，并具有可行性	各子项专业监理开展前 15 天
	4. 监督和指导各子项、各专业监理工程师对投资、进度、质量进行监控，并按合同进行管理	1. 使监理工作进入正常工作状态； 2. 使工程处于受控状态	每月末检查
	5. 做好建设过程中有关各方面的协调工作	使工程处于受控状态	每月末检查、协调
	6. 签署监理组织对外发出的文件、报表及报告	1. 及时； 2. 完整、准确	每月（季）末
	7. 审核、签署项目的监理档案资料	1. 完整； 2. 准确、真实	竣工后 15 天或依据合同的约定

表 4.2　专业监理工程师岗位职责考核标准

项目	职责内容	考核标准	
		标　准	完成时间
工作指标	1. 投资控制	符合投资分解规划	月末
	2. 进度控制	符合控制性进度计划	月末
	3. 质量控制	符合质量评定验收标准	工程各阶段
	4. 合同管理	按照合同约定	月末

续表

项目	职责内容	考核标准	
		标准	完成时间
基本职责	1. 在项目总监理工程师指导下，熟悉项目情况，清楚本专业监理的特点和要求	制定本专业监理工作计划或实施细则	实施前1个月
	2. 具体负责组织专业监理工作	监理工作有序，工程处于受控状态	每周（月）检查
	3. 做好与有关部门之间的协调工作	保证监理工作及工程顺利进展	每周（月）检查、协调
	4. 处理与本专业有关的重大问题并及时向总监理工程师报告	及时、如实	问题发生后10天内
	5. 负责与本专业有关的签证、对外通知、备忘录，以及及时向总监理工程师汇报的报告、报表资料	及时、如实、准确	
	6. 负责整理本专业有关的竣工验收资料	完整、准确、真实	竣工后10天或依据合同约定

4.4.2.2　常见的监理组织机构形式

工程项目监理组织形式要根据工程项目的特点、工程项目承发包模式、项目业主委托的任务以及建设监理行业特点和监理企业自身状况，科学、合理地进行确定。常用的监理组织机构形式主要有：直线制监理组织、职能制监理组织、直线职能制监理组织与矩阵制监理组织等。

1. 直线制监理组织机构

这种监理组织机构形式是最简单的，组织中各种职位按垂直系统直线排列。它适用于监理项目分为若干个相对独立的子项目的大中型建设项目，也适用于全过程监理的工程项目。总监理工程师负责项目的规划组织和领导，并着重从事项目的协调工作。子项目监理组织分别负责子项目的目标值控制，具体领导现场专业或专项监理组织工作，如图4.14所示。

此外，还可按实施阶段分别建立直线制监理组织机构形式，如图4.15所示。这种形式适用于大、中型以上工程项目，且承担包括设计和施工的全过程建设工程监理任务。

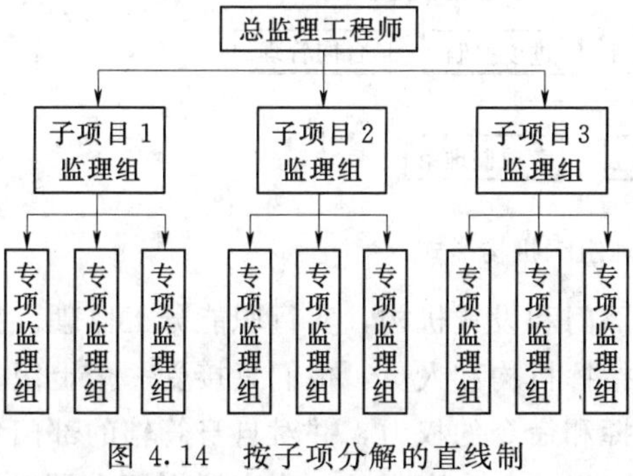

图4.14　按子项分解的直线制监理组织机构形式

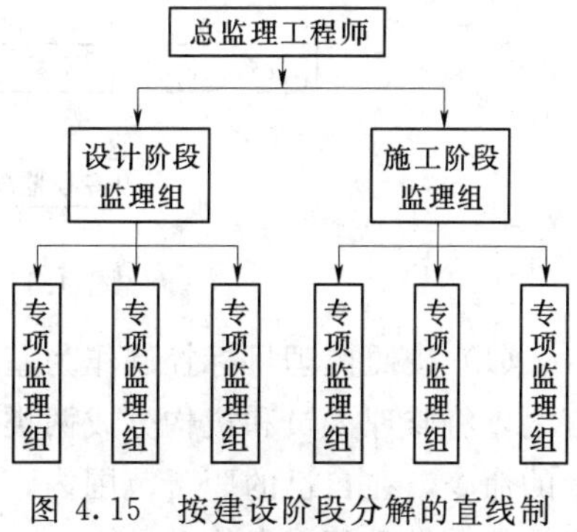

图4.15　按建设阶段分解的直线制监理组织机构形式

上述监理组织机构的特点是：一个下级接受一个上级的指令，一级对一级负责，指挥管理统一，责任和权限明确。但这种组织的缺陷是：没有职能机构的“个人管理”。所以，这就要求总监理工程师在业务和技能上是“全能式”人物。它是目前施工阶段监理常见的组织机构形式之一。

2. 职能制监理组织机构

职能制监理组织机构形式实际上是直线制的一种演变。随着工程项目建设规模和结构趋向大型化和复杂化，在监理活动中需要监理组织机构的细致分工和专业化的管理，而直线制已不能适应这种变化的要求。职能制监理组织机构的最大特点就是领导者（或总监理工程师）的放权。如图 4.16 所示。其特点如下：

(1) 总监理工程师将相应的监理职责和权力授给各职能部门或专业负责人，有利于领导者集中精力。

(2) 后者在职权范围内，直接指挥下级单位，有利于下级负责人工作积极性的发挥。

(3) 有利于发挥各职能机构的专业管理作用，提高工作效率。

此外，由于吸收了各方面专家参加监理，从而减轻了直接领导人员（或总监理工程师）的负担，使其集中精力履行自身的职责。

但这种组织机构形式的缺点是：多头领导，容易造成职责不清。

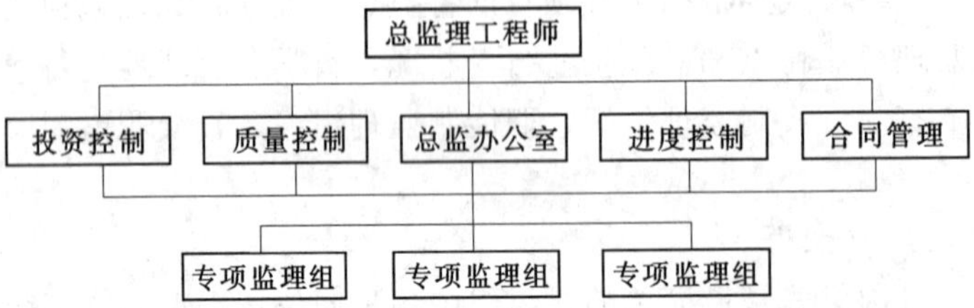

图 4.16　职能制监理组织机构形式

3. 直线职能制监理组织机构

直线职能制监理组织机构实际上是直线制和职能制两种组织形式的结合，并吸收了两者的优点，如图 4.17 所示。其特点如下。

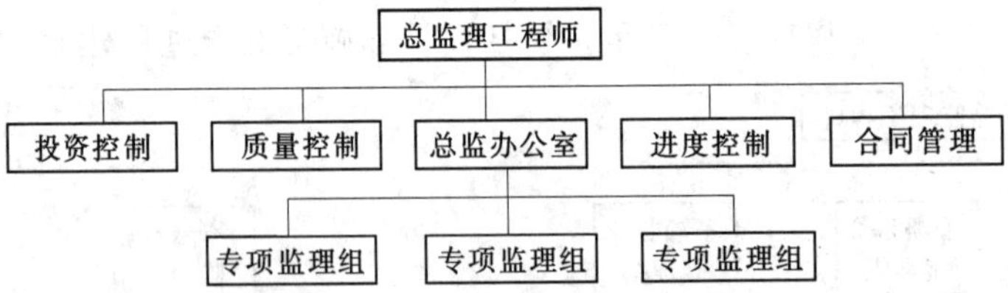

图 4.17　直线职能制监理组织机构形式

(1) 按照监理目标控制作为基本职能来划分部门和设置机构，实行职能分工监理。换言之，将监理人员和机构分成两类：一类是直接指挥机构和人员，他们只接受一个上级主管的命令，在自己的职责范围内，又对下属的指挥和命令的权力，并对自身管辖的部门负责。另一类是职能机构及其人员，即职能式的职能机构和参谋人员，为直接指挥人员提出建议和咨询，他们不接受同层次主管的直接命令和指挥，但也无权向下级人员直接发布命令和进行指挥。

(2) 这种形式的优点是：既能保持指挥一致，又能发挥专业分工的作用，监理组织机构比较完整，隶属关系分明，因而能对本部门的活动进行有效的组织和指挥。

但应注意的是，这种形式的缺点是职能部门与指挥部门容易产生矛盾，不利于信息情报的传递。

4. 矩阵制监理组织机构

矩阵制监理组织机构形式又称作目标规划制。这种组织机构形式由纵向职能系统和横向子项目系统组成矩阵组织结构，各专业监理组同时受职能机构和子项目组领导，如图4.18所示。

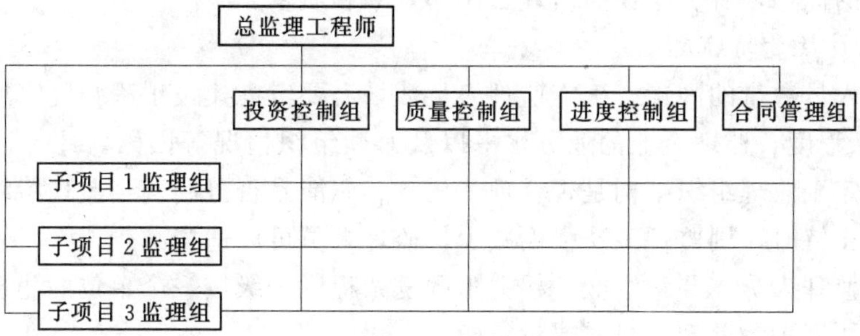

图 4.18 矩阵制监理组织机构形式

矩阵制组织形式加强了各职能部门的横向领导，具有较好的机动性和适应性，上下左右集权与分权达到较好的结合，有利于复杂和疑难问题的解决，并且更有利于监理人员业务能力的培养。但由于纵横向协调工作量较大，容易产生矛盾，处理不当会造成推诿现象。这种形式适用于较复杂的大型工程项目以及多项目的同时开展。

4.4.3 项目监理组织机构的人员配备

建设工程监理组织机构形式确定之后，需要对监理人员进行科学、合理的配置，以形成组合优化、结构合理、整体素质高的监理组织。

1. 项目监理组织的人员结构

(1) 专业结构。项目监理人员结构应根据监理项目的性质，及业主对项目监理的要求，由称职的专业人员组成，也就是要求各专业人员要配套。根据需要针对性地配备专业监理人员，做到专业结构合理，适应项目监理工作的需要。

(2) 技术职务职称结构。监理工作虽然是一种高智能的技术性服务，但并不是不论监理项目的要求和需要，片面追求监理人员的技术职务、职称越高越好。合理的技术职称结构应该是高级、中级和初级职称与监理工作要求相匹配，比例恰当。同时应根据不同阶段的监理进行适当的调整。例如，决策阶段、设计阶段的监理，具有中级及中级以上职称的人员在整个监理人员构成中应占绝大多数，初级职称人员仅占少数。施工阶段的监理，应有较多的初级职称人员从事实际操作。例如，旁站、填写日志、现场检查、计量等。建设工程监理人员要求的技术职称结构，如表4.3所示。

表 4.3　　监理人员的技术职称结构

项目	监理组织层次	主要职能	要求相应的技术职务
项目监理组	总监理工程师 专业监理工程师	项目监理的策划、项目监理实施的组织与协调	高级职称
子项监理组	子项监理工程师 专业监理工程师	具体组织子项监理业务	中级职称
现场监理员	质监员、计量员、预算员、计划员等	监理业务的执行与作业	初级职称

(3) 年龄结构。监理组织的结构要做到老、中、青年结构合理，老年人经验丰富，中年人综合素质好，青年人精力充沛。根据监理工作的需要形成合理的年龄结构，充分发挥不同年龄层次的优势，有利于提高监理工作的效率和质量。

2. 监理人员数量的确定

确定监理人员数量的因素。确定监理人员数量需要考虑建设工程强度（或称作投资密度）、工程复杂程度、监理企业的业务水平以及监理组织情况等因素。此外，监理人员数量的多少还决定于监理组织结构是否合理、任务、职能是否分明。当监理组织有业主的参与与承包商的支持时，则监理工作强度减少，监理人员可以适当减少。

建设工程监理人员需要量定额。根据工程复杂程度等级按一个单位的建设工程强度来确定。如表 4.4 所示为监理人员需要量定额。

表 4.4　　监理人员需要量定额　　单位：人・年/100 万美元

工程复杂程度	监理工程师	监理员	行政文秘人员	工程复杂程度	监理工程师	监理员	行政文秘人员
简单	0.2	0.75	0.1	复杂	0.5	1.5	0.35
一般	0.25	1.0	0.1	很复杂	0.5＋	1.5＋	0.35＋
一般复杂	0.35	1.1	0.25				

【案例分析】　监理组织机构的人员配备

某工程分为两个子建设工程项目，合同总价为 3900 万美元，其中子项 1 合同价为 2100 万美元，子项 2 合同价为 1800 万美元，工期 30 个月。

表 4.5　　工程复杂程度等级评定表

项次	因　　素	子项目 1	子项目 2
1	设计活动	5	6
2	工程位置	9	5
3	气候条件	5	5
4	地形条件	7	5
5	工程地质	4	7
6	施工方法	4	6
7	工期要求	5	5
8	工程性质	6	6
9	材料供应	4	5
10	工程分散程度	5	5
平均分值		5.4	5.5

1. 建设工程强度确定

建设工程强度＝3900×12÷30＝1560 万美元/年＝15.6×100 万美元/年。

2. 工程复杂程度确定

按构成工程复杂程度的 10 个因素，结合本工程实际情况分别按十分制打分，具体情况如表 4.5 所示。

根据计算结果，此工程列为一般复杂工程等级。

3. 各类监理人员计算

根据工程复杂程度和建设工程强度套定

额，从定额可查到相应人员的定额系数，监理工程师系数为0.35；监理员系数为1.1；行政文秘人员系数为0.25。

各类建设工程监理人员为：

监理工程师：0.35×15.6=5.46人，按6人考虑。

监理员：1.1×15.6=17.16人，按17人考虑。

行政文秘人员：0.25×15.6=3.9人，按4人考虑。

合计监理人员的数量为27人。

4. 绘制组织结构图

根据实际情况确定建设工程监理人员数量。本建设工程项目的监理组织结构，如图4.19所示。

5. 各机构的监理人员分配方案

根据建设工程监理组织结构情况决定每个机构各类建设工程监理人员为：

建设工程监理总部（含总监、总监助理和总监办公室）：监理人员6名，其中监理工程师2人，监理员2人，行政文秘人员2人。

子项目1监理组：监理人员11名，其中监理工程师2人，监理员8人，行政文秘人员1人。

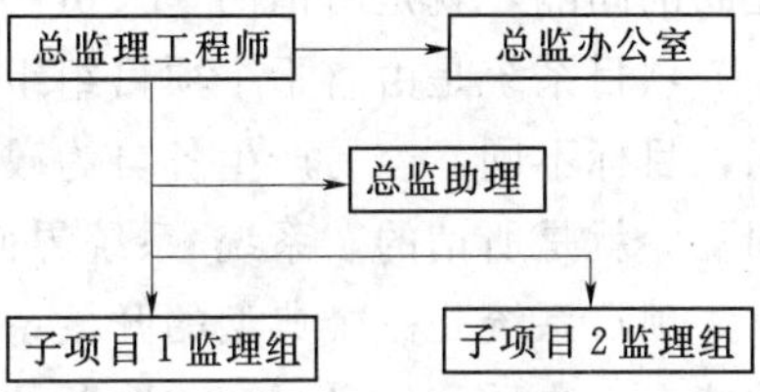

图4.19 工程项目的监理组织结构

子项目2监理组：监理人员10名，其中监理工程师2人，监理员7人，行政文秘人员1人。

4.5 建设工程监理的组织协调

4.5.1 建设工程监理组织协调概述

1. 协调的含义

协调就是联结、联合、调和所有的活动及力量。协调的目的是力求得到各方面协助，促使各方协同一致，齐心协力，以实现自己的预定目标。协调是管理的核心职能，它作为一种管理方法贯穿于整个项目和项目管理过程中。

项目监理工作中的组织协调是指监理单位在监理过程中，对相关单位的协作关系进行协调，使相互之间加强合作，减少矛盾，避免纠纷，共同完成项目目标。所谓相关单位主要包括建设单位、设计单位、施工单位、供应单位。此外，还有政府部门、金融部门、有关管理部门等。用施工现场通用的语言讲：协调就是调整疏通各方面的关系，妥善处理工程项目结合部（界面）上的各种矛盾，让各方面相互理解，携手合作，完成预定目标。

协调是工程项目监理成功的关键之一。作为监理工程师，应当清楚地了解在施工的各个阶段应在什么时间，在哪些方面进行协调，应当熟悉和掌握采取什么措施有效地进行协调。

协调的目的是力求得到方方面面的支持与协作，并促使各方协同一致。比如，在现场存在众多方面交叉施工时，作为负责协调工作的监理工程师，只能要求各方，"即使不同心也要协力"，以实现预定目标。

协调在美国项目管理中称为"界面管理"。指主动协调相互作用的子系统之间的能量、物质、信息交换，以实现系统目标的活动。

系统是由若干相互联系又相互制约的要素有组织、有秩序地组成的具有特定功能和目标的统一体。组织系统的各要素是该系统的子系统，项目系统就是由人员、物质、信息等构成的人为组织系统。用系统方法分析项目协调的一般原理有三大类：一是"人员/人员界面"。二是"系统/系统界面"。三是"系统/环境界面"。

项目组织是由各类人员组成的工作班子。由于每个人的性格、习惯、能力、岗位、任务、作用的不同，即使只有两个人在一起工作，也有潜在的人员矛盾或危机。这种人和人之间的间隔，就是所谓的"人员/人员界面"。

项目系统是由若干个项目组组成的完整体系，项目组即子系统。由于子系统的功能不同，目标不同，容易产生各自为政的趋势和相互推诿的现象。这种子系统和子系统之间的间隔，就是所谓的"系统/系统界面"。

项目系统是一个典型的开放系统。它具有环境适应性，能主动地向外部世界取得必要的能量、物质和信息。在"取"的过程中，不可能没有障碍和阻力，这种系统与环境之间的间隔，就是所谓的"系统/环境界面"。

工程项目协调管理就是在"人员/人员界面"、"系统/系统界面"、"系统/环境界面"之间，对所有的活动及力量进行联结、联合、调和的工作。系统方法强调，要把系统作为一个整体来研究和处理，因为总体的作用规模要比各子系统的作用规模之和大。为了顺利实现工程项目建设系统目标，必须重视协调管理，发挥系统整体功能。

在工程项目建设监理中，要保证项目的参与各方面围绕项目开展工作，使项目目标顺利实现。组织协调最为重要、最为困难，也是监理工作是否成功的关键，只有通过积极的组织协调才能实现整个系统全面协调的目的。一个成功的总监理工程师，就是一个善于"通过别人的工作把事情做好的管理者"。

2. 协调的作用

按现代的组织论观点，为了保持组织的内部整体平衡，使各层次各体系之间步调一致、协同活动、共同实现所确定的目标，整个组织结构系统需要进行纵向协调和横向协调。协调是管理的本质，各项管理职能都需要进行协调。由于项目的不同部门、不同层次、不同阶段往往存在大量的结合部，因此结合部之间的沟通、协调是项目管理的一项重要工作。

协调具有以下三个方面的作用：

(1) 纠偏和预控错位。施工中经常出现作业行为偏离合同和规范的标准，如工期的超前和滞后、后继工序的脱节；由于设计修改、工程变更和材料代用给下阶段施工带来的影响变更，以及地质水文条件的突然变化造成的影响；或人为干扰因素对工期质量造成的障碍等，都会造成计划序列脱节，这种情况在作业面越广、人员越多时发生的机率就越大。监理协调的重要作用之一就是及时纠偏，或采用预控措施事前调整错位。

(2) 控制进度的关键是协调。在建设施工中，有许多单位工程是由不同专业的工程组成的。例如煤矿矿井建设工程分为矿建、土建与机电安装三大类工程，通常都是分别由专业化施工处、队进行施工，这必然就存在着三类工程的相互衔接和队伍间相互协作的问题，而进度控制的关键是搞好协调。

(3) 协调是平衡的手段。多头施工队伍必然存在着一定协调平衡问题，在一些工程施工过程中，一项工程往往有许多队伍同时上阵，形成会战局面。比如丰准铁路就由七支队伍同时上阵承包。一条专用铁路，往往隧道掘进是一家或几家，桥梁涵洞是几家，路基、铺轨工程又是一家，通信、信号又是一家，再加上设计单位、安装单位、材料供应单位等，既有总包又有分包，既有纵向串接又有横向联合，各自又均制定有作业计划、质量目标，而集中这些计划后，必然存在一个协调问题。作为监理工程师，从工程内部分析，即有各子系统之间的平衡协调，又有三类工程的平衡协调，还有队伍之间的协调。此外，还有上下之间、内外之间的一些协调。总之，由于监理工程师在工程项目中的特殊地位和现场项目管理中的核心作用，必须突出其“协调”功能。

几十年的建设经验证明，一个项目圆满顺利地完成，是多方配合相互合作的共同成果。参与建设管理和建设的有关部门，包括建设单位、设计单位、施工单位、设备供应单位、材料生产单位，所在地的地方政府部门、地方基层组织、建设银行、商业及后勤物资供应部门、公检法部门、环保部门、电力供应单位、铁路部门、公路交通部门、通信管理部门等。因此一个项目的建设，需要多方配合协作，这必然要求监理工程师应具有良好的人际关系和较强的组织协调能力。

4.5.2 项目监理机构组织协调的工作内容

从系统方法的角度看，协调又可分为系统内部关系的组织协调（项目经理部内部、监理部与所属监理企业之间的各种关系）和对系统外部的协调。从监理组织与外部联系程度看，项目外层协调管理可分为近外层协调和远外层协调两个层次。通常两个层次的主要区别是：项目监理组织与近外层关联单位一般有合同关系，包括直接的或间接的合同关系，如与业主、设计单位、施工单位等；和远外层关联单位一般没有合同关系，但却受法律、法规与社会公德等的约束，如与地方政府的各有关部门、项目周边居民社区组织、环保、交通、环卫、绿化、文物、消防、公安等单位的关系。项目监理组织协调的范围和层次，如图 4.20 所示。

4.5.2.1 内部关系的组织协调

1. 项目监理机构内部人际关系的协调

项目监理机构是由人组成的工作体系，工作效率很大程度上取决于人际关系的协调程度。总监理工程师应首先抓好人际关系的协调，激励项目监理机构成员。所以应注意：

(1) 在工作委任上要职责分明。对项目监理机构内的每一个岗位，都应订立明确的目标和岗位责任制。应通过职能清理，使管理职能不重不漏做到人人有责，同时明确岗位权限。对项目监理机构各种人员，还要根据每个人的专长进行安排，做到人尽其才。

(2) 在成绩评价上要实事求是。

(3) 在矛盾调解上要恰到好处。人员之间总是存在着矛盾，一旦出现矛盾就应进行调解，调解要恰到好处。一是要从大局出发。二是要注意方法。工作上的矛盾和冲突一般是

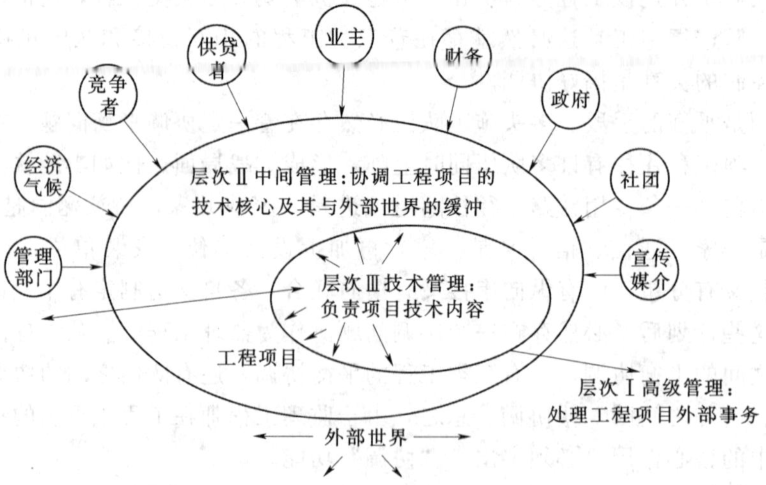

图 4.20　工程项目监理协调的范围和层次

监理内部机制运行中所呈现问题的具体化表现，所以在做好协调工作外，还要仔细研究问题，通过改革原运行机制，使监理工作更趋完善。

(4) 总监理工程师还应该关怀监理人员的健康成长，加强培训和教育，不断地提高他们的业务能力和思想水平。在工作安排上要职责分明，对其在工作中取得的成绩要予以肯定，对其工作中的差错要实事求是地调查了解，予以指出并帮助其改正。

2. 项目监理机构内部组织关系的协调

项目监理机构是由若干个部门（专业组）组成的工作体系。每个专业组都有自己的目标和任务。如果每个子系统都从建设工程的整体利益出发，理解和履行自己的职责，则整个系统就会处于有序的良性状态，否则，整个系统便处于无序的紊乱状态。导致功能失调，效率下降。

总监理工程师还应做好项目监理机构内部各层次之间，各专业之间的组织协调工作，使项目监理工作和谐、有序、高效地进行。项目监理机构内部组织协调可从以下几方面进行：

(1) 在职能划分的基础上设置组织机构。根据工程对象及委托监理合同所规定的工作内容，确定职能划分，并相应设置配套的组织机构，委派相应的人员。

(2) 明确规定各个部门的目标、职责和权限。

(3) 事先约定各个部门在工作中的相互配合关系。

(4) 建立信息沟通制度。

(5) 及时消除工作中的矛盾或冲突。

3. 项目监理机构与所属监理企业的组织协调

项目监理机构是监理企业派驻施工现场的执行机构。项目监理机构除应执行委托监理合同规定的权利、义务和责任外，总监理工程师还应与所属监理企业保持密切的联系，接受监理企业领导层的领导和各业务部门的业务指导，执行监理企业制定的质量方针、质量目标、各项质量管理体系文件以及各项规章制度，服从监理企业的调度，完成监理企业的企业计划，经常向监理企业汇报工作，及时反映工程项目监理工作中出现的情况，必要时可请监理企业最高领导人出面进行组织协调工作。

4.5.2.2　对近外层关系的组织协调

监理人员在建设监理中有其特殊的地位。表现为其受业主的委托，代表业主，对工程的质量有否决权，对工程验收和付款有签证权、认证权，对发生在建设过程中的各类经济纠纷和工种工序衔接有协调权等，这样自然而然地形成了监理人员在建设中的核心地位。但监理人员不能因为自己的特殊地位而与设计单位、施工单位、供应单位的负责人员、工作人员形成以权压人的对立地位，而是要以自己双向服务的实际行动，协调好与各有关单位的关系。监理协调的是矛盾，矛盾背后是利益的纠纷。在各种利益面前，监理应以国家利益为前提，严格依法监理，按照监理规范依照程序处理。不得以国家利益或业主的利益作为协调的代价，只有采取有理有据的公正协调，既维护国家利益，也不损害企业利益，才能真正协调好监理与被监理各方的关系。

1. 与业主的协调

监理目标的顺利实现和与业主协调好坏有很大的关系。监理工程师应从以下几个方面加强与业主的协调：

（1）监理工程师首先要理解建设工程总目标，理解业主的意图。

（2）利用工作之便做好监理宣传工作，增进业主对监理工作的理解，特别是对各方职责及监理程序的理解。主动帮助业主处理建设工程中的事务性工作，以自己规范化、标准化、制度化的工作去影响和促进双方工作的协调一致。

（3）尊重业主，与业主一起投入建设工程全过程的管理。尽管有预定的控制目标，但建设工程实施必须执行业主的指令，使业主满意。对业主提出的某些不适当的要求，只要不属于原则问题，都可先执行，然后利用适当时机，采取适当方式加以说明或解释；对于原则性问题，可采取书面报告等方式说明原委，尽量避免发生误解，以使工程顺利实施。

2. 与承包商的协调

监理工程师对质量、进度和投资的控制都是通过承包商的工作来实现的，所以做好与承包商的协调工作是监理工程师组织协调工作的重要内容。监理要严格按照监理规范，依照监理合同对工程项目实施监理。一般应考虑以下方面：

（1）坚持原则，实事求是，严格按规范、规程办事，讲究科学态度。

（2）协调不仅是方法、技术问题，更多的是语言艺术、感情交流和用权适度问题。

（3）协调的形式可采用口头交流、会议通告、监理书面通知等。

（4）树立“监帮结合、寓监于帮”的观念。

3. 与设计单位的协调

一个工程从方案设计到施工图设计需要不断的修改、不断细化，在此过程中，设计单位需要多次和业主沟通协调。随着监理制的推广和延伸，业主往往会委托监理企业或同监理企业共同参与与设计单位的协调。监理企业必须做好与设计单位的协调工作，以加快工程进度，确保质量，降低消耗。协调设计单位的工作可考虑以下几个方面：

（1）尊重设计单位的意见。

（2）施工中发现设计问题，应及时向设计单位提出，以免造成大的直接损失。

应注意，监理企业和设计单位都是受业主委托进行工作，两者之间并没有合同关系，所以监理企业主要是和设计单位做好交流工作，协调要靠业主的支持。设计单位应就其设计质量对业主负责。因此《建筑法》指出：工程监理人员发现工程设计不符合建筑工程质量标准或合同约定的质量要求的，应当报告业主要求设计单位改正。

4.5.2.3　对远外层关系的组织协调

一个建设工程的开展还存在政府部门及其他单位的影响，如政府部门、金融组织、社会团体、新闻媒介等。它们对建设工程起着一定的控制、监督、支持、帮助作用，这些关系若协调不好建设工程的实施也有可能受到限制。

(1) 与质监部门的协调。为了协调与质监部门的关系，监理工程师应与当地质监站主动取得联系，尊重支持质监站的质量监督权。质监站依据国家和省市的有关法律、法规、规章和技术标准、设计文件按规定进行质量监督。支持质监站对重大质量事故的处理意见和处罚意见。

(2) 与政府其他部门和社会团体的协调。这主要包括当地公安消防部门、政府有关部门、卫生环保部门、金融组织、新闻媒介和当地社区等方面的协调工作。

4.5.3　建设工程监理协调的方法

组织协调工作涉及面广，受主观和客观因素影响较大，所以要求监理工程师知识面要宽，要有较强的工作能力，能够因地制宜、因时制宜处理问题，这样才能保证监理工作顺利进行。

4.5.3.1　会议协调法

会议协调法是建设工程监理中最常用的一种协调方法，实践中常用的会议协调法第一次工地会议、监理例会、专业性监理会议等。

1. 第一次工地会议

第一次工地会议。工程项目开工前，监理人员应参加由建设单位主持召开的第一次工地会议。第一次工地会议是以相互了解，检查各方准备情况，明确工程监理程序为主要目的，应使合同的所有基本规则得以规定，必须认真准备，以确保会议有一个良好的开端。

第一次工地会议应包括以下主要内容：

(1) 建设单位、承包单位和监理单位分别介绍各自驻现场的组织机构、人员及其分工；

(2) 建设单位根据委托监理合同宣布对总监理工程师的授权；

(3) 建设单位介绍工程开工准备情况；

(4) 承包单位介绍施工准备情况；

(5) 建设单位和总监理工程师对施工准备情况提出意见和要求；

(6) 总监理工程师介绍监理规划的主要内容；

(7) 研究确定各方在施工过程中参加工地例会主要人员，召开工地例会周期、地点及主要议题。

2. 监理工地例会

项目实施期间定期举行工地例会。会议由总监理工程师主持，参加者有监理工程师代表及有关监理人员、承包商的授权代表及有关人员、业主或业主代表及有关人员。工地例会召开的时间根据工程进展情况安排，一般有周、旬、半月和月度例会等几种。工程监理中的许多信息和决定是在工地会议上产生和决定的，协调工作大部分也是在此进行的。因此，开好工地例会是工程监理的一项重要工作。

工地例会主要是对进度、质量、投资的执行情况进行全面检查，交流信息，并提出对有关问题的处理意见，以及今后工作中应采取的措施。此外，还要讨论延期、索赔及其他事项。工地例会的具体议题一般有以下内容：

(1) 检查上次例会议定事项的落实情况，分析未完事项原因。

(2) 检查分析工程项目进度计划完成情况，提出下一阶段进度目标及其落实措施。

(3) 检查分析工程项目质量状况，针对存在的质量问题提出改进措施。

(4) 检查工程量核定及工程款支付情况。

(5) 解决需要协调的有关事项。

(6) 其他有关事宜。

实际工作中，提高监理工地例会效率和质量。不仅取决于工地监理的管理和技术水平，也取决于业主和承包商的理解和支持。有效的工地监理会议不仅可以激发与会人员的积极性，而且可以达到单位之间关系融洽，各项工作的进展协调，保证施工顺利进行，使现场监理工作走向良性循环，从而实现对工程施工进度、质量、费用和安全实施有效的控制。

3. 专题现场协调会

对于一些工程中的重大问题，以及不宜在工地例会上解决的问题，根据工程施工需要，可召开由相关人员参加的现场协调会。如设计文件、施工方案或施工组织设计审核、材料供应、复杂技术问题的研讨、重大工程质量事故的分析和处理、工程延期，费用索赔等进行协调，提出解决办法，并要求各方及时落实。

专题现场协调会议一般由总监理工程师提出，或承包商提出后由总监理工程师确定。参加专题会议的人员应根据会议的内容确定，除业主、承包商与监理企业的有关人员外，还可以邀请设计人员与有关部门人员参加。由于专题会议研究的问题重大又较为复杂，因此会前应与有关单位一起做好充分的准备。有时为了使协调会达到更好的共识，避免在会议上形成冲突或僵局，或为了更快地达成一致，可以先将议程打印发给各位参加者，并可以就议程与一些主要人员进行预先磋商，这样才能在有限的时间内，让有关人员充分地研究并得出结论。会议过程中主持人应能驾驭会议局势，防止不正常的干扰影响会议的正常秩序。应善于发现和抓住有价值的问题，集思广益，补充解决方案。应通过沟通和协调，使大家意见一致，使会议富有成效。对于专题会议，应有会议记录和会议纪要，并作为监理工程师发出的相关指令文件的附件或存档备查的文件。

另外需要注意的是：无论是第一次工地会议、监理工地例会还是专题协调会，监理都应做好会议纪要的记录和签发工作。会议纪要由监理工程师形成书面文件，经与会各方签认，然后分发给有关单位。

4.5.3.2 交谈协调法

在实践中有时可采用“交谈”的方法进行协调。包括面对面的交谈和电话交谈两种形式。

从管理学和心理学的角度上讲，沟通是指为达到一定的目的，将信息、思想和情感在两个和两个以上主体与客体之间进行传递和交流的过程。沟通的重要性至少有两方面：首先，沟通是各个管理职能得以实施和完成的基础。其次，沟通是管理者最重要的日常工作。可以说沟通是组织成员联系起来实现共同目标的手段；沟通又是组织同外部环境联系的桥梁，任何组织只有通过必要的沟通才能使系统功能得以实现。交谈是最直接的沟通方式。

4.5.3.3 书面协调法

当会议或交谈不方便或不需要时，或者需要精确表达自己的意见时，就要用到书面协调的方法。书面协调方法的特点是具有合同效力，一般常用于以下几个方面：

（1）不需要双方直接交流的报告、报表、指令和通知等。

（2）需要以书面形式向各方提供详细信息和情况通报的报告、信函和备忘录等。

（3）事后对会议记录、交谈内容或口头指令的书面确认等。

监理采用书面协调时，一般都以正式的监理书面文件形式，监理书面文件形式可根据工程情况和监理要求制定。

4.5.3.4 访问协调法

访问法主要用于外部协调中，有走访和邀访两种形式。走访是指监理工程师在建设工程施工前或施工过程中，对与工程施工有关的政府部门、公共事业机构、新闻媒介或工程毗邻单位等进行访问，向他们解释工程的情况，了解他们的意见。邀访是指监理工程师邀请上述各单位（包括业主）代表到施工现场对工程进行指导性巡视，了解现场工作。因为在多数情况下，这些有关方面并不了解工程，不清楚现场的实际情况，如果进行一些不恰当的干预，会对工程产生不利影响。这个时候，采用访问法可能是一个相当有效的协调方法。

4.5.3.5 情况介绍法

情况介绍法通常是与其他协调方法紧密结合在一起的。它可能是在一次会议前，或是在一次交谈前，或是一次走访和邀访前向对方进行的情况介绍。形式上主要是口头的，有时也伴有书面的。介绍往往作为其他协调的引导，目的是使别人首先了解情况。因此，监理工程师应重视任何场合下的每一次介绍，要使别人能够理解你介绍的内容、问题和困难、你想得到的协助等。

总之，组织协调是一种管理艺术和技巧，监理工程师尤其是总监理工程师需要掌握领导科学、心理学、行为科学方面的行为和技能，如激励、交际、表扬和批评的艺术、开会的艺术、谈话的艺术、谈判的技巧等，只有这样监理工程师才能进行有效的协调。

复习思考题

1. 什么是组织和组织结构？
2. 组织设计应遵循什么样的原则？
3. 工程项目实施建设监理的程序是什么？

4. 工程项目建设监理实施的基本原则是什么？
5. 建立工程项目监理组织的步骤是什么？
6. 建设工程监理组织机构的人员配备应考虑哪些因素？
7. 监理组织协调的概念和作用。
8. 项目监理机构中的组织内部协调应考虑哪些方面？
9. 监理如何做好与业主的协调工作？
10. 在施工阶段监理如何做好与承包商的协调工作？
11. 监理与设计单位的协调工作应注意哪些方面？
12. 简述建设工程监理协调的方法。

第5章　建设工程监理规划

建设工程监理规划是建设工程监理单位在接受建设工程项目的业主委托后编制的指导项目监理，组织全面开展建设工程监理工作的纲领性文件。编制建设工程监理规划是建设工程项目实施建设工程监理的重要步骤，对做好建设工程监理工作有着极为重要的作用。本章详细介绍了建设工程监理规划系列文件的构成、监理规划编写的要求、监理规划的主要内容以及监理规划的审核等内容。

5.1　建设工程监理规划概述

建设工程监理工作文件是监理单位在招投标时编制的监理大纲，在接受建设工程项目的业主委托后编制的监理规划和在开展监理工作前编制的监理细则。编制好建设工程监理系列工作文件是实施建设工程监理工作的重要步骤，对做好工程建设监理工作有着十分重要的作用。

5.1.1　建设工程监理工作文件的构成

建设工程监理工作文件主要包括监理大纲、监理规划和监理实施细则。

1. 监理大纲

监理大纲是监理企业在建设单位委托监理的过程中，特别是在监理招投标过程中，为承揽监理业务而编写的监理方案性文件，又称监理方案。

监理企业编制的监理大纲的作用：一是使建设单位认可监理大纲中的监理方案，从而承揽到监理业务。二是为中标后（或获得监理业务后）项目监理机构开展监理工作制定的基本方案。

监理大纲的编制人员应当是监理企业经营部门或技术管理部门人员，也应包括拟定的总监理工程师，以使监理大纲的内容和监理实施过程紧密结合，并有利于总监理工程师主持编写监理规划的工作。

监理大纲属于监理投标文件的技术部分，应当根据建设单位所发布的监理招标文件的要求来制定，其主要组成内容包括：

（1）监理大纲的编制依据。

（2）工程概况。

（3）监理服务工作的范围。

（4）监理服务工作的内容和目标。

（5）项目监理机构设置和人员配备、各层次监理人员的职责。

(6) 监理的工作制度。

(7) 监理的质量、进度和投资控制工作。

(8) 监理的施工安全控制工作。

(9) 监理的合同、信息管理，协调工作和竣工验收工作，保修期的监理工作。

(10) 对招标文件其他要求的响应。

监理大纲的内容侧重点可概括为以下几方面：

(1) 监理企业拟派往项目监理机构的监理人员情况说明。说明拟派往所承揽或投标工程的项目监理机构的监理人员，对他们的资格情况进行说明。应重点介绍项目总监理工程师的情况，这往往是决定监理企业能否承揽到监理业务的重要因素。

(2) 拟采用的监理方案。监理企业应当根据建设单位所提供的工程资料，结合初步掌握的工程信息，制定出准备采用的监理方案。主要包括：项目监理机构的方案、实现建设工程质量、进度、投资和安全控制目标的方案、合同管理方案、组织协调方案等。

(3) 计划提供给建设单位的阶段性监理文件。应明确监理企业在未来的工程监理工作中向建设单位提供的阶段性监理文件，以满足建设单位掌握工程建设过程情况的需要，有助于监理企业承揽该建设工程的监理业务。

2. 监理规划

监理规划是监理企业接受建设单位委托并签订委托监理合同后，由项目总监理工程师主持，专业监理工程师参加，根据委托监理合同，在监理大纲的基础上，广泛收集工程资料和有关信息，结合工程具体情况制定，并经监理企业技术负责人审核批准，用来指导项目监理机构全面开展监理工作的指导性文件。

监理规划与监理大纲都是围绕着整个项目监理机构所开展的监理工作来编写的，但监理规划的内容要比监理大纲更全面、更翔实、更具可操作性。

3. 监理实施细则

监理实施细则简称监理细则，是根据监理规划，由专业监理工程师编写，经总监理工程师批准，针对工程项目中某一专业或某一方面监理工作的操作性文件。其作用是指导本专业或本子项目具体监理业务的开展。对中型及以上或专业性较强的工程项目，项目监理机构应编制监理实施细则。对于施工安全监理，也需要编写监理实施细则。监理实施细则应符合监理规划的要求，并应结合工程项目的专业特点，做到详细具体、具有可操作性。

4. 监理大纲、监理规划、监理实施细则三者之间的关系

建设工程监理大纲、建设工程监理规划、项目监理细则是相互关联的，它们是构成建设工程监理规划系列文件的组成部分。它们之间存在着明显的依赖关系。在编写建设工程监理规划时，一定要严格根据建设工程监理大纲的有关内容来编写；在制定项目监理细则时，一定要在建设工程监理规划的指导下进行。

项目监理大纲、监理规划、监理细则又是相互关联的，它们都是构成项目监理规划系列文件的组成部分，它们之间存在着明显的依据性关系。在编写项目监理规划时，一定要严格根据监理大纲的有关内容来编写。在制定项目监理细则时，一定要在监理规划的指导下进行。

监理大纲、监理规划、项目监理细则三者间的关系详见表5.1。

表5.1 监理大纲、监理规划、项目监理细则三者间的关系

监理文件名称	编制对象	主持编制人员	编制时间和作用
监理大纲	项目整体	总监理工程师	在监理招标阶段编制的，目的是使业主信服，进而获得监理任务
监理规划	项目整体	总监理工程师	在监理委托合同签订后制订，目的是指导项目监理工作，起着"初步设计"的作用
项目监理细则	某项专业具体监理工作	专业监理工程师 总监理工程师审核	在完善项目监理组织，落实监理责任后制订，目的是具体实施各项监理工作，起"施工图设计"的作用

一般情况下，监理企业开展监理活动应当编制上述三个工作文件。但并非一成不变，对于简单的监理活动只编写监理实施细则就可以了，而有些建设工程也可以制定较详细的监理规划，不用再编写监理实施细则。

5.1.2 建设工程监理规划的作用

1. 指导项目监理机构全面开展监理工作

监理规划的基本作用是指导监理单位的项目监理组织全面开展监理工作。建设工程监理的中心任务是协助业主实现项目总目标。实现项目总目标是一个系统的过程，它需要制订计划、建立组织、配备监理人员、进行有效地领导、实施目标控制等。只有系统地做好上述系列工作，才能完成建设工程监理的任务，实现监理的总目标。在实施建设监理的过程中，监理单位要集中精力做好目标控制工作。但是，如果不事先对计划、组织、人员配备等项工作做出科学的安排就无法实现有效控制。因此，项目监理规划需要对项目监理组织开展的各项监理工作做出全面、系统的组织和安排，它包括确定监理目标，制定监理计划，安排目标控制、合同管理、信息管理、组织协调等各项工作，并确定各项工作的方法和手段。

2. 监理规划是建设监理主管机构对监理企业监督管理的依据

政府建设监理主管机构对建设工程监理企业要实施监督、管理和指导，要对其人员资格、专业配套状况和建设工程监理业绩进行核查和考评以确认其资质等级，使我国建设工程监理行业能够规范、健康发展。为此，需要通过监理企业的实际监理工作来认定其水平。监理规划是根据工程项目及监理委托合同的质量、技术管理体系要求制定的，是监理企业质量管理体系文件和技术标准体系文件的重要组成部分。监理企业的实际水平可从监理规划及其实施中体现出来。所以，政府建设监理主管机构对监理企业进行考核时，十分重视对监理规划的检查，可以说监理规划是政府建设监理主管机构监督、管理和指导监理企业开展监理活动的重要依据。监理规划还是办理项目建设工程质量监督登记手续需要提交的重要资料之一。

3. 监理规划是建设单位确认监理企业履行合同的主要依据

编制监理规划的依据即监理大纲，是监理规划的框架性文件。经由谈判确定的监理大

纲应纳入监理委托合同的附件之中，成为监理合同文件的组成部分。监理规划需将监理委托合同规定的监理义务、责任等具体化，并制定相应实现监理目标的措施。作为监理的委托方，建设单位需要了解和确认监理企业履行监理合同的情况。而监理规划正是建设单位确认监理企业是否履行监理合同的主要说明性文件。监理规划应当能够较全面地为建设单位监督委托监理合同的履行提供依据。

4. 监理规划是监理单位内部考核的依据和重要的存档资料

监理企业从内部管理制度化、规范化、科学化的要求出发，对各项目监理机构（包括总监理工程师和专业监理工程师）的工作进行考核的主要依据就是经审批的监理规划。通过考核，可以对有关监理人员的监理工作能力和水平作出客观评价，为今后在其他工程上更加合理地安排监理人员和改进监理工作提供依据。建设工程监理控制过程是动态的，监理规划的内容必然需要随着工程的进展不断调整、补充和完善。其在一定程度上反映了某项工程建设监理工作过程的情况，也是工程监理企业的重要存档资料。

5.2 建设工程监理规划的编写

监理规划是在项目监理机构（包括总监理工程师和专业监理工程师）充分分析建设工程的目标、技术、管理、环境、参建各方等情况后制定的。监理规划中应有明确具体、符合工程建设要求的监理工作内容、方法、程序、制度和监理措施，应具可操作性，才能真正起到指导项目监理机构开展监理工作的作用。

5.2.1 建设工程监理规划编写的依据

1. 工程建设方面的法律、法规、规章、标准和规范

（1）国家颁布的有关工程建设的法律、法规。在任何地区或任何部门进行的工程建设，都必须遵守国家颁布有关工程建设的法律、法规。

（2）工程所在地或所属部门颁布的工程建设相关的法规、条例和规章。建设某项工程必然是在某一地区实施的，也是归属于某一部门管理的。我国工程建设管理的现行体制要求工程建设必须遵守建设工程所在地建设行政主管机构颁布的工程建设相关的法规、条例和规章，同时也必须遵守工程所属部门颁布的工程建设相关规定和政策。

（3）工程建设的各种标准、规范。工程建设所执行的各种现行标准、规范也具有法律地位，特别是强制性标准，必须遵守和严格执行。

2. 政府批准的工程建设文件

（1）政府工程建设主管部门批准的可行性研究报告、立项批文。

（2）政府规划部门确定的规划条件、土地使用条件、环境保护要求、市政管理要求等，有关批准文件如《建设用地规划许可证》、《用地批准书》或《土地使用权证》、《建设工程规划许可证》等。

（3）建筑工程施工许可文件。

3. 工程地质勘察文件、设计文件

4. 建设工程监理合同

必须依据建设工程监理合同约定的监理企业的权利和义务、监理工作范围和内容等要求，编写监理规划。

5. 其他建设工程合同及有关招投标文件

编写监理规划时，还要考虑其他建设工程合同关于建设单位和承包单位权利和义务的内容。其他建设工程合同如工程施工承包合同文件和材料、设备供货合同文件及有关招投标文件等。

6. 监理大纲

监理规划的编制，必须以监理大纲为纲，项目监理机构的人员和资源等配备不应低于监理大纲中承诺的规格和规模；监理的各项目标值，不能低于监理大纲的规定；监理的手段、方法和对工程重点、难点的监理措施，不能比监理大纲制定的内容有所简约。

5.2.2 建设工程监理规划编写的要求

1. 基本构成内容应当力求统一

力求监理规划在总体内容组成上做到统一是监理工作规范化、制度化、科学化的要求。根据建设工程监理的指导思想，目标控制将成为规划的中心内容。这样，监理规划构成的基本内容就可以在上面的原则下统一起来监理规划基本构成内容应当包括：目标规划、监理组织、目标控制、合同管理和信息管理。至于一个具体工程项目的监理规划，则要根据监理单位与项目业主签订的监理合同所确定的监理实际范围和深度来加以取舍。

2. 具体内容应具有针对性

既强调监理规划基本构成内容的统一性，又要求各个项目监理规划具体内容有针对性。建设工程都有单件性的特点，没有两个工程是相同的，即使是按照同一套施工图设计文件去建成两个工程，不同的施工单位，可以采用不同的施工工艺去完成，这就决定了作为现场监控方的项目监理机构必须要根据项目的特点、施工工艺的特点以及监理机构的实际能力水平去编制一套有针对性的技术方案，其监控思想、方法、手段等均要在这个方案中有所体现，而不是泛泛而谈、空洞无物。

3. 监理规划应当遵循建设工程的运行规律

必须把握、遵循建设工程运行的规律，保持建设工程监理规划的内容与工程运行客观规律的一致性。只有把握和遵循了建设工程运行的客观规律，监理规划才具有可操作性，才能实施对该项工程的有效监理。监理规划要随着建设工程的展开进行不断的补充、修改和完善。在建设工程的运行过程中，内外因素和条件不可避免地要发生变化，造成工程的实施情况偏离计划，往往需要调整计划乃至目标，监理规划在内容上也应相应地予以调整，以使建设工程能够在监理规划的有效控制之下。

4. 项目总监理工程师是监理规划编写的主持人

由于建设工程监理实施项目总监理工程师负责制，监理规划应当在项目总监理工程师主持下编写制定。在监理规划编写的过程中，要广泛征求各专业监理工程师的意见、建议，并共同参与编写监理规划。还应当充分听取建设单位的意见，为进一步搞好监理服务创造条件。

5. 监理规划一般要分阶段编写

监理规划的内容与工程进展密切相关，根据工程建设进展的需要可将其编写的整个过程划分为若干个阶段，如可划分为设计阶段、施工招标阶段和施工阶段。设计准备阶段完成规划的总框架并将设计阶段的监理工作进行“近细远粗”的规划，使监理规划的内容与已经掌握的该阶段的工程信息紧密结合；设计阶段结束，施工招标阶段监理规划的大部分内容能够确定；随着施工招标的进展，工程施工合同的签订，可以编写出完整的施工阶段监理规划。在施工阶段，要根据工程的实际进展情况对监理规划进行调整、修改，使监理规划能够指导整个建设工程的动态地控制工作的正常进行；但应当注意，《监理规范》要求“在监理工作实施过程中，如实际情况或条件发生重大变化而需要调整监理规划时，应由总监理工程师组织专业监理工程师研究修改，按原报审程序经过批准后报建设单位。”

6. 监理规划编制完成的时限

监理规划编制完成时限应符合有关要求。对于施工阶段的监理规划，《监理规范》指出：“监理规划应在签订委托监理合同及收到设计文件后开始编制，……并应在召开第一次工地会议前报送建设单位”。北京市《监理规程》指出：“总监理工程师应在签订委托监理合同，及收到施工合同、设计文件后一个月内组织完成工程项目监理规划的编制，……在监理交底会前报送建设单位。”

因此，监理规划的编写、修改、审查、批准等工作应根据工程需要及时完成，以免编写时间过长，耽误了监理规划对监理工作的指导，使监理工作的开展陷于被动。

7. 监理规划的表达方式应当格式化、标准化、规范化

监理规划的内容表达应当明确、简洁、直观。因此，将编写监理规划各项内容时所采用的能够说明问题的图表形式，以及哪些内容要采用的简练、明确、规范的文字来说明等用基本格式固定下来，以满足监理规划格式化、标准化的要求。在不断监理实践中，加以规范化实施，可以获得更好的效率、效能和效益。

8. 监理规划应该经过审核

监理规划编制完成后需送交监理企业的技术主管部门审核，经监理企业的技术负责人批准（应当签认）。监理规划是否要经过建设单位认可，可在委托监理合同中约定或由双方协商确定。

5.3 建设工程监理规划的内容及其审核

《监理规范》规定了监理规划主要内容包括：工程项目概况、监理工作范围、监理工作内容、监理工作目标、监理工作依据、项目监理机构的组织形式、项目监理机构的人员配备计划、项目监理机构的人员岗位职责、监理工作程序、监理工作方法及措施、监理工作制度、监理设施等12个方面的内容。

5.3.1 建设工程监理规划的内容

建设项目工程监理规划通常包括以下内容。

1. 工程项目概况

工程项目的概况部分主要编写以下内容：

（1）工程项目名称（全称）。

（2）工程项目建设的地点。

（3）工程项目的组成及建筑规模。

（4）主要建筑结构类型。

（5）预计工程投资总额。可按两种形式费用编列，即建设工程投资总额和建设工程投资组成简表。

（6）项目工程建设计划工期。可以以建设工程的计划持续时间或以建设工程开、竣工的具体日历时间表示。以计划持续时间表示：建设工程计划工期为“×××日历天”；以建设工程的具体日历时间表示：计划工期由____年____月____日至____年____月____日。

（7）工程质量要求。应具体提出建设工程的质量目标要求，如：合格。

（8）建设工程项目结构图与编码系统。

（9）工程的建设单位、设计单位及承包单位名称（全称）。

（10）工程项目承包范围。主要包括工程项目总承包范围，各分包单位的承包范围。

2. 监理工作范围

监理工作范围是指监理任务的范围界限，包括所承担监理任务的工程项目区域范围和时间范围。区域范围如是否包括标段或子项目、土石方工程、建筑装饰装修工程、电梯工程、室外建筑环境、室外安装等内容；时间范围如是否包括工程设计阶段、招投标阶段、施工阶段、竣工阶段、保修阶段等全部内容或其中一部分；在编制规划时均要明确。

3. 监理工作内容

（1）立项阶段监理企业可提供的服务工作主要包括：

1）项目可行性研究。

2）编制项目投资估算。

3）项目技术经济论证。

4）协助建设单位准备工程报建手续。

（2）勘察设计阶段监理工作的主要内容：

1）针对建设工程特点，收集勘察设计所需的技术经济资料。

2）编写勘察设计要求文件。

3）协助组织建设工程设计方案竞赛或设计招投标，协助建设单位选择勘察设计单位。

4）拟定和商谈勘察设计委托合同内容。

5）协助建设单位向勘察设计单位提供勘察设计所需的基础资料。

6）配合设计单位开展技术经济分析及进行设计方案的比选，优化设计，促进限额设计的执行。

7）协助处理设计单位与有关部门，如土地、环保、消防、人防、防汛、园林以及供水、供电、供气、供热、电信等部门的协调工作。

8）处理各勘察设计单位之间的协调工作。

9）参与材料、设备的选型。

10）督促和检查设计单位针对项目的质量保障和管理体系的建立及运行。

11）按质量保障和管理体系关于设计过程控制的要求对设计工作加以监督和协调。

12）审核工程估算、概算、施工图预算。

13）审核主要材料、设备清单及其价格依据。

14）审核工程设计文件（从安全性、适用性、经济性等方面检查设计文件的是否符合设计规范及标准，检查施工图纸是否能满足施工需要）。

15）控制设计进度。

16）组织设计文件的报批。

（3）施工招标阶段监理工作的主要内容：

1）为建设单位拟定建设工程施工招标方案。

2）准备建设工程施工招标条件。

3）编制工程量清单及招标控制价，并对其进行审核。

4）协助建设单位编写施工招标文件。

5）协助建设单位就工程招标事项向有关行政监督部门备案。

6）协助建设单位组织建设工程施工招标工作。

7）组织现场踏勘与答疑会。

8）协助建设单位组织开标、评标和定标。

9）协助建设单位与中标单位商签施工承包合同。

（4）设备、材料采购供应的监理工作主要内容。对于由建设单位负责采购供应的设备、材料等物资，监理工程师应负责制定采购供应计划，协助建设单位进行设备、材料的采购招标工作，监督合同的执行和供应工作。具体内容包括：

1）制定设备、材料采购供应计划和相应的资金使用计划。

2）通过对质量、价格、供货期、售后服务等条件的分析比较，协助建设单位确定材料、设备等物资的供应单位。对于重要材料和设备，还需走访现有使用用户，并考察其生产单位的质量保证体系后，方可确定供应单位。

3）对于需要经招标采购的材料和设备，应协助建设单位编制招标文件，参与组织招投标工作。

4）拟定并协助建设单位商签材料、设备的订货合同。

5）监督合同的实施，确保材料、设备供应及时。

（5）施工准备阶段监理工作的主要内容：

1）在设计交底前，总监理工程师应组织监理人员熟悉设计文件，并对图纸中存在的问题通过建设单位向设计单位提出书面意见和建议。

2）项目监理人员应参加由建设单位组织的设计技术交底会，总监理工程师应对设计技术交底会议纪要进行签认。

3）工程项目开工前，总监理工程师应组织专业监理工程师审查承包单位报送的施工组织设计（方案）报审表，提出审查意见，并经总监理工程师审核、签认后报建设单位。

4）工程项目开工前，总监理工程师应审查承包单位现场项目管理机构的质量管理体系、技术管理体系和质量保证体系，确能保证工程项目施工质量时予以确认。

5）分包工程开工前，专业监理工程师应审查承包单位报送的分包单位资格报审表和分包单位有关资质资料，符合有关规定后，由总监理工程师予以签认。

6）工程监理企业应当审查施工组织设计中的安全技术措施或者专项施工方案是否符合工程建设强制性标准。

7）专业监理工程师应按要求对承包单位报送的测量放线控制成果及保护措施进行检查，符合要求时，专业监理工程师对承包单位报送的施工测量成果报验申请表予以签认。

8）专业监理工程师应审查承包单位报送的工程开工报审表及相关资料，具备以下开工条件时，由总监理工程师签发，并报建设单位。

a. 施工许可证已获政府主管部门批准。

b. 征地拆迁工作能满足工程进度的需要。

c. 施工组织设计已获总监理工程师批准。

d. 承包单位现场管理人员已到位，机具、施工人员已进场，主要工程材料已落实。

e. 进场道路及水、电、通信等已满足开工要求。

9）查验试验室资质。

10）工程项目开工前，监理人员应参加由建设单位主持召开的第一次工地会议。

（6）施工阶段监理工作的主要内容：

1）施工阶段的质量控制。

a. 在施工过程中，当承包单位对已批准的施工组织设计进行调整、补充或变动时，应经专业监理工程师审查，并应由总监理工程师签认。

b. 专业监理工程师应要求承包单位报送重点部位、关键工序的施工工艺和确保工程质量的措施，审核同意后予以签认。

c. 当承包单位采用新材料、新工艺、新技术、新设备时，专业监理工程师应要求承包单位报送相应的施工工艺措施和证明材料，组织专题论证，经审定后予以签认。

d. 项目监理机构应对承包单位在施工过程中报送的施工测量放线成果进行复验和确认。

e. 专业监理工程师应对承包单位报送的拟进场工程材料、构配件和设备的工程材料、构配件、设备报审表及其质量证明资料进行审核，并对进场的实物按照委托监理合同约定或有关工程质量管理文件规定的比例采用平行检验或见证取样方式进行抽检。

f. 项目监理机构应定期检查承包单位的直接影响工程质量的计量设备的技术状况。

g. 总监理工程师应安排监理人员对施工过程进行巡视和检查。对隐蔽工程的隐蔽过程、下道工序施工完成后难以检查的重点部位，专业监理工程师应安排监理员进行旁站。

h. 专业监理工程师应根据承包单位报送的隐蔽工程报验申请表和自检结果进行现场检查，符合要求予以签认。

i. 专业监理工程师应对承包单位报送的分项工程质量验评资料进行审核，符合要求后予以签认。总监理工程师应组织监理人员对承包单位报送的分部工程和单位工程质量验评资料进行审核和现场检查，符合要求后予以签认。

j. 对施工过程中出现的质量缺陷，专业监理工程师应及时下达监理工程师通知，要求承包单位整改，并检查整改结果。

k. 监理人员发现施工存在重大质量隐患，可能造成质量事故或已经造成质量事故，应通过总监理工程师及时下达工程暂停令，要求承包单位停工整改。整改完毕并经监理人员复查，符合规定要求后，总监理工程师应及时签署工程复工报审表。总监理工程师下达工程暂停令和签署工程复工报审表，宜事先向建设单位报告。

l. 对需要返工处理或加固补强的质量事故，总监理工程师应责令承包单位报送质量事故调查报告和经设计单位等相关单位认可的处理方案，项目监理机构应对质量事故的处理过程和处理结果进行跟踪检查和验收。总监理工程师应及时向建设单位及本监理单位提交有关质量事故的书面报告，并应将完整的质量事故处理记录整理归档。

2）施工阶段的造价控制。

a. 项目监理机构应按以下程序进行工程计量和工程款支付工作。承包单位统计经专业监理工程师质量验收合格的工程量，按施工合同的约定填报工程量清单和工程款支付申请表；专业监理工程师进行现场计量，按施工合同的约定审核工程量清单和工程款支付申请表，并报总监理工程师审定；总监理工程师签署工程款支付证书，并报建设单位。

b. 项目监理机构应按以下程序进行竣工结算。承包单位按施工合同规定填报竣工结算报表；专业监理工程师审核承包单位报送的竣工结算报表；总监理工程师审定竣工结算报表，与建设单位、承包单位协商一致后，签发竣工结算文件和最终的工程款支付证书报建设单位。

c. 项目监理机构应依据施工合同有关条款、施工图，对工程项目造价目标进行风险分析，并应制定防范性对策。

d. 项目监理机构应按施工合同约定的工程量计算规则和支付条款进行工程量计量和工程款支付。

e. 专业监理工程师应及时建立月完成工程量和工作量统计表，对实际完成量与计划完成量进行比较、分析，制定调整措施，并应在监理月报中向建设单位报告。

f. 专业监理工程师应及时收集、整理有关的施工和监理资料，为处理费用索赔提供证据。

g. 未经监理人员质量验收合格的工程量，或不符合施工合同规定的工程量，监理人员应拒绝计量和该部分的工程款支付申请。

3）施工阶段的进度控制。

a. 项目监理机构应按下列程序进行工程进度控制。总监理工程师审批承包单位报送的施工总进度计划。总监理工程师审批承包单位编制的年、季、月度施工进度计划；专业监理工程师对进度计划实施情况检查、分析。当实际进度符合计划进度时，应要求承包单位编制下一期进度计划。当实际进度滞后于计划进度时，专业监理工程师应书面通知承包单位采取纠偏措施并监督实施。

b. 专业监理工程师应依据施工合同有关条款、施工图及经过批准的施工组织设计制定进度控制方案，对进度目标进行风险分析，制定防范性对策，经总监理工程师审定后报送建设单位。

c. 专业监理工程师应检查进度计划的实施，并记录实际进度及其相关情况，当发现实际进度滞后于计划进度时，应签发监理工程师通知单指令承包单位采取调整措施。当实际进度严重滞后于计划进度时应及时报总监理工程师，由总监理工程师与建设单位商定采取进一步措施。

d. 总监理工程师应在监理月报中向建设单位报告工程进度和所采取进度控制措施的执行情况，并提出合理预防由建设单位原因导致的工程延期及其相关费用索赔的建议。

4）施工阶段的安全监理。

a. 监理企业在实施监理过程中，发现存在安全事故隐患的，应当要求施工单位整改。情况严重的，应当要求施工单位暂时停止施工，并及时报告建设单位。施工单位拒不整改或者不停止施工的，工程监理单位应当及时向有关主管部门报告。

b. 监理企业应当按照法律、法规和工程建设强制性标准实施监理，并对建设工程安全生产承担监理责任。

c. 监理企业应组织监理工程师定期检查施工单位现场安全保证体系的运行情况，并将检查结果记入监理日志。主要内容包括：检查施工承包单位专职安全生产管理人员到岗情况；抽查特种作业人员的操作资格证书；抽查施工承包单位对进场作业人员的安全教育培训记录；抽查施工前施工管理人员对作业人员的安全技术交底记录；检查施工现场安全检查制度的落实情况。

（7）施工验收阶段监理工作的主要内容：

1）督促及时整理竣工文件和验收资料。

2）总监理工程师应组织专业监理工程师，依据有关法律、法规、工程建设强制性标准、设计文件及施工合同，对承包单位报送的竣工资料进行审查，并对工程质量进行竣工预验收。对存在的问题，应及时要求承包单位整改。整改完毕由总监理工程师签署工程竣工报验单，并应在此基础上提出工程质量评估报告。工程质量评估报告应经总监理工程师和监理单位技术负责人审核签字。

3）项目监理机构应参加由建设单位组织的竣工验收，并提供相关监理资料。对验收中提出的整改问题，项目监理机构应要求承包单位进行整改。工程质量符合要求，由总监理工程师会同参加验收的各方签署竣工验收报告。

（8）监理资料的归档管理。

1）总监理工程师组织监理资料的归档整理工作，负责审核，并签字验收。

2）工程竣工验收后3个月内总监理工程师负责将监理档案送监理企业总工程师审阅，并与监理单位档案管理人员办理移交手续。

3）一般工程建设监理档案保存期至少为工程保修期结束后一年，超过保存期的监理档案，应经总工程师批准后销毁，但应有记录。

（9）建设单位委托的其他服务。监理企业受建设单位委托，还可承担以下几方面的服务。

1）协助建设单位准备工程条件，如办理供水、供电、供气、电信线路的申请或签订协议等。

2）协助建设单位制定产品营销方案。

3）为建设单位有关人员进行技术培训。

4. 监理工作目标

建设工程监理目标是指监理企业所承担的建设工程的监理控制预期达到的目标。通常以建设工程的投资、进度、质量三大目标的控制值来表示，若加上安全监理目标，可谓四大目标。

（1）一般投资控制监理工作目标是工程总造价不超过工程承包合同总价。

（2）工期控制监理工作目标是在合同要求的总工期内建成工程，监理工作服务期直到工程缺陷责任期结束为止。

（3）质量控制监理工作目标是工程质量达到工程承包合同约定的质量标准要求，实现建设工程质量合格及建设单位的其他要求。

（4）根据《中华人民共和国安全法》、《建设程安全生产管理条例》和地方有关施工安全管理规定等，认真开展建设工程安全监理工作。坚持安全第一、预防为主的方针，全力确保施工安全达到零死亡率和重伤事故率的要求、且无重大安全事故和重大财产损失事故。

5. 监理工作依据

（1）工程建设方面的法律、法规、条例和规章。

（2）政府批准的工程建设文件。

（3）工程设计文件、地质勘察文件。

（4）建设工程监理合同。

（5）其他建设工程合同及有关招投标文件。

（6）监理大纲。

6. 项目监理机构的组织形式

项目监理机构的组织形式应根据建设工程监理要求选择。项目监理机构可用组织结构图表示。

例如长江委三峡（一期）工程建设监理部组织结构及其管理模式是采用的矩阵式监理模式。长江委三峡（一期）工程建设监理部组织结构，如图5.1所示。

为统一纵、横向管理，综合技术处分别设置进度控制管理组、设计与施工技术管理组、施工质量与安全控制管理组、合同支付与商务控制管理组、工程信息管理组和计算机站。

项目监理处根据工程项目开工、进展情况和监理专业的要求，再分设项目监理站或专业监理组，组织监理工程师直接负责施工现场的跟踪监理、工序控制和信息处理等日常工作。

监理试验室作为监理机构独立的质量检验系统，分别设置土工、材料检测监理组，配置设备和常驻人员。检测监理工程师的职责包括监理抽样检测试验和承建单位检测试验监理两方面。监理测量队配置各种设备和常驻人员。测量监理工程师的职责包括监理对照校

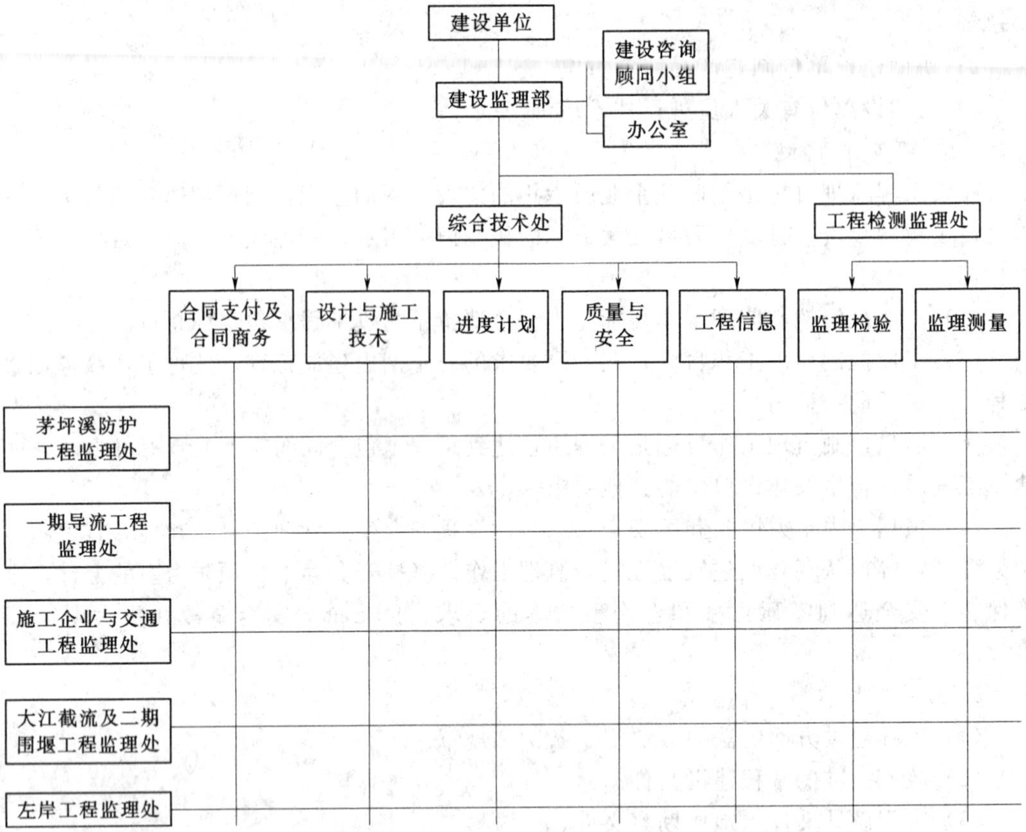

图 5.1　长江委三峡（一期）工程建设监理部组织结构图

测和施工测量监理两方面。监理对照校测工作内容主要包括施工测量控制网校测，施工放样校测，施工建筑物体型校测和工程计量量测等 4 项。

监理部办公室在做好行政、后勤服务与监理培训、业务考核、人员管理的同时，还协助总监理工程师承担内部事务协调工作。

项目管理中，实行横向管理为主、纵向管理为辅。目标控制中，实行纵向控制，横向展开的格局。为促使纵、横向两个命令源的统一及矩阵机构的顺利运作，监理部以综合技术处为轴心，设立了施工质量控制、工程进度控制、合同商务管理、工程信息管理等 4 个控制与管理工作网络，网络成员延伸至各项目监理处。网络作为工作机构，其主要职责包括：控制目标制定、预控对策研究、信息反馈与分析、控制过程协调等各方面。

7. 项目监理机构的人员配备

项目监理机构的人员配备应根据建设工程监理的进展合理安排。

例如长江委三峡（一期）工程项目监理机构的人员配备。长江委三峡（一期）工程监理各年度人员配备情况如表 5.2 所示；各年度专业结构配备情况如表 5.3 所示；各年度技术职称及年龄结构配备情况如表 5.4 所示。

表 5.2　　长江委三峡（一期）工程现场监理人员配备情况汇总表

机构 \ 人数 \ 年份	1993	1994	1995	1996	1997	1998
监理部（总站）领导	6	7	10	10	10	6
办公室（包括司机 6～8 人）	10	13	14	14	14	13
综合技术处	6	7	7	7	8	8
工程检测监理处	10	12	12	14	14	17
茅坪防护工程监理处	14	16	16	14		
一期导流工程监理处	20	24	24	26	12	
施工企业与交通工程监理处	12	12	10	8	4	3
杨家湾港口工程监理处		6	10	9	3	
左岸工程监理处		8	8	8	7	5
二期围堰工程监理处				8	32	28
右岸工程监理处					26	28
合　　计	78	105	111	118	130	108

表 5.3　　长江委三峡（一期）工程现场监理人员专业结构配备情况汇总表

专业 \ 人数 \ 年份	1993	1994	1995	1996	1997	1998
水工建筑	10	12	14	14	16	10
水工施工技术	16	30	36	35	39	25
工程地质	8	8	8	8	10	13
工程测量	6	6	6	6	6	6
材料与土工检验	6	8	8	10	10	10
道路、桥梁与港口工程	4	5	5	5	4	3
计算机与进度控制	2	3	3	3	3	2
工程经济与合同管理	2	3	3	4	4	4
工程档案与信息管理	2	3	3	3	3	3
土石方爆破与填筑工程	8	8	6	8	12	10
基础处理与防渗工程	4	8	8	10	11	12
其　　他	4	4	4	4	4	4
司　　机	6	7	7	8	8	6
合　　计	78	105	111	118	130	108

表 5.4 长江委三峡（一期）工程现场监理人员技术职称及年龄结构配备情况汇总表

结构配置 \ 人数 \ 年份		1993	1994	1995	1996	1997	1998
职称结构	教高及高工	30	40	42	45	49	41
	工程师	34	48	49	54	60	47
	其他（含初级职称）	14	17	20	19	21	20
年龄结构	30 岁以下	8	12	13	12	16	16
	31～55 岁	39	46	46	52	58	46
	56 岁以上	31	47	52	54	56	46
合　计		78	105	111	118	130	108

由上述表格可见，项目监理组织机构配备人员时，遵循以总监理工程师负责的统一指挥原则，做到因事设岗、专业配套、分工协作、精干高效。具有高级职称、中级职称和初级职称人员的配备结构与监理工作要求相称的比例。监理机构的人员组成宜采用老中青合理搭配相结合优化配置。在工程施工高峰期，适时增加监理人员的人数，以确保在监工程完全处于受控状态。

从专业方面应针对项目的具体情况，配齐相关专业技术力量。主要包括技术管理工程师、试验管理工程师、合同管理工程师以及有关行政管理人员。从年龄结构上，应老中青相结合优化配置。现场管理机构组建后，应根据项目的具体情况进行合理分工落实岗位责任制。做到分工明确、责任到人、权责对等。总监既要能从宏观上、全局上对项目实施及时监控，又要充分发挥监理机构相关人员的积极性。

8. 项目监理机构的人员岗位职责

项目监理组织要科学、有序、规范地开展监理工作，必须根据监理工作的任务，合理选择相应的各层次的监理人员，并确定其岗位职务及职责，建立健全岗位职责考核标准。不因人设事、因人设岗，而是依据责权一致的原则，应进行适当的授权，并承担相应的职责。

9. 监理工作程序

一般根据不同的监理工作内容制定监理工作程序，并用监理工作流程图表示。监理工作流程图是常用的、能够比较简单明了地表达监理工作程序的方法。例如：

（1）施工监理工作的总程序，如图 5.2 所示。

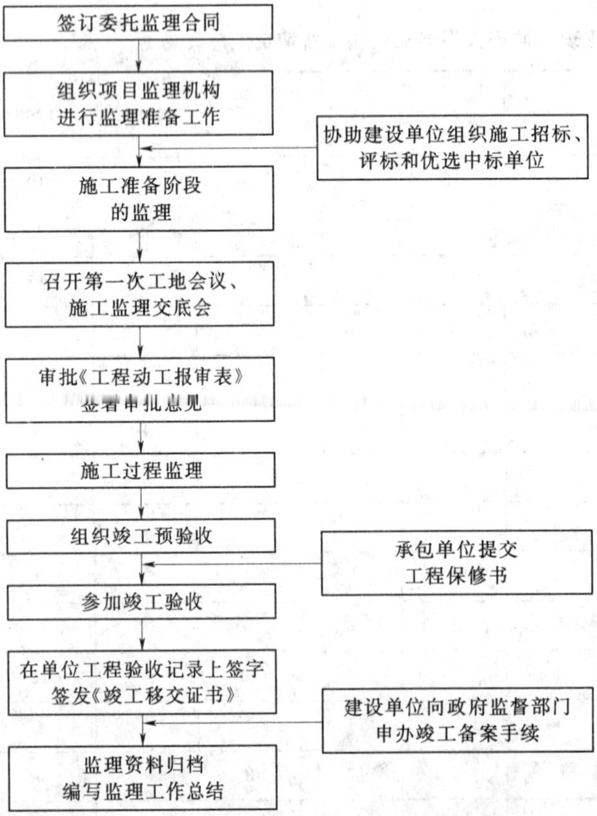

图 5.2 施工监理工作的总程序

(2) 工程材料、构配件和设备质量控制基本程序，如图 5.3 所示。

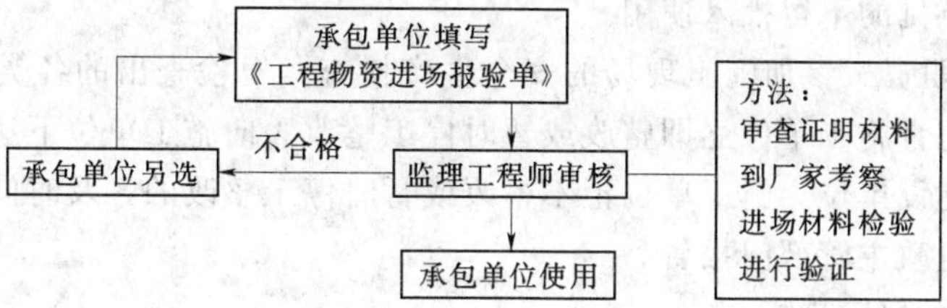

图 5.3 工程材料、构配件和设备质量控制基本程序

10. 监理工作方法及措施

监理工作方法及措施在监理大纲中已有叙述。编制监理规划时，要使监理大纲中的相关内容深化，要结合对工程情况的进一步了解和分析，使监理工作方法及措施更具针对性和可操作性。对于工程项目技术复杂、专业性较强的某一专业或某一方面监理工作，应另行制定监理实施细则。通过监理实施细则的制定及其在实际监理工作中的实施，使监理的监管活动深入到施工工序活动中。监理规划中应列出相应监理实施细则的编写计划。

工程建设目标是综合的、系统的、复杂的对立统一体。要充分认识到安全目标、质量目标、进度目标、投资目标的对立统一关系，综合地分析各个目标控制措施对工程总体目标控制的影响程度，采取综合性控制措施。

(1) 安全监理的方法与措施。工程监理单位应当按照法律、法规和工程建设强制性标准实施监理，并对建设工程安全生产承担监理责任。监理的施工安全控制，可以在监理规划中单列章节，也可以单独编制施工安全监理规划。

1) 安全监理职责。

A. 审核查验职责。审核查验内容主要包括：

a. 建设工程有无施工许可证。

b. 施工总承包、专业分包和劳务分包单位的资质是否符合规定，有无安全生产许可证。

c. 施工企业主要负责人、项目负责人、专职安全管理人员有无安全生产考核合格证书，各级管理人员上岗资格和特种作业人员上岗资格是否符合要求。

d. 施工组织设计中的安全技术措施以及下列危险性较大的分部分项工程的专项施工方案是否符合工程强制性标准。深度超过 5m 的深基坑支护、土方开挖和降水工程；悬挑、外挂、附着式升降脚手架；高大异型脚手架；大型结构和设备吊装、拆除、爆破等高危作业施工；大模板和跨度超过 6m 的梁、板的模板施工；地下暗挖作业；人工挖孔桩作业；采用新技术、新工艺、新材料、新设备的施工作业。

e. 审查施工单位是否根据建设单位提供的地下管线交底资料制定了地下管线保护措施方案，并签署审查意见。

B. 安全检查职责。

a. 检查施工单位严格按照施工组织设计和专项施工方案组织施工情况。

b. 检查施工单位安全防护、文明施工措施费使用情况。

c. 检查施工现场安全生产责任制度、安全检查制度和事故报告制度的执行情况和施工单位进行的安全自查工作情况。

d. 检查施工机械、安全设施的验收手续，并签署监理意见。施工机械、安全设施未经监理人员签署意见的不得投入使用。

C. 督促整改职责。参加施工现场的安全生产检查，对检查出的各类安全隐患书面通知施工单位，并监督施工单位立即整改或暂时停工整改。向施工单位下达暂时停工整改通知的同时应报告建设单位。施工单位拒不整改或暂时停工整改的，及时向属地建设行政主管部门或市建设行政主管部门报告。

2）安全监理的风险分析。

3）安全监理的工作流程和措施。

4）安全监理的动态分析与控制方法。

（2）质量目标控制方法与措施。监理规划中的质量目标控制方法与措施，必须在监理大纲的基础上加以深化。

1）质量控制目标的确定。

A. 设计质量控制目标。

B. 设备、材料质量控制目标。

C. 土建施工质量控制目标。

D. 安装施工质量控制目标。

E. 有关质量控制目标的其他说明。

2）实现质量目标的风险分析。

3）质量控制的工作流程与措施。

A. 质量控制工作流程图。

B. 质量控制的具体措施。

a. 质量控制的组织措施。建立健全项目监理机构，完善职责分工，制定有关质量监督制度，落实质量控制责任。通过组织沟通、组织激励等措施，激发组织活力，调动和发挥全体监理人员的积极性、创造性，实现质量控制目标。

b. 质量控制的技术措施。分为事前控制、事中控制和事后控制，强调要以事前控制为主。只有事前控制，才是真正意义上的主动控制。

c. 质量控制的经济措施及合同措施。严格进行质检和验收，不符合合同规定质量要求及其他要求的不予支付工程款。达到合同规定质量目标且满足合同其他约定要求的，按合同支付质量补偿金或奖金。

4）质量目标的动态跟踪分析与控制。

（3）进度目标控制方法与措施。

1）强化工程总进度计划审批。

2）总进度目标的分解。

a. 年度、季度、月、周进度目标。

b. 各阶段的进度目标。

c. 各子项目的进度目标。

3）实现进度目标的风险分析。

4）进度控制的工作流程与措施。

A. 进度控制工作流程图。

B. 进度控制的具体措施。

a. 进度控制的组织措施。建立健全进度控制协调机制，落实进度控制责任。

b. 进度控制的技术措施。建立多级网络计划体系，监控承建单位的作业实施计划，强化事前进度控制。

c. 进度控制的经济措施、合同措施。按合同要求及时协调有关各方的进度，以确保建设工程的形象进度。根据合同，对工期提前者实行奖励；对工期延误者要求其承担违约责任。

5）进度的动态分析。

a. 进度目标值的预测分析。

b. 进度目标分解值与进度实际值的比较分析。

6）编制进度控制图表。

（4）投资目标控制方法与措施。

1）投资目标分解。

a. 按建设工程的投资组成分解。

b. 按年度、季度、月分解。

c. 按建设工程实施各阶段分解。

d. 按建设工程组成分解。

2）编制投资使用计划。

投资使用计划可列表编制，参见表 5.5。

表 5.5　　投资使用计划表

工程名称	××年度				××年度				总额
	一季度	二季度	三季度	四季度	一季度	二季度	三季度	四季度	

3）实现投资目标的风险分析。

4）投资控制的工作流程与措施。

A. 投资控制工作流程图。

B. 投资控制的具体措施。

a. 投资控制的组织措施。根据监理工作的实际和投资目标控制情况变化调整项目监理组织的投资控制机构。调整投资控制人员的任务内容和职责分工。调配投资控制人员，落实投资控制的责任。对投资控制人员实行考核制。

b. 投资控制的技术措施。在设计阶段，对主要方案进行经济分析、比较和论证；推行优化设计和限额设计；应用价值工程方法进行设计挖潜；采用可靠的新技术、新材料、新方法节约投资；通过科学试验，确定节约投资的技术方案；审查设计文件，提高经济性。

在招标投标阶段，合理确定招标控制价及合同价，择优选择承包单位。

对设备、材料采购，通过质量价格比选或招投标择优确定生产供应单位。

在施工阶段，通过审核施工组织设计和施工方案，使组织施工合理化，准确计量工程量，严格控制工程变更。

c. 投资控制的经济措施。编制投资规划；编制资金使用计划，及时进行计划投资与实际投资的比较分析。审查所有监理范围内的付款单据；采取奖励手段进行投资挖潜，如对原设计或施工方案提出合理化建议者，其建议被采用并由此产生投资节约的，按合同约定办法予以奖励。

d. 投资控制的合同措施。协助建设单位选择对投资控制有利的工程承发包方式；确定避免或减少索赔的措施并严格实施；认真审核工程建设合同中有关投资的合同条款内容；按合同规定支付工程款，防止早付、超付；正确处理索赔事件等。

5）投资控制的动态分析。

a. 投资目标分解值与概算值的比较分析。

b. 概算值与施工图预算值的比较分析。

c. 合同价与实际投资的比较分析。

6）编制投资控制图表。

（5）合同管理的方法与内容。

1）合同结构。反映建设单位和项目各参建方之间，以及项目其他各参建方之间的合同关系。通过合同结构图可以清晰地了解一个项目有哪些，或将有哪些合同，以及了解项目各参与方的合同组织关系。可以以合同结构图的形式表示。

2）合同目录一览表，参见表 5.6。

表 5.6　合同目录一览表

序号	合同编号	合同名称	承包单位	合同价	合同工期	质量要求	备注

3）合同管理的工作流程与措施。

a. 合同管理工作流程图。

b. 合同管理的措施。

严格执行建设工程合同管理法律法规；进行合同管理培训，增强监理人员的合同观念及合同意见；设立合同管理机构，配备合同管理人员；建立合同管理目标制度；推行合同示范文本制度。

4）合同执行情况的动态分析。

5）工程暂停及复工的管理。

6）工程延期的管理。

7）费用索赔的管理。

8）合同争议的调解。

9）违约处理。

（6）信息管理的方法。

1）信息分类表。建设工程项目监理过程中的涉及大量信息，可依据不同标准分类。若根据建设工程的目标划分，可分为投资控制信息、质量控制信息、进度控制信息及合同管理信息；若按建设工程项目信息的来源划分，可分为项目内部信息、项目外部信息。

2）项目监理部信息流程图，如图5.4所示。

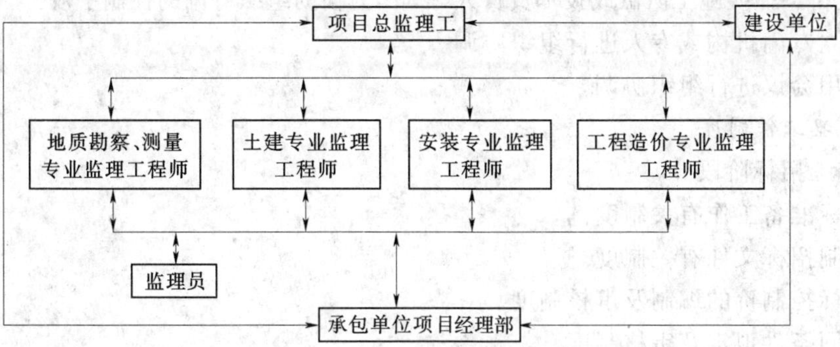

图5.4　项目监理部信息流程图

3）建设工程信息管理的基本环节。建设工程信息管理贯穿建设工程全过程，衔接建设工程各个阶段、各个参建单位和各个方面。其基本环节包括信息的收集、传递、加工、整理、检验、分发和存储。

4）建设工程文件档案资料管理。建设工程文件和档案组成建设工程文件档案资料。其载体形式主要包括：纸制载体、缩微品载体（如胶片）、光盘载体、磁性载体（如磁带、磁盘等）。主要管理内容包括：监理文件档案资料收、发文与登记；监理文件档案资料传阅；监理文件档案资料分类存放；监理文件档案资料归档、借阅、更改与作废。

5）建立健全建设工程信息管理系统。建立健全建设工程信息管理系统，力求实现专业化、集成化和网络化，同时强调系统的开放性和可用性。

（7）组织协调的方法与措施。

1）与工程建设有关的单位。

a. 建设工程系统内的单位主要有：业主、设计单位、施工承包单位、设备和材料供应单位、资金提供单位等。

b. 建设工程系统外的单位主要有：政府建设行政主管机构、政府其他有关部门、工程毗邻单位或住户、社会团体等。

2）协调分析。

a. 建设工程系统内各单位的协调重点分析。

b. 建设工程系统外各单位的协调重点分析。

3）协调工作程序。

a. 投资控制协调程序。

b. 进度控制协调程序。

c. 质量控制协调程序。

d. 其他方面工作协调程序。

4）利用责权体系的指令性组织协调。监理工程师对工程管理的权力来源于建设单位的委托与授权，这是工程监理委托合同和工程施工承包合同中明确规定的。当监理工程师的意见以《监理通知单》的形式送达承包单位，承包单位应认真执行，并将执行结果用《监理通知回复单》报项目监理机构复核。监理工程师可以采用一些指令，如返工整改、停工整顿、不予计量支付、撤换施工队伍或技术负责人等，作为辅助组织协调的控制手段。

5）设立专门机构或专人进行组织协调。

6）利用会议进行组织协调。

11. 监理工作制度

（1）施工招标阶段。

1）招标准备工作有关制度。

2）编制招标文件有关制度。

3）招标控制价的编制及审核制度。

4）合同条件拟定及审核制度。

5）组织招标实务有关制度等。

（2）施工阶段。

1）设计文件、图纸审查制度。

2）施工图纸会审及设计交底制度。

3）施工承包单位报审文件审批制度。应审批下列施工承包单位报审文件。

a. 施工组织设计文件。

b. 专业性强的分部分项工程施工方案。

c. 各种专项施工方案（如冬雨季施工方案和危险性较大工程安全施工方案）。

d. 各种技术措施方案。

e. 分包单位资质及协作单位资质。

f. 工程开工申请（监理工程师审核认为具备开工条件时，由总监理工程师在承包单位报送的《工程动工报审表》上签署意见，并报建设单位）。

g. 其他施工承包单位应报监理审批的文件。

4）质量控制管理制度。以施工验收规范、规程为依据，督促施工承包单位全面实现工程施工合同约定的目标。制定事前控制、事中控制和事后控制等各项制度，强调以事前控制为主。主要制度包括：

a. 原材料、半成品、构配件及设备等的质量检验制度。

b. 隐蔽工程分项（部）工程质量验收制度。

c. 单位工程、单项工程总监验收制度。

d. 施工旁站监理制度。

e. 工程施工暂停、整改和复工制度。

f. 工程质量事故报告及处理制度。

g. 工程竣工验收制度。

5）施工进度监督制度。

6）监理工作报告制度。

7）工程变更处理制度（工程变更包括设计变更和其他变更。其他变更指合同履行中发包人要求变更工程质量标准及发生其他实质性变更，由双方协商解决）。

8）工地会议制度（包括监理例会和专题工地会议）。

（3）项目监理机构内部工作制度。

1）监理文件编制制度。

2）监理组织工作会议制度。

3）对外行文审批制度。

4）监理工作日志制度。

5）监理周报、月报制度。

6）项目监理机构考勤制度（由总监理工程师指定专人进行考勤，定期向监理企业报考勤表，也可应建设单位要求抄送建设单位）。

7）技术，经济资料及档案管理制度。

8）监理费用预算制度。

12. 监理设施

建设单位应提供工程委托监理合同约定的满足监理工作需要的办公、交通、通信和生活设施。项目监理机构应妥善保管和使用建设单位提供的设施，并应在完成监理工作后移交建设单位。

监理企业要根据建设工程类别、规模、技术复杂程度、建设工程所在地的环境条件，按委托监理合同的约定，配备满足监理工作需要的常规检测设备和工具。

例如长江委三峡（一期）工程项目监理机构的1993～1998年测量设备配置情况（如表5.7所示）。

表5.7　　1993～1998年主要测量设备配置情况汇总表　　单位：台（套）

序号	数量 年份 / 类型	1993	1994	1995	1996	1997	1998	备注
1	MD—14型宾得电子全站仪	1	1	1	1	1	1	
2	DM—503型红外线测距仪	1	1	1	1	1	1	
3	南京—N型电子回声测探仪	1	1	1	1	1	1	
4	测声充电设备	1	1	1	1	1	1	
5	威尔特型光字平台仪	1	1	1	1	1	1	
6	威尔特T2经纬仪	1	1	1	1	1	1	
7	KP—90N型无极求积仪	2	2	2	2	1	1	
8	拓普康全站仪					1	1	
9	水准仪					1	1	

由表5.7可见，为有利于形成独立的监理工程测量系统，并具备与工程承包单位施工测量进行合同要求的同等精度平行测量手段，长江委三峡（一期）工程项目监理机构在加强测量监理工程师配备的同时，逐年更新和加强测量设备的投入。

5.3.2 建设工程监理规划的审核

建设工程监理规划在编写完成后需要经监理企业的技术负责人审核批准。监理规划审核的内容主要包括以下几个方面。

1. 监理目标、范围及工作内容的审核

依据监理招标文件和委托监理合同，审核其是否充分理解了建设单位的工程建设意图，监理目标是否与委托监理合同的要求及建设意图相一致；监理范围及工作内容是否包括了委托监理合同中约定的全部监理工作任务。

2. 项目监理机构结构的审核

(1) 项目监理组织机构。审核其在组织形式、规模和管理模式等是否能够与工程建设情况（包括委托监理合同的服务内容、工程类别、规模、技术复杂程度、工期、工程环境等）相适应；是否能够与建设单位的组织关系和承包方的组织关系相协调等；监理人员岗位职责要符合国家《监理规范》和地方性《监理规程》的规定。

(2) 人员配备。可从以下几个方面审核：

1) 派驻监理人员的专业满足程度。根据工程特点和委托监理任务的工作范围审查时，不仅需考虑其专业监理人员是否满足了工程实施过程中的各种专业要求，而且要考虑所配置监理人员的高、中、初级职称和年龄结构的组成。

2) 人员数量的满足程度。主要审核派驻工程现场监理工作人员在数量和结构上的合理性。若工程所在地区的建设行政主管机构有关于工程项目监理最少人数配置规定的，拟派驻工程现场监理工作人员的数量还应符合有关规定的要求。例如，某地区建设厅颁发的有关规定中所附的工程项目监理最少人数配置参照表，如表5.8所示。

3) 拟派人员的稳定性及专业人员不足时采取的措施是否恰当。派驻项目监理机构的人员，特别是总监理工程师一般应在项目监理过程中保持稳定。必须调整时，应征得建设单位的同意。项目监理部的其他人员可根据工程进展的需要调整，但应书面通知建设单位和承包单位。大中型建设工程由于技术复杂、涉及的专业面宽，当监理单位的技术人员不足以满足全部监理工作要求时，对拟临时聘用的监理人员的综合素质应认真审核。

表5.8 工程项目监理最少人数配置参照表

工程类别	投资额（万元）	前期阶段（人）	设计阶段（人）	施工准备阶段（人）	施工阶段（人）			
					基础阶段	主体阶段	高峰阶段	收尾阶段
房屋建筑工程	$M<500$	2	2	2	3	3	4	4
	500～1000	2	2	2	3	4	4	4
	1000～5000	3	3	3	4	5	5	5
	5000～10000	4	4	4	5	6	7	5
	10000～50000	4	4	4	7	9	10	7
	50000～100000	4	4	4	8	10	11	7
	$M>100000$	5	5	5	9	11	12	8

续表

工程类别	投资额（万元）	前期阶段（人）	设计阶段（人）	施工准备阶段（人）	施工阶段（人）			
					基础阶段	主体阶段	高峰阶段	收尾阶段
市政工程	$M<500$	2	—	2	3	3	4	4
	500～1000	2	—	2	4	4	4	4
	1000～5000	3	3	3	5	5	5	4
	5000～10000	4	4	3	5	7	8	4
	10000～50000	4	4	3	—	8	—	5
	50000～100000	4	4	3	—	9	—	5
	$M>100000$	5	5	4	—	9	—	6

4）拟派驻现场人员计划。一般大、中型建设工程的不同阶段，对监理人员数量及专业等方面的要求不同。应审核各阶段所派驻现场监理人员的专业、数量计划能否与工程建设的进度计划相适应。还应综合考虑正在其他工程上执行监理业务的人员，能否按照预定计划调配到本工程开展监理工作。

3．监理工作计划的审核

审核工程进展中各个阶段的监理工作实施计划是否合理、可行；审查其在每个阶段中如何控制工程建设目标及合同管理、信息管理、组织协调的方法。

4．安全、质量、投资、进度控制方法和措施的审核

重点审核安全、质量、投资、进度的控制方法和措施，检查其如何运用组织、技术、经济、合同措施保证监理目标的实现，以及其中的方法是否科学、合理、有效等。

5．监理工作制度审核

主要审核项目监理机构的各项工作制度是否健全和完善。

在监理工作实施过程中，如实际情况或条件发生重大变化而需要调整监理规划时，应由总监理工程师组织，专业监理工程师研究修改，按原报审程序经过批准后报建设单位，并按重新批准后的监理规划开展工作。

复习思考题

1．监理大纲、监理规划、监理实施细则有何区别与联系？

2．建设工程监理规划的作用是什么？

3．编制建设工程监理规划的依据是什么？

4．建设工程监理规划的主要内容是什么？

5．简述建设工程监理规划中需写明哪些针对投资控制的主要措施。

6．建设工程监理规划审核的主要内容有哪几方面？

第 6 章 建设工程监理的合同管理

建设工程监理合同将工程的各方参与者，包括业主、承包商、分包商、监理单位和设计单位等的分工协作关系联系起来，协调并统一各方参与者的行为。因此，合同是整个工程实施的核心和灵魂，合同管理也必然成为整个工程项目管理的核心工作。监理工程师的合同管理工作不仅包括承包合同（如勘察设计、施工等）的管理，也应重视与自身利益密切相关的监理合同的管理。本章详细介绍合同管理基本知识、建筑工程监理合同、勘查设计合同、施工合同等建设工程合同。

6.1 合同的基本原理

6.1.1 合同与合同法的概念

合同是连接社会经济生活各环节的重要纽带，是经济活动借以实现的主要形式。合同、协议、契约三个名称，按传统民法理念有细微的差别，但在我国民法理论中不作区别，虽然分别使用，但含义基本相同。

合同是平等主体的自然人、法人、其他组织之间设立、变更、终止民事权利义务关系的协议。首先，合同法规定了三类合同当事人，其一是自然人，指因出生而取得民事主体资格的人，包括中国公民与外国公民以及无国籍人。其二是法人，即具有民事权利能力和民事行为能力，依法独立享有民事权利和承担民事义务的组织。法人应当具备的四个条件，依法成立，有必要的财产或经费，有自己的名称、组织机构和场所，能独立承担民事责任。其三是其他组织，即非法人组织，如法人的分支机构、私营企业、非法人社会团体、个体工商户等。其次，合同法强调在民事活动中，当事人的地位都是平等的，没有上下级之分，也没有领导与被领导之别，尤其应当防止行政干预。因而，合同是平等的当事人之间的协议。协议的内容体现了民事权利义务关系，该民事权利义务关系在当事人之间进行变动（设立、变更、终止等），这就是合同的基本含义。按照合同法的规定，合同应具备以下法律特征：

（1）合同是一种民事法律行为，合同以意思表示为基本要素。

（2）合同是各方当事人意思表示一致的民事法律行为。

（3）合同是以设立、变更、终止权利义务关系为目的的民事法律行为。

（4）合同各方当事人的法律地位是平等的。

合同法是调整平等民事主体之间的关于交易关系的法律规范的总称。包括合同的订立、成立、内容、效力、履行、变更、终止等方面的法律规定。1999 年 3 月九届全国人大二次会议通过了《中华人民共和国合同法》。这是在原有的《中华人民共和国经济合同法》、《中华人民共和国技术合同法》和《中华人民共和国涉外经济合同法》三部合同法的基础上，总结实践经验，加以补充完善，形成的统一的、较为完备的《合同法》。这部新《合同法》，共23章428条。其中，总则共8章129条，分则共15章298条，附则1条。自1999年10月1日起施行。《合同法》的制定，对于保护合同当事人的合法权益，进一步完善市场交易规则、维护社会经济秩序，具有非常重要的作用。在我国，《合同法》是《民法》的一个组成部分，因而《民法》中的基本原则，如当事人法律地位平等原则、合法原则、自愿原则、诚实信用原则、民事权益受法律保护原则和保障社会公德和社会公共利益原则等均适用于《合同法》领域。同时，《合同法》因其调整范围不同，又确定了基本与特有的原则，依据《合同法》规定，其基本原则包括以下几项内容。

1. 合同自由原则

合同自由原则包括缔约自由、选择相对人自由、缔约内容自由、缔约形式自由、变更或解除缔约自由等。合同自由不是绝对的，是在法律规定的范围内的自由。我国在一些公益领域、定式合同及有关法律、法规中均体现了对合同自由的限制。《合同法》规定，当事人依法享有自愿订立合同的权利，任何单位与个人不得非法干预。

2. 公平、正义原则

这种公平，要求一方给付与对方给付之间具有等值性，合同上的负担和分担也应合理分配，以期达到正义。在《合同法》的内容设定上均体现了这一原则。如发生不可抗力、情势变更情况时，为避免显失公平，应具备允许变更或解除等条款，均是合同公平、正义的体现。合同自由原则和公平、正义原则，是相互补充、相辅相成的，只能结合起来协调适用，才能更好地发挥彼此的作用。

3. 诚实信用原则

该原则要求当事人在合同成立后，在行使权利和履行义务时，要守信用、讲诚实，而不能进行欺诈。不仅如此，在当事人缔约时，就应遵守诚实信用的原则。诚实信用原本是一个道德标准，但在商业交往过程中，一个良好的商业道德也是交易双方能否实现交易目的的保证。因而，作为道德评判标准的诚实信用最终以法律形式确定下来，并上升成为法律的原则，要求在整个法律行为中普遍遵守。

4. 遵守法律和公序良俗原则

现代社会任何主体的行为必须符合法律的规定，在法律规范的引导下进行。作为确定交易主体行为的《合同法》也必然要求交易双方在交易过程中遵守法律。除此之外，还要遵守社会公德。公序良俗就是公共秩序和善良风俗，善良风俗是以道德为核心的。公序良俗不仅是一个道德标准，并且早已被大多数国家上升为法律原则，强制主体必须遵守，以防止当事人的行为扰乱社会经济秩序，损害社会公共利益。

6.1.2 合同的类型

1. 双务合同与单务合同

双务合同是合同双方当事人互负给付义务的合同。单务合同是仅合同一方当事人负有给付义务，而另一方当事人不负有义务的合同。区分双务合同与单务合同的意义在于：

①双务合同适用同时履行抗辩权，而单务合同不适用。②双务合同因不可归责于任何一方当事人的原因而导致不能履行合同时，存在风险的分配问题，而单务合同一般仅由债务人负担，不存在分配风险责任问题。③双务合同一方违约时，另一方享有解除合同、强制履行和请求返还的权利，而单务合同不存在这一后果。

2. 有偿合同与无偿合同

有偿合同是指当事人一方为享有合同约定的权益，须向对方当事人给付相应对价的合同，如买卖、承揽等合同。无偿合同是当事人一方享有合同约定权益时，无须向对方当事人给付相应对价的合同，如赠予、借用等合同。双务合同多为有偿合同，单务合同却并非都是无偿合同。区分有偿合同与无偿合同的意义在于：①有偿合同债务人的注意义务较无偿合同为重。②有偿合同订立的主体应为完全行为能力人，限制行为能力人订立的有偿合同未经法定代理人同意一般属无效合同；而对纯获利益的赠予等无偿合同，无民事行为能力人和限制民事行为能力人皆可独立为之。③债权人行使撤销权，须债务人与第三人的合同以无偿为条件。

3. 诺成合同与实践合同

诺成合同是双方意思表示一致即成立的合同。实践合同是指除双方意思表示一致外，还须交付标的物或完成其他给付才能成立的合同，如保管合同、运输合同等。区分诺成合同与实践合同的意义在于：①两者成立的要件、时间不同。诺成合同只须双方合意，且自合意时起合同即告成立；实践合同不仅要求双方合意，还须交付要件，且自交付时合同才成立。②两者当事人的义务和责任不同。诺成合同当事人的交付标的物行为为其给付义务，否则为违约；而实践合同中的交付标的物不是当事人的给付义务，违反它不构成违约，但可构成缔约过失责任。

4. 主合同与从合同

主合同是指不以他种合同存在为前提即可独立存在的合同。从合同是指以他种合同存在为前提，不能独立存在的合同，如担保合同。区分主合同与从合同的意义在于，明确他们之间的依赖、制约关系。从合同是以主合同的存在而存在，并随主合同的变更、消灭而变更、消灭的。

5. 要式合同与不要式合同

如果法律要求必须具备一定形式和手续的合同，称为要式合同。反之，法律不要求具备一定形式和手续的合同，称为不要式合同。

6.1.3　合同的订立与合同的履行

合同的订立是指缔约人之间的意思表示并达成合意的整个状态，这一状态包括缔约人的事先接触、谈判直至合意的过程。合同的成立是缔约人对合同主要条款协商一致时或完成法律、法规规定的特定行为时，合同才告成立。成立后的合同只有符合法律规定才生效。

1. 合同订立的条件

（1）订约主体。订约主体是实际参与订立合同的人，他们可以是合同成立后的当事人，也可以是合同当事人的代理人，订约主体应是双方或多方主体。订约主体必须是“具有相应的民事权利能力和民事行为能力的人”。当事人订约时也可委托其代理人，委托代理的事项应符合民法有关代理的规定。

(2) 合同订立的形式。当事人间的合意总是以某种形式确定下来的。与以往三部《合同法》关于合同订立形式的规定有所不同，《合同法》规定，当事人订立合同，有书面形式、口头形式和其他形式。其具体内涵如下所述。

书面形式是指以文字或其他可以有形地表现当事人所订合同内容的形式，书面形式不一定非指一切文字凭证。合同书是典型的书面合同形式。此外，信件及数据电文也属书面形式。数据电文包括电报、电传、传真、电子数据交换和电子邮件。另外，确认书也是书面形式的组成部分。

法律规定必须采用书面形式订立合同的，若未采用书面形式，则此合同一般不成立。书面合同因有据可查，尤其是在发生纠纷时，据此易于确定双方的权利、义务、责任。故《合同法》规定，法律、行政法规规定采用书面形式的应当采用书面形式。当事人约定采用书面形式的，应当采用书面形式。

口头形式是指当事人用语言表示合同内容的形式。口头形式简便易行，但缺乏凭证，尤其在合同纠纷发生时，无据可查。故此形式的运用会受到一定限制。

除口头形式、书面形式外，当事人还可以采用其他形式订立合同。所谓“其他形式”是指可根据当事人的行为，其他证人证明等来推定双方当事人间的合意，判断合同成立与否。

(3) 当事人之间的合意。合同的订立包括双方的接触、谈判，达到合意几个阶段。达成合意也是当事人订立合同的最终目的。一般情况下，当事人就合同内容进行洽谈达成一致意见时，合同也最终成立，订立合同的任务即告完成。

(4) 合同订立应经过要约和承诺阶段。这是合同订立必须经过的两个阶段，也是合同订立的基本规则。如果合同只经过要约阶段，而没有承诺，则合同不能成立。经过要约、承诺阶段就可以使当事人间订立合同的目的确定下来。

2. 要约与承诺

(1) 要约，是一方当事人以订立合同为目的，向他人提出包含合同具体内容并希望与之建立合同关系的意思表示。一项要约要发生法律效力必须符合以下几个条件：

1) 要约是要约人向他人发出的意思表示。要约人应是特定的人。他人即是受要约人，可以是特定的一人，也可以是特定的数人。

要约邀请是指一方邀请另一方向自己发出要约。《合同法》规定，寄送的价目表、拍卖公告、招标公告、招股说明书、商品广告为要约邀请。但是，商品广告的内容符合要约规定的，视为要约。

2) 要约必须具有订立合同的目的。要约人向他人提出的建议目的应是为订立合同，要约人订立合同的意思表示经受要约人承诺合同即可成立。

3) 要约内容必须具体确定。所谓确定是要约所包含的合同内容应当明确，不得含糊，受要约人据此就能确定要约人想要订立什么样的合同。所谓具体是指要约包含的合同内容应当完整、具体，应当包含《合同法》所规定的合同的主要条款。只有包含了合同的主要条款，受要约人才能一经承诺，合同即告成立，否则，受要约人无从承诺，即使承诺，合同也因缺乏主要条款而不能成立。

（2）承诺，是受要约人同意要约的意思表示。承诺应具备以下几个条件：

1）承诺必须由受要约人做出。要约是要约人向他人发出的希望与之建立合同关系的建议，因而，是否答应要约内容也只有他人——受要约人才有权做出，其他第三人无权就要约内容向要约人进行意思表示，其行为的意思表示应视为一种新的要约。受要约人是特定人时，特定人享有对要约内容进行意思表示的权利，受要约人是不特定的人时，不特定人中的任何人均享有此权利。

2）承诺必须向要约人做出。受要约人进行承诺的目的，在于与要约人建立合同法律关系，承诺具有订立合同的目的，故承诺只有向要约人做出，才能实现此目的。向要约人的代理人进行承诺也具有同样的目的。

3）承诺必须在要约确定的时间内做出。要约中有确定承诺期限的，承诺应在此期限内做出。要约如果未确定承诺期限的，《合同法》规定，要约以对话方式做出的，应当及时做出承诺的意思表示，但当事人另有约定的除外。要约以非对话方式做出的，承诺应当在合理的期限内到达。所谓“合理的期限”应理解为自要约发出之日起至承诺到达要约人时止。

4）承诺的内容必须与要约的内容一致，是指承诺的内容应与要约的实质性内容一致。所谓实质性内容是指要约所表达的合同的主要条款。按照《合同法》规定，具体指合同的标的、数量、质量、价款或者报酬、履行期限、履行地点和方式、违约责任和解决争议的方法。凡未对这些条款进行变更的，就认为承诺的内容与要约的内容是一致的。

3. 合同条款

当事人经过要约和承诺阶段，对合同的内容进行协商并达成一致意见，形成合同条款。这些条款构成了合同的内容，并以此确定了当事人间的权利、义务。合同中的某些条款对合同的成立是必不可少的，有些条款虽关系到当事人的权利、义务，但对合同成立并非至关重要。因而，根据合同各条款在合同中所处的地位与作用不同，一般将其分为合同的主要条款与合同的次要条款。

合同的主要条款，是指合同应当具备的条款，缺乏此条款，合同便不成立。合同的主要条款有些是法律直接规定的，有些是双方特定的。合同的主要条款又因不同类型、不同性质的合同而有所差别。但对绝大多数合同而言，一般均包括以下条款：

（1）当事人的名称或者姓名和住所。当事人既是合同的订立者，又是成立后合同权利的享有者、义务的履行者及责任的承担者。因而，合同主体的确定对合同内容的实现是首要的，是必须的，也是为防止早期所谓“皮包公司”现象的再次出现。对合同主体的确定主要是指在合同中应明确当事人的名称、姓名和住所。法人或其他组织的名称应以登记机关登记的名称为准。公民的姓名也应写明真实姓名。法人或其他组织的住所是指其主要办事机构所在地，而不是一般的营业地。公民的住所是指户籍所在地，若其户籍所在地与惯常居住地不一致，则以惯常居住地为其住所。

（2）标的。标的是合同权利义务指向的对象。标的是任何合同必要的也是主要的条款。缺少标的，合同内容无法确定，合同就会失去存在的意义。合同的标的应写清楚、明确，应尽量具体和细化，使其特定化，以便能够界定权利义务的量。

（3）数量和质量。标的数量和质量是确定合同标的具体条件，是这一标的区别于同类另一标的的具体特征。标的的数量应确定，对标的数量的计量方法也应在合同中确定下来，对合理的损耗也应确定。标的的质量应写清楚，包括规格、型号、质量标准、花色及成分等。标的质量有国家强制标准或行业标准的，双方约定的质量标准不应低于此标准。

（4）价款或酬金。价款或酬金是有偿合同的主要条款。价款一般指货物本身的价值，是取得货物应支付的对价。酬金一般指提供服务获取的报酬。除价款、酬金应在合同确定外，相关的一些费用也应在合同中写明，同时，如何支付价款、酬金，还应符合国家有关价格或结算规定，并写明结算和支付方法等。

（5）履行期限。为保证合同权利的实现，应在合同中确定合同义务履行的时间。履行期限除可以确定何时履行合同义务外，在合同发生纠纷时，还有诉讼时效何时起算的标准。合同如果是分期履行，应确定每期履行的时间。合同的履行期限与合同生效时间是不同的。履行期限没有约定的，债务可随时进行履行，债权人也可随时要求履行。

（6）履行地点和方式。履行地点是指合同义务完成地点，有时也是证明合同标的物所有权是否转移、费用由谁承担的依据。在合同发生纠纷时，履行地点也是确定法院管辖地的标准。

履行方式是指合同义务如何履行的形式。如是一次性履行还是分期、分批履行，是现金支付还是转账、票据结算，是公路、铁路还是航空运输等。履行方式不同，当事人享有的权利和承担的义务不同。

（7）违约责任。因各种原因，合同违约现象时常发生。为防止违约现象出现，对违约应承担的责任，应在合同中确定。违约责任是违约方对其违约行为必须承担的法律责任。对承担违约责任的方式、范围等，在法律规定的范围内，当事人可以约定。

（8）解决争议的方法。解决争议的方法有四种：协商、调解、仲裁、诉讼。尤其是仲裁与诉讼，两者在程序上有显著区别。故选择何种方式，当事人可以在合同中加以确定。除上述合同的主要条款外，其他的条款可称之为合同的次要条款。因合同种类不同，这些条款的划分不是固定的，次要条款可由当事人协商确定。

《合同法》规定，格式条款是当事人为了重复使用而预先拟定，并在订立合同时未与对方协商的条款。随着社会经济的发展，有些合同和合同条款经常重复使用，只在特殊情况下才稍作变动。有时，处于优势经济地位的主体预先拟好合同条款，对方当事人要么接受，要么拒绝，合同条款很少变动。久而久之，这些合同成为定式合同，这些条款成为格式条款，又称标准条款。如不动产转让合同，出版合同，水电、交通、邮电等公用行业的合同等。定式合同、格式条款可以节省时间，降低交易成本。

4. 合同的生效与合同的无效

根据《合同法》，依法成立的合同，自成立时生效。合同的有效要件，也是合同生效的要件，是法律对当事人的合意是否有拘束力的评判标准。符合这些要件的合同是有效的，受法律保护；不符合这些要件的合同，可能是无效的或效力未定的合同，不具有法律拘束力，不受法律的保护。因合同类型不同、性质不同，其每一具体合同应具备的有效要件可能有些差别。如建筑工程承包合同与技术转让合同及买卖合同的有效要件会有一些差别。但是一般来讲，每一合同应具备如下四个要件：

（1）合同当事人具有相应的民事行为能力。

（2）合同形式合法。

（3）意思表示真实。

（4）内容不违反法律和社会公共利益。

合同无效是相对于合同有效而言的。合同因不符合合同有效要件可能导致三种法律后果，即合同无效、合同可撤销以及合同效力待定。按照《合同法》规定，无效合同有以下五种：

（1）一方以欺诈、胁迫的手段订立的合同，损害国家利益。欺诈，是指一方故意陈述虚假事实或者隐瞒真实情况，使对方陷于错误并因而为意思表示。胁迫，是指一方以将来要发生的损害或以直接施加损害相威胁，使对方产生恐惧并因此与之订立合同。欺诈与刑事诈骗罪有一定联系，也有很大区别，区别在于欺骗是否触犯了刑律及其社会危害性严重程度不同。欺诈虽也使对方接受其不利的后果，但主要是采取欺骗的手段，而胁迫是采取威胁的手段。

（2）恶意串通，损害国家、集体或者第三人利益。恶意串通是合同双方当事人主观上或是故意串通在一起，或是一方明知对方违法却仍接受其恶意行为，配合在一起，损害国家、集体或者第三人利益，这种损害不一定非要有实际损失结果存在。

（3）以合法形式掩盖非法目的。这是指当事人表面看订立合同的形式是符合法律规定的，但双方订立合同的目的却是非法的，内容上是非法的。如通过合法的赠与合同转移财产逃避债务的履行等，以合法形式掩盖非法目的导致当事人内心意志与外在表示不一致，这不仅违背了合同的基本精神，也因其目的、内容非法，会给国家、社会利益造成损害。

（4）损害社会公共利益。社会公共利益，与国外法律规定中的公共秩序和善良风俗涵义基本相同，社会公共利益即指良好的社会经济秩序，亦指公共道德风尚。公共秩序和善良风俗原则对于维护国家、社会一般利益及社会道德观念具有重要价值，并被称为现代民法至高无上的原则。

（5）违反法律、行政法规的强制性规定。这里的法律、行政法规不仅仅指合同法，它包括一切有关合同的法律、法规。涉及有关合同的法律、行政法规中包含有任意性规范和强制性规范。违反任意性规范的，不导致合同的无效。只有违反其中的强制性规范的，才会导致合同的无效。

有时，就合同整体来讲是符合合同有效要件的，合同是有效的，但合同中的某些条款不符合法律规定。在这种情况下，合同仍为有效合同，只是其中不符合法律规定的条款无效。《合同法》规定，合同中的下列免责条款无效：①造成对方人身伤害的。②因故意或者重大过失造成对方财产损失的。因上述两种情形导致合同条款无效时，不影响整个合同的效力，原合同仍然有效。

合同履行是指当事人双方根据合同的条款，实现各自享有的权利，并承担各自负有的义务。合同履行是依法成立的合同必然产生的结果，是合同效力的重要组成部分。合同成立是合同履行的前提，合同履行是当事人订立合同的目的得以实现的正常手段。总之，“当事人应当按照约定全面履行自己的义务。当事人应当遵循诚实信用的原则，根据合同的性质、目的和交易习惯履行通知、协助、保密等义务”。

5. 合同履行的有关规定

合同履行应遵循诚实信用的原则。但是有些合同内容在合同生效后，没有约定或约定不明，如当事人就合同标的的质量、价款或者报酬、履行地点等约定不明。对此，法律允许当事人在合同生效后再行商议，订立补充协议。对于不能达成补充协议或没有订立补充协议的，可按合同有关条款或者交易习惯确定。《合同法》规定了合同主要内容不明确时在协商不能确定时的法定解决办法。

(1) 合同标的的质量。质量是合同主要条款之一，应由当事人在合同中约定。合同中质量根本不明确的，按照国家标准、行业标准履行；没有国家标准、行业标准的，按照通常标准或者符合合同目的的特定标准履行。

(2) 价款或酬金。价款或酬金也是合同主要条款之一。如果当事人在合同中没有约定或约定不明，按照订立合同时履行地的市场价格履行，而不是按履行时或交付时的价格，这个价格是指履行地的市场价格，而不是其他地点的市场价。

如果价格是执行国家定价的，按国家定价履行。具体指在合同规定的交付期限内国家价格调整时，按照交付时的价格计价。逾期交货的，遇价格上涨时，按照原价格执行；价格下降时，按照新价格执行。逾期提货或者逾期付款的，遇价格上涨时，按照新价格执行；价格下降时，按照原价格执行。

(3) 履行地点。履行地点应在合同中约定清楚，因为这涉及到债务人在何地履行债务及争议后法院管辖和诉讼文书送达问题。合同履行地点法律有明确规定的，应依其规定履行地点。没有法律规定，在合同中又没有约定或约定不明的，不同内容的合同，法律有不同的规定。给付货币的，以接受货币一方所在地为履行地；交付不动产的，以不动产所在地为履行地；其他标的，以履行义务一方所在地为履行地。买卖合同中，支付价款的地点如果约定不明，买受人可在下列地点支付：出卖人的营业地、支付标的物或者提取标的物单证的所在地。

(4) 履行期限。履行期限合同中有约定的，依其约定。如果是分期履行的，应明确每一期履行的期限，履行期限法律有明确规定的，应遵守法律规定，如对交付标的物的检验期限，对标的物质量的异议期等。除此之外，如果当事人没有约定履行期限的，债务人可以随时履行，债权人也可以随时请求履行，但应当给予对方必要的准备时间。

如果合同中已约定履行期限的，应按履行期限履行，一般不得延迟履行，也不提倡提前履行。《合同法》规定，债权人可以拒绝债务人提前履行债务，但提前履行不损害债权人利益的除外。债务人提前履行债务给债权人增加的费用，由债务人负担。

(5) 履行方式。履行方式是完成合同义务的方法，如是一次履行完毕，还是分期、分批履行，是采用何种运输工具履行等。履行方式关系到债权能否得以及时、便捷、高效的实现。因而，履行方式应当合理。

履行方式合同中有约定的，依其约定。如果没有约定或约定不明的，应按照有利于实现合同目的的方式履行。

如果合同中没有约定分批部分履行的，一般应一次性全部履行，而不得部分履行。《合同法》规定："债权人可以拒绝债务人部分履行债务，但部分履行不损害债权人利益的除外。债务人部分履行债务给债权人增加的费用，由债务人负担。"

(6) 履行费用。履行费用和价款及酬金不同。价款及酬金指合同标的价格或提供服务的报酬。履行费用是履行过程中除价款及酬金以外其他费用，如运费及其他开支等。这些费用可以由双方在合同中约定由谁负担。履行费用有时是很大的数额，也较容易被忽视，在合同发生纠纷时，也是双方经常争议的问题。如果履行费用的负担当事人没有约定或约定不明确的，由债务人负担。

6. 合同变更的条件

合同的变更是指在合同成立以后，合同履行完毕前或合同尚未履行之前，因订立合同所依据的主客观情况发生变化，由当事人依照法律规定的条件和程序，对原合同的某些条款进行修改或补充。《合同法》规定，当事人协商一致，可以变更合同。合同变更的条件有以下三个：

(1) 原合同关系业已存在并继续存在，合同变更是指合同某些内容的变更。因而合同变更前必须业已存在一份已成立的合同。如果原合同关系不存在，或原合同关系不成立，或被确认无效，就无法发生合同部分内容的变更。

原合同虽因各种原因其某些内容发生变更，但原合同关系仍继续保持，变更后的合同与原合同仍保持同一性，这是合同变更与合同更新不同之处。

(2) 合同内容发生变化。合同内容的变化在此仅指除合同标的以外，合同其他条款的变化。合同内容的变化应是合同非决定因素的变化。因合同种类不同，哪些条款、内容是根本的、决定性的，应视合同不同而不同，不能一概而论。

(3) 应遵守法律规定方式。合同的变更应与合同订立一样，遵守法律规定的方式。对此，法律规定必须采用书面形式订立的合同，合同变更也应采用书面形式。可以用口头方式订立的合同，合同的变更也应可以用口头方式。但法律、行政法规规定必须办理批准、登记手续的，合同变更时仍需遵守。关于合同变更的形式，原三部《合同法》均规定必须采取书面形式。

合同变更后，合同内容发生了某些变化。那么，发生变化的内容取代原合同的内容，未发生变化的那部分内容仍继续有效，因为原合同仍继续存在。变更的内容在变更前已履行完毕的不具追溯力，当事人不得以合同发生变更而要求重新履行。

当事人对合同变更的内容约定不明确的，视为合同未变更，原合同内容继续有效，当事人仍应按原合同内容履行。

7. 合同解除的程序

合同解除，是指在合同成立以后，合同履行完毕前或合同尚未履行之前，因订立合同所依据的主客观情况发生变化，致使合同的履行成为不可能或不必要，依照法律规定的程序和条件，合同当事人的一方或者协商一致后的双方终止原合同法律关系。合同解除是使合同失去效力，归于消灭。它必然会影响到双方的利益，因此在合同解除条件发生后，还须经过一定程序，以避免合同解除权的滥用。合同解除原因不同，解除程序也不同。

(1) 双方协商解除的程序。协商解除是指在合同成立后，经双方当事人协商一致，合同解除。即此合同解除是双方当事人以合同方式解除已有效成立的合同。既然协商解除是以合同方式进行，故应按合同订立程序经过要约、承诺阶段。协商解除合同何时发生效力，一般而言，承诺时间为协商解除合同的时间，但若法律、行政法规规定解除合同应当办理批准、登记手续的，办完批准、登记手续日期为合同解除时间。

经双方协商解除合同的，自双方达成解除一致意见时，合同即告解除，而无需再经过法院或仲裁机构的裁判。

(2) 单方解除的程序。单方解除是在出现不可抗力或一方违约情况下，享有解除权一方因行使解除权而使合同消灭。单方解除以其享有解除权为前提条件，此解除权可以是双方约定的，也可以是法律规定的。

单方行使解除权时要遵守以下几个条件：①必须在法律规定或当事人约定的解除权行使期限内行使。期限届满当事人不行使的，该解除权自行消灭，当事人再无权解除合同。若法律没有规定或者当事人亦未约定解除权的行使期限的，经对方催告后在合理期限内仍未行使的，该解除权自行消灭。②必须通知对方当事人。一方当事人主张解除合同的，应当通知对方。自通知到达对方时，合同解除。此通知是否必须为书面的，法律未作规定。这可视合同订立时的形式要求而定。可以用口头方式订立的合同，解除通知亦可用口头形式。必须用书面形式订立的合同，亦应用书面方式通知对方解除合同。如果法律、法规规定需要办理批准、登记手续的，还需办理批准、登记手续，该手续办完之时为合同解除的时间。单方解除一般只需通知，合同自行解除，无需经过法院的审判程序。

6.1.4 违约责任与合同纠纷的解决

违约责任，是指合同当事人不履行合同义务或者履行合同义务不符合约定时应当承受的不利于其的法律后果。

承担违约责任的前提是当事人不履行合同义务或者履行合同义务不符合约定而又不存在法定的免责事由。当事人主观上的过错，并不是确定违约责任时所必须考虑的问题。因此，确定违约责任时采取的并非过错责任而倾向于严格责任原则，这与以前的合同有所区别。在当事人一方违约时，对方当事人为维护自身利益或实现合同目的，有权要求违约方承担继续履行合同义务、采取相应的补救措施以及赔偿其违约带来的损失等违约责任。

1. 违约行为

违约行为，是指违反合同义务行为。它既包括违反当事人约定的合同义务，也包括法律直接规定的合同义务。违约行为是合同当事人承担违约责任的必备要件。没有违约行为不承担违约责任。违约行为是以当事人间已存在的合同关系为基础的，合同关系不存在，不发生违约行为。违约行为有以下几种形态：

(1) 拒绝履行。拒绝履行是指合同一方当事人向对方表示不履行合同的行为。拒绝履行可以是明示的，也可以是默示的，即以其行为表明不履行合同义务。

(2) 迟延履行。迟延履行是指当事人未按合同约定的履行期限履行，即在履行期限届满时却未履行的现象。迟延履行应为无正当理由。

(3) 不能履行。不能履行是指当事人在客观上没有履行能力。如果不能履行系当事人主观所为，则为拒绝履行。

(4) 不适当履行。又称不完全履行，是指当事人的履行行为不符合合同约定。其主要表现为：①标的物的质量不符合合同约定。如标的物的规格、品种、型号等不符合合同的约定。②在数量上不适当，包括数量的短缺和增加。③在履行方式和地点上不正确。④违反有关附随义务的约定。如《技术合同》中技术图纸的保密义务等。⑤加害给付。加害给付是积极侵害债权的一种行为，较之不适当履行带来的危害更为严重。如在《货物运输合同》中，违反约定加带危险物品等造成的事故等。加害给付是不适当履行行为中一种更严重的情形。

2. 违约责任方式

根据《合同法》规定，违约责任的承担方式有以下几种：

（1）强制履行。在当事人不履行或不适当履行合同约定义务时，对方可请求法院强制违约方继续按合同约定内容实际履行。

（2）赔偿损失。在当事人一方因不履行或不适当履行合同义务时，依法赔偿对方当事人所受到的损失。这是运用最广泛的一种违约责任方式。

（3）违约金。一方当事人违反合同义务，依据法律或者约定向对方当事人支付一定数额金钱的责任方式。违约金也是违约责任中常见的一种承担方式。

（4）修理、更换、重作、减价或退货。作为违反合同的补偿措施，修理、更换、重作、减价或退货也属一种违约责任方式，其适用同样可以使一方当事人的合同利益，在遭受损失的情况下得到有效的恢复。此种方式适用于以物为标的的非金钱债务中。

3. 免责事由

免责，是指在合同履行过程中，因出现了法定的或合同约定的免责条件导致合同不能履行，当事人将被免除履行义务。这些法定的或合同约定的免责条件统称为免责事由。不可抗力即为免责事由的情形之一。

合同纠纷是指双方当事人对合同履行的情况和对不履行或不适当履行合同的后果所发生的争议。合同在履行过程中因各种原因不可避免地会出现一些争议。在合同发生纠纷时，根据《合同法》规定，可以有以下几种解决合同纠纷的方式。

（1）当事人自行协商解决。在合同发生争议时，合同当事人在自愿互谅基础上，按照法律规定或合同约定协商解决。这种方法简便、易行，并且有助于合同争议解决的执行，也有助于当事人间的合作团结。

（2）由第三人调解。在发生合同纠纷时，当事人也可以请求第三人或有关部门进行调解。调解解决合同纠纷在我国历来有良好的传统。但第三人进行调解时，应在双方当事人自愿基础上进行，并且应当客观、公正。

（3）仲裁。在当事人不愿协商、调解或者协商、调解不成时，当事人可以选择仲裁或诉讼的方式解决双方的合同纠纷。当事人申请仲裁的，必须符合仲裁条件，即双方当事人应在合同中订有仲裁条款，或者在事后达成仲裁协议。没有仲裁条款或仲裁协议的，不得申请仲裁。仲裁条款独立于合同，不受合同效力的影响。仲裁裁决实行一裁终局原则。当事人申请仲裁的，应根据《中华人民共和国仲裁法》规定及其他仲裁规则进行。

（4）诉讼。合同中没有仲裁条款或事后没有达成仲裁协议，或者其订立的仲裁条款或仲裁协议无效的，当事人可向人民法院起诉。当事人向人民法院起诉应按照《中华人民共和国民事诉讼法》规定的程序和条件进行。

6.2　建设工程委托监理合同管理

《合同法》规定，建设工程实行监理的，发包人应当与监理人采用书面形式订立委托监理合同。作为合同一方当事人的监理单位接受业主委托对业主签订的设计、施工、承揽等合同的履行实施监理，其目的仅限于通过自己的服务活动获得酬金。监理合同表明，受业主委托的监理单位不是建筑产品的直接经营者，不向业主承包工程造价。如果由于监理工程师的严格管理或者采纳了监理工程师的合理化建议，在保证质量的前提下节约了工程投资，缩短了工期，业主应按监理合同中的约定给予奖金，这只是对监理单位提供优质服务的奖励。

监理单位与承包单位是监理与被监理的关系，双方没有经济利益的关系。由于监理工程师的有效工作而使承包单位节省了投入时，监理单位也不参与承包单位的盈利分成。

6.2.1 监理合同的订立

首先，签约双方应对对方的基本情况有所了解，包括：资质等级、营业资格、财务状况、工作业绩、社会信誉等。作为监理单位还应根据自身状况和工程情况，考虑竞争该项目的可行性。其次，监理单位在获得业主的招标文件或与业主草签协议之后，应立即对工程所需费用进行预算，提出报价，同时对招标文件中的合同文本进行分析、审查，为合同谈判和签约提供决策依据。无论何种方式招标中标，业主和监理方都要就监理合同的主要条款进行谈判。谈判内容要具体，责任要明确，要有准确的文字记载。作为业主，切忌以手中有工程的委托权，而不以平等的原则对待监理方。应当看到，监理工程师的良好服务，将为业主带来巨大的利益。作为监理方，应利用法律赋予的平等权利进行对等谈判，对重大问题不能迁就和无原则让步。经过谈判，双方就监理合同的各项条款达成一致，即可正式签订合同文件。

委托监理合同的主要条款包括：

（1）合同内所涉及的词语定义和遵循的法规。

（2）监理单位和业主双方各自的责任、权利、义务。

（3）对合同生效、变更与终止的规定。

（4）监理酬金的计取和支付方法。

（5）争议的解决方式。

（6）其他方面的规定。

6.2.2 监理合同的履行

1. 业主的履行

（1）严格按照监理合同的规定履行应尽义务。监理合同内规定的应由业主方负责的工作，是使合同最终实现的基础，如外部关系的协调，为监理工作提供良好的外部条件，为监理单位提供本工程使用的原材料、构配件、机械设备等生产厂家名录等，都是为监理方做好工作的先决条件。业主方必须严格按照监理合同的规定，履行应尽的义务，才有权要求监理方履行合同。

（2）按照监理合同的规定行使权利。监理合同中规定的业主的权利，主要是如下三个方面：对设计、施工单位的发包权；对工程规模、设计标准的认定权及设计变更的审批权；对监理方的监督管理权。

(3) 业主的档案管理。在全部工程项目竣工后，业主应将全部合同文件，包括完整的工程竣工资料加以系统整理，按照国家《中华人民共和国档案法》及有关规定，建档保管。为了保证监理合同档案的完整性，业主对合同文件及履行中与监理单位之间进行的签证、记录协议、补充合同备忘录、函件、电报、电传等都应系统地认真整理，妥善保管。

2. 监理单位的履行

监理合同一经生效，监理单位就要按合同规定，行使权利，履行应尽义务。

6.2.3　建设工程监理合同示范文本

为了适应建设监理事业发展的需要，提高监理委托合同签订的质量，更好地规范监理合同当事人的行为，住房和城乡建设部、国家工商行政管理局于 2012 年 3 月颁布了《建设工程监理合同示范文本》(GF—2012—0202) 及其使用说明。

1. 监理合同示范文本的组成

《建设工程监理合同（示范文本)》由“协议书”、“通用条件”、“专用条件”和“附录”组成。

(1) 协议书。协议书是纲领性文件，主要内容是当事人双方确认的监理工程的概况（工程名称、工程地点、工程规模、工程费用等）；合同签订、生效、完成时；双方承诺，以及合同文件的组成。监理合同除协议书外还应包括：中标通知书（适用于招标工程）或委托书（适用于非招标工程）、投标文件（适用于招标工程）或监理与相关服务建议书（适用于非招标工程)、监理合同通用条件、监理合同专用条件、在实施过程中双方共同签署的补充与修正文件。

(2) 通用条件。内容涵盖了合同中所用词语定义，适用范围与法规，签约双方的责任、权利与义务，合同生效、变更与终止，监理报酬，争议解决以及其他一些情况。它是监理合同的基本条件，适用于各类建设监理委托，是所有签约工程都应遵守的条件。

(3) 专用条件。由于标准条件适用于所有的工程建设监理委托，因此其中的某些条款规定比较笼统，需要在签订具体工程项目的监理合同时，就地域特点、专业特点和监理项目特点，对标准条件中的某些条款进行补充、修正。如对监理的工作内容而言，认为标准条件中的条款还不够全面，允许在专用条件中增加双方议定的条款内容。

2. 双方的义务与违约责任

(1) 监理人的义务。

1) 完成监理工作内容的义务。

2) 构建项目监理机构和组织人员的义务。监理人应组建满足工作需要的项目监理机构，配备必要的检测设备。项目监理机构的主要人员应具有相应的资格条件；本合同履行过程中，总监理工程师及重要岗位监理人员应保持相对稳定，以保证监理工作正常进行；监理人可根据工程进展和工作需要调整项目监理机构人员。监理人更换总监理工程师时，应提前 7 天向委托人书面报告，经委托人同意后方可更换；监理人更换项目监理机构其他监理人员，应以相当资格与能力的人员替换，并通知委托人。

3）履行职责的义务。监理人应遵循职业道德准则和行为规范，严格按照法律法规、工程建设有关标准及本合同履行职责；在监理与相关服务范围内，委托人和承包人提出的意见和要求，监理人应及时提出处置意见。当委托人与承包人之间发生合同争议时，监理人应协助委托人、承包人协商解决；当委托人与承包人之间的合同争议提交仲裁机构仲裁或人民法院审理时，监理人应提供必要的证明资料；监理人应在专用条件约定的授权范围内，处理委托人与承包人所签订合同的变更事宜。如果变更超过授权范围，应以书面形式报委托人批准；在紧急情况下，为了保护财产和人身安全，监理人所发出的指令未能事先报委托人批准时，应在发出指令后的 24 小时内以书面形式报委托人。

4）提交报告的义务。监理人应按专用条件约定的种类、时间和份数向委托人提交监理与相关服务的报告。

5）提交文件资料的义务。在本合同履行期内，监理人应在现场保留工作所用的图纸、报告及记录监理工作的相关文件。工程竣工后，应当按照档案管理规定将监理有关文件归档。

（2）委托人的义务。

1）告知的义务。委托人应在委托人与承包人签订的合同中明确监理人、总监理工程师和授予项目监理机构的权限。如有变更，应及时通知承包人。

2）提供资料的义务。委托人应无偿向监理人提供工程有关的资料。在本合同履行过程中，委托人应及时向监理人提供最新的与工程有关的资料。

3）提供工作条件的义务。委托人应为监理人完成监理与相关服务提供必要的条件；委托人应派遣相应的人员，提供房屋、设备，供监理人无偿使用；委托人应负责协调工程建设中所有外部关系，为监理人履行本合同提供必要的外部条件。

4）委托人代表的义务。委托人应授权一名熟悉工程情况的代表，负责与监理人联系。委托人应在双方签订本合同后 7 天内，将委托人代表的姓名和职责书面告知监理人。当委托人更换委托人代表时，应提前 7 天通知监理人。

5）答复与支付的义务。委托人应在专用条件约定的时间内，对监理人以书面形式提交并要求作出决定的事宜，给予书面答复。逾期未答复的，视为委托人认可；委托人应按本合同约定，向监理人支付酬金。

（3）违约责任。

1）监理人的违约责任。监理人未履行本合同义务的，应承担相应的责任。因监理人违反本合同约定给委托人造成损失的，监理人应当赔偿委托人损失。赔偿金额的确定方法在专用条件中约定。监理人承担部分赔偿责任的，其承担赔偿金额由双方协商确定。监理人向委托人的索赔不成立时，监理人应赔偿委托人由此发生的费用。

2）委托人的违约责任。委托人未履行本合同义务的，应承担相应的责任。委托人违反本合同约定造成监理人损失的，委托人应予以赔偿。委托人向监理人的索赔不成立时，应赔偿监理人由此引起的费用。委托人未能按期支付酬金超过 28 天，应按专用条件约定支付逾期付款利息。

3）除外责任。因非监理人的原因，且监理人无过错，发生工程质量事故、安全事故、工期延误等造成的损失，监理人不承担赔偿责任。因不可抗力导致本合同全部或部分不能履行时，双方各自承担其因此而造成的损失、损害。

3. 合同生效、变更、暂停、解除与终止

（1）生效。除法律另有规定或者专用条件另有约定外，委托人和监理人的法定代表人或其授权代理人在协议书上签字并盖单位章后本合同生效。

（2）变更。

1）任何一方提出变更请求时，双方经协商一致后可进行变更。除不可抗力外，因非监理人原因导致监理人履行合同期限延长、内容增加时，监理人应当将此情况与可能产生的影响及时通知委托人。增加的监理工作时间、工作内容应视为附加工作。附加工作酬金的确定方法在专用条件中约定。

2）合同生效后，如果实际情况发生变化使得监理人不能完成全部或部分工作时，监理人应立即通知委托人。

3）监理人用于恢复服务的准备时间不应超过28天。合同签订后，遇有与工程相关的法律法规、标准颁布或修订的，双方应遵照执行。由此引起监理与相关服务的范围、时间、酬金变化的，双方应通过协商进行相应调整。

（3）暂停与解除。除双方协商一致可以解除本合同外，当一方无正当理由未履行本合同约定的义务时，另一方可以根据本合同约定暂停履行本合同直至解除本合同。

1）在本合同有效期内，由于双方无法预见和控制的原因导致本合同全部或部分无法继续履行或继续履行已无意义，经双方协商一致，可以解除本合同或监理人的部分义务。在解除之前，监理人应作出合理安排，使开支减至最小。

2）在本合同有效期内，因非监理人的原因导致工程施工全部或部分暂停，委托人可通知监理人要求暂停全部或部分工作。监理人应立即安排停止工作，并将开支减至最小。除不可抗力外，由此导致监理人遭受的损失应由委托人予以补偿。

3）当监理人无正当理由未履行本合同约定的义务时，委托人应通知监理人限期改正。若委托人在监理人接到通知后的7天内未收到监理人书面形式的合理解释，则可在7天内发出解除本合同的通知，自通知到达监理人时本合同解除。

4）监理人在专用条件5.3中约定的支付之日起28天后仍未收到委托人按本合同约定应付的款项，可向委托人发出催付通知。委托人接到通知14天后仍未支付或未提出监理人可以接受的延期支付安排，监理人可向委托人发出暂停工作的通知并可自行暂停全部或部分工作。

5）因不可抗力致使本合同部分或全部不能履行时，一方应立即通知另一方，可暂停或解除本合同。

（4）终止。监理人完成本合同约定的全部工作且委托人与监理人结清并支付全部酬金，本合同即告终止。

4. 争议解决

（1）协商。双方应本着诚信原则协商解决彼此间的争议。

（2）调解。如果双方不能在14天内或双方商定的其他时间内解决本合同争议，可以将其提交给专用条件约定的或事后达成协议的调解人进行调解。

(3) 仲裁或诉讼。双方均有权不经调解直接向专用条件约定的仲裁机构申请仲裁或向有管辖权的人民法院提起诉讼。

5. 监理报酬及其他费用

正常的监理酬金的构成，是乙方在工程项目监理中所需的全部成本，再加上合理的利润和税金。具体应包括：

(1) 直接成本。

1) 监理人员和监理辅助人员的工资，包括津贴、附加工资、奖金等。

2) 用于该项工程监理人员的其他专项开支，包括差旅费、补助费、书报费等。

3) 监理期间使用与监理工作相关的计算机和其他仪器、机械的费用。

4) 所需的其他外部协作费用。

(2) 间接成本。全部业务经营开支和非工程项目的特定开支。

1) 管理人员、行政人员、后勤服务人员的工资。

2) 经营业务费，包括为招揽业务而支出的广告费等。

3) 办公费，包括文具、纸张、账表、报刊、文印费用等。

4) 交通费、差旅费、办公设施费（公司使用的水、电、气、环卫、治安等费用）。

5) 固定资产及常用工器具、设备的使用费。

6) 业务培训费、图书资料购置费。

7) 其他行政活动经费。

我国现行的监理费计算方法主要有四种，即国家物价局、建设部颁发的价费字479号文《关于发布工程建设监理费有关规定的通知》中规定的：

a. 按照监理工程概预算的百分比计收。

b. 按照参与监理工作的年度平均人数计算。

c. 不宜按a.、b.两项办法计收的，由甲方和乙方按商定的其他方法计收。

d. 中外合资、合作、外商独资的建设工程，工程建设监理费由双方参照国际标准协商确定。

按以上取费方法收取的费用，仅是正常的监理工作的那部分取费，在监理工作中所收费用还应包括附加工作和额外工作的报酬。其收费应按照监理合同专用条件约定的方法计取，并按约定的时间和数额进行支付。

正常的监理工作、附加工作和额外工作的报酬，按照监理合同专用条件中约定的方法计算，并按约定的时间和数额支付。

如果委托人在规定的时间未支付监理报酬，自规定之日起，还应向监理人支付滞纳金。滞纳金从规定支付期限最后一日算起。

(3) 其他费用。

1) 委托的建设工程监理所必要的监理人员出外考察、材料、设备复试，其费用支出经委托人同意的，在预算范围内向委托人实报实销。

2) 在监理业务范围内，如需聘用专家咨询或协助，由监理人聘用的，其费用由监理人承担，由委托人聘用的，其费用由委托人承担。

3) 监理人在监理工作中提出的合理化建议，使委托人得到了经济利益，委托人应当按专用条件中的约定给予经济奖励。

4）监理人驻地监理机构及其职员不得接受监理工程项目施工承包人的任何报酬或者经济利益。监理人不得参与可能与合同规定的与委托人的利益相冲突的任何活动。

6. 争议的解决

因违反或终止合同而引起的对损失或损害的任何赔偿，应首先通过双方协商友好解决。如协商未能达成一致，可提交主管部门协调。仍不能达成一致时，根据约定提交仲裁机构仲裁或向法院起诉。

6.3　建设工程勘察设计合同管理

建设工程勘察、设计合同，简称勘察、设计合同，是指建设单位或有关单位为完成一定的勘察、设计任务，明确双方权利、义务的协议。建设单位或有关单位是委托方，勘察、设计单位是承包方。根据勘察、设计合同，承包方完成委托方委托的勘察、设计项目，委托方接受符合约定要求的勘察、设计成果，并给付报酬。勘察、设计合同的特征有三个方面：

（1）勘察、设计合同的当事人双方应具有法人资格。作为发包方必须是具有国家批准的建设项目，落实投资计划的企事业单位、社会组织；作为承包方应当是具有国家批准的勘察、设计许可证，具有经有关部门核准的资质等级的勘察、设计单位。

（2）勘察、设计合同的订立必须符合工程项目建设程序。

（3）勘察、设计合同具有建设工程合同的基本特征。

6.3.1　勘察、设计合同的订立

签订勘察合同由建设单位、设计单位或有关单位提出委托，经双方协商同意即可签订。签订设计合同，除双方协商同意外，还必须具有上级机关批准的设计任务书。小型单项工程必须具有上级机关批准的设计文件。如果单独委托施工图设计任务，应同时具备经有关部门批准的初步设计文件方能签订。勘察、设计合同必须采用书面形式，并参照国家推荐使用的示范文本。

勘察、设计合同的主要条款：

（1）提交有关基础资料和文件的期限。

（2）质量要求。

（3）勘察或者设计费用。

（4）其他协作条件等。

6.3.2　勘察、设计合同的履行

1. 双方的义务

（1）委托方的义务。委托方的义务是指由委托方负责提供资料的内容、技术要求、期限以及应承担的准备工作和服务项目。

1）向承包方提供开展勘察、设计工作所需的有关基础资料，并对提供的时间、进度与资料的可靠性负责。

委托勘察工作的，在勘察工作开始前，委托方应向承包方提交由设计单位提供，经建设单位同意的勘察范围的地形图和建筑平面布置图各一份，提出由建设单位委托，设计单位填写的勘察技术要求及附图。

委托初步设计的，在初步设计前，委托方应在规定的日期内向承包方提供经过批准的设计任务书，选址报告以及原料（或经过批准的资源报告）、燃料、水、电、运输等方面的协议文件和能满足初步设计要求的勘察资料、需经科研取得的技术资料。

委托施工图设计的，在施工图设计前，应提供经过批准的初步设计文件和能满足施工图设计要求的勘察资料、施工条件，以及有关设备的技术资料。

2）在勘察、设计人员进入现场作业或配合施工时，应负责必要的工作和生活条件。

3）委托方应负责勘察现场的水电供应、平整道路、现场清理等工作，以保证勘察工作的开展。

4）委托方应明确设计范围和深度，并负责及时向有关部门办理各设计阶段设计文件的审批工作。

5）委托配合引进项目的设计，从询价、对外谈判、国内外技术考察直到建成投产的各个阶段，都应通知承担有关设计的单位参加。

6）按照国家有关规定和合同的约定给付勘察、设计费用。

7）勘察、设计合同订立后，委托方应向承包方交付定金。

8）维护承包方的勘察成果和设计文件，不得擅自修改，不得转让给第三人重复使用。

9）勘察设计合同中含有保密条款的，委托方应承担设计文件的保密责任。

（2）承包方的义务。

1）勘察单位应按照现行的标准、规范、规程和技术条例，进行工程测量和工程地质、水文地质等勘察工作，并按合同规定的进度、质量要求提交勘察成果。对于勘察工作中的漏项应及时予以勘察，对于由此多支出的费用应自行负担并承担由此造成的违约责任。

2）设计单位要根据批准的设计任务书、可行性研究报告或上一阶段设计的批准文件，以及有关设计的技术经济文件、设计标准、技术规范、规程、定额等提出勘察技术要求进行设计，并按合同规定的深度和质量要求，提交设计文件（包括概预算文件、材料设备清单）。

3）初步设计经上级主管部门审查后，在原定任务书范围内的必要修改，由设计单位负责。原定任务书有重大变更而重作或修改设计时，须具有设计审批机关或设计任务书批准机关的意见书，经双方协商，另订合同。

4）设计单位对所承担设计任务的工程项目，应配合施工，进行设计技术交底，解决施工过程中有关设计的问题，负责设计变更和修改预算，参加试车考核及工程竣工验收。对于大中型工业项目和复杂的民用工程应派现场设计代表，并参加隐蔽工程验收。

2．设计的修改和终止

（1）设计文件批准后，不得任意修改和变更。如果必须修改，也需经过有关部门批准，其批准权限，视修改的内容所涉及的范围而定。

(2) 委托方因故要求修改工程设计，经承包方同意后，除设计文件的提交时间另定外，委托方还应按承包方实际返工修改的工作量增付设计费。

(3) 原定设计任务书或初步设计如有重大变更而需重做或修改设计时，须经设计任务书或初步设计批准机关同意，并经双方当事人协商后另订合同。委托方负责支付已经进行了的设计费用。

(4) 委托方因故要求中途终止设计时，应及时通知承包方，已付的设计费不退，并按该阶段实际所耗工时，增付和结清设计费，同时结束合同关系。

3. 勘察、设计费的数量与拨付办法

(1) 勘察费。勘察工作的取费标准按照勘察工作的内容确定。其具体标准和计算办法依据国家有关规定执行，也可在国家指导下，承包方、发包方在合同中加以约定，勘察费用一般按实际完成的工作量收取。

勘察合同订立后，委托方应向承包方支付定金，定金金额为勘察费的 30%；勘察工作开始后，委托方应向承包方支付勘察费的 30%；全部勘察工作结束后，承包方按合同规定向委托方提供勘察报告书和图纸，委托方收取资料后，在规定的期限内按实际勘察工作量付清勘察费。对于特殊工程可适当提高勘察费用。

(2) 设计费。设计工程的取费标准，一般应根据不同行业、不同建设规模和工程内容的繁简程度制定不同的收费定额，再根据这些定额来计算收取的费用。

设计合同订立后，委托方应向承包方支付相当于设计费的 20%作为定金，设计合同履行后，定金抵作设计费。设计费用其余部分的支付由双方共同商定。

勘察、设计费的支付方式，必须在合同中明确。合同中还须明确勘察、设计费的支付期限。

4. 违约责任

(1) 委托方的违约责任。

1) 委托方若不履行合同，定金不予返还。

2) 由于变更计划，提供的资料不准确，未按期提供勘察、设计工作必需的资料或工作条件，因而造成勘察、设计工作的返工、窝工、停工或修改设计时，委托方应按承包方实际消耗的工作量增付费用。因委托方责任造成重大返工或重做设计的，应另增加勘察设计费。

3) 勘察、设计的成果按期、按质、按量交付后，委托方要依照法律、法规的规定和合同的约定，按期、按量交付勘察费、设计费。委托方未按合同规定或约定的日期交付费用时，应偿付逾期的违约金。偿付办法与金额，由双方按照国家有关规定来协商确定。

(2) 承包方的违约责任。

1) 因勘察、设计质量低劣引起返工，或未按期提交勘察、设计文件，拖延工期造成损失的，由承包方继续完善勘察、设计，并视造成的损失、浪费的大小，减收或免收勘察设计费。

2) 对于因勘察、设计错误而造成的工程重大质量事故的，承包方除免收损失部分的勘察、设计费外，还应支付与直接损失部分勘察、设计费相当的赔偿金。

3）承包方不履行合同，应当双倍返还定金。

5. 勘察、设计合同的索赔

勘察、设计合同一旦签订，双方当事人要恪守合同，当因一方当事人的责任使另一方当事人的权益受到损害时，遭受损失方可向责任方提出索赔要求，以补偿经济上遭受的损失。

（1）承包方向委托方提出索赔。

1）委托方不能按合同要求准时提交满足设计要求的资料，致使承包方设计人员无法正常开展设计工作，承包方可提出合同价款和合同工期索赔。

2）委托方在设计中途提出变更要求，承包方可提出合同价款和合同工期索赔。

3）委托方不按合同规定支付价款，承包方可提出合同违约金索赔。

4）因其他原因属委托方责任造成承包方利益损害时，承包方可提出合同价款索赔。

（2）委托方向承包方提出索赔。

1）承包方不能按合同约定的时间完成设计任务，致使委托方因工程项目不能按期开工造成损失，可向承包方提出索赔。

2）承包方的勘察、设计成果中出现偏差或漏项等，致使工程项目施工或使用时给委托方造成损失，委托方可向承包方索赔。

3）承包方完成的勘察、设计任务深度不足，致使工程项目施工困难，委托方也可提出索赔。

4）因承包方的其他原因造成委托方损失的，委托方可以提出索赔。

6.4 建设工程施工合同管理

建设工程施工合同即建筑安装工程承包合同，简称施工合同，是指建设单位（发包方）和施工单位（承包方）为完成商定的建筑安装工程，明确相互权利、义务关系的合同。承发包双方签订施工合同，必须具备相应资质条件和履行施工合同的能力。对合同范围内的工程实施建设时，发包方必须具备组织协调能力，承包方必须具备有关部门核定的资质等级并持有营业执照等证明文件。施工合同一经签订即具有法律效力。其明确了建设单位和施工企业在施工中的权利和义务，有利于对工程施工的管理，有利于建筑市场的培育和发展，是进行监理的依据。

6.4.1 施工合同的特点

1. 施工合同标的的特殊性

施工合同的标的是各类建筑产品。建筑产品是不动产，其基础部分与大地相连，不能移动。这就决定了每个施工合同的标的都是特殊的，相互间具有不可替代性。这还决定了施工生产的流动性。建筑物所在地就是施工生产场地，施工队伍、施工机械必须围绕建筑产品不断移动。另外，建筑产品的类别庞杂，其外观、结构、使用目的、使用人都各不相同，这就要求每一个建筑产品都需单独设计和施工（即使可重复利用标准设计或重复使用图纸，也应采取必要的设计修改才能施工），即建筑产品是单体性生产，这也决定了施工合同标的的特殊性。

2. 施工合同履行期限的长期性

建筑物的施工由于结构复杂、体积大、建筑材料类型多、工程量大，使得工期都较长（与一般工业产品的生产相比）。而合同履行期限肯定要长于施工工期，因为工程建设的施工应当在合同签订后才开始，且需加上合同签订后到正式开工前的一个较长的施工准备时间和工程全部竣工验收后、办理竣工结算及保修期的时间。在工程的施工过程中，还可能因为不可抗力、工程变更、材料供应不及时等原因而导致工期顺延。所有这些情况，决定了施工合同的履行期限具有长期性。

3. 施工合同内容的多样性和复杂性

施工合同除了应具备合同的一般条款外，应对安全施工、专利技术使用、发现地下障碍和文物、工程分包、不可抗力、工程设计变更、材料设备的供应、运输、验收等内容作出规定。在施工合同的履行过程中，除施工企业与建设单位的合同关系外，还涉及与劳务人员的劳动关系、与保险公司的保险关系、与材料设备供应商的材料设备购销关系、与运输企业的货物运输关系等。所有这些使得施工合同的内容具有多样性和复杂性的特点。

4. 施工合同管理的严格性

由于施工合同的履行会对国家、社会、公民产生较大和长期的影响，国家对施工合同的管理是十分严格的。这主要体现在以下几个方面：

（1）对合同签订管理的严格性。签订施工合同必须以国家批准的投资计划为前提，初步设计和总概算已经批准。即使是国家投资以外的、以其他方式筹集的投资也要受到当年的贷款规模和批准限额的限制，纳入当年投资规模的平衡，并经过严格的审批程序。同时，还要得到相关部门，如规划、环保等部门的批准。

（2）对合同履行管理的严格性。在施工合同的履行过程中，除了合同当事人、监理工程师要对合同进行严格管理外，合同的主管部门、金融机构、建设行政主管部门，也要对施工合同的履行进行监督和管理。

（3）对合同主体管理的严格性。国家对施工合同的主体有严格的管理制度。发包方必须具备组织协调能力；承包方必须具备有关部门核定的资质等级并持有营业执照等证明文件。无营业执照或无承包资质证书的施工企业不能作为施工合同的主体，资质等级低的施工企业不能越级承包施工项目。

6.4.2　施工合同的订立

订立施工合同首先应具备以下几个条件：初步设计已经批准；工程项目已经列入年度建设计划；已有能够满足施工需要的设计文件和有关技术资料；建设资金和主要建筑材料设备来源已经落实；中标通知书已经下达等。

中标通知书发出后，中标的施工企业应当与建设单位及时签订合同。《招标投标法》规定，中标通知书发出之日起，按照招标文件和中标人的投标文件订立书面合同。中标通知书发出后，招标人改变中标结果的，或者中标人放弃中标项目的，应当依法承担法律责任。

施工合同的主要条款有：

(1) 工作范围，包括工程名称、地点、施工内容。

(2) 建设工期，即整体工程从开工到竣工的时间。

(3) 中间交工工程的开工和竣工时间，中间交工工程即建设项目全部建成，其中一些可以独立形成生产能力或发挥使用效益，先期交付使用的单项工程。

(4) 工程质量和工程造价。

(5) 技术资料交付时间，技术资料包括施工图、设计文件、概预算文件。

(6) 材料和设备供应责任。

(7) 拨款和结算。

(8) 竣工验收、质量保修范围和质量保证期。

(9) 双方相互协作条款等。

6.4.3　建设工程施工合同示范文本

根据有关工程建设施工的法律、法规，结合我国工程建设施工的实际情况，并借鉴了国际上广泛使用的土木工程施工合同条件，住房和城乡建设部、国家工商行政管理局于1999年12月24日印发了《建设工程施工合同示范文本》(以下简称《施工合同文本》)。《施工合同文本》是对建设部、国家工商行政管理局1991年3月31日发布的《建设工程施工合同示范文本》的修订，是各类公用建筑、民用住宅、工业厂房、交通设施及线路、管道的施工和设备安装的合同文本。

(1)《施工合同文本》的组成。《施工合同文本》由"协议书"、"通用条款"、"专用条款"三部分组成。并附有三个附件：附件一是承包方承揽工程项目一览表。附件二是发包方供应材料设备一览表。附件三是房屋建筑工程质量保修书。

"协议书"是《施工合同文本》中总纲性的文件。虽然其文字量并不大，但它规定了合同当事人双方最主要的权利义务；规定了组成合同的文件及合同当事人对履行合同义务的展诺；并且合同当事人在这份文件上签字盖章，因此具有很高的法律效力。"协议书"的内容包括工程概况、工程承包范围、合同工期、质量标准、合同价款、组成合同的文件及双方的承诺等。

"通用条款"是根据《合同法》、《建筑法》等法律对承发包双方的权利义务做出的规定。除双方协商一致对其中的某些条款作了修改、补充或取消外，双方都必须履行。它是将建设工程施工合同中共性的一些内容抽象出来编写的一份完整的合同文件。"通用条款"具有很强的通用性，基本适用于各类建设工程。"通用条款"由11部分共47条组成。

考虑到建设工程的内容各不相同，工期、造价也随之变动，承包人、发包人各自的能力、施工现场的环境和条件也各不相同，"通用条款"不能完全适用于各个具体工程。因此配之以"专用条款"对其作必要的修改和补充，使"通用条款"和"专用条款"成为双方统一意愿的体现。"专用条款"的条款号与"通用条款"相一致，但主要是空格，由当事人根据工程的具体情况予以明确或者对"通用条款"进行修改、补充。

《施工合同文本》的附件则是对施工合同当事人的权利义务的进一步明确，并且使得施工合同当事人的有关工作一目了然，便于执行和管理。

(2) 施工合同文件的组成及解释顺序。组成建设工程施工合同的文件包括：

1）施工合同协议书。

2）中标通知书。

3）投标书及其附件。

4）施工合同专用条款。

5）施工合同通用条款。

6）标准、规范及有关技术文件。

7）图纸。

8）工程量清单。

9）工程报价单或预算书。

双方有关工程的洽商、变更等书面协议或文件视为协议书的组成部分。

上述合同文件应能够互相解释、互相说明。当合同文件中出现不一致时，上面的顺序就是合同的优先解释顺序。在不违反法律和行政法规的前提下，当事人可以通过协商变更施工合同的内容。这些变更的协议或文件效力高于其他合同文件，且签署在后的协议或文件效力高于签署在先的协议或文件。当合同文件出现含糊不清或者当事人有不同理解时，按照合同争议的解决方式处理。

6.4.4　建设工程施工合同的索赔管理

1. 施工索赔的概念及分类

（1）施工索赔的概念。索赔是当事人在合同实施过程中，根据法律、合同规定及惯例，对不应由自己承担责任的情况造成的损失，向合同的另一方当事人提出给予赔偿或补偿要求的行为。在工程建设的各个阶段，都有可能发生索赔，但在施工阶段索赔发生较多。

对施工合同的双方来说，都有通过索赔维护自己合法利益的权利，依据双方约定的合同责任，构成正确履行合同义务的制约关系。

（2）施工索赔分类。

1）按索赔的合同依据分类。

a. 合同中明示的索赔：合同中明示的索赔是指承包人所提出的索赔要求，在该工程项目的合同文件中有文字依据，承包人可以据此提出索赔要求，并取得经济补偿。这些在合同文件中有文字规定的合同条款，称为明示条款。

b. 合同中默示的索赔：合同中默示的索赔，即承包人的该项索赔要求，虽然在工程项目的合同条款中没有专门的文字叙述，但可以根据该合同的某些条款的含义，推论出承包人有索赔权。这种索赔要求，同样有法律效力，有权得到相应的经济补偿。这种有经济补偿含义的条款，在合同管理工作中被称为“默示条款”或称为“隐含条款”。

2）按索赔目的分类。

a. 工期索赔：由于非承包人责任的原因而导致施工进程延误，要求批准顺延合同工期的索赔，称之为工期索赔。工期索赔形式上是对权利的要求，以避免在原定合同竣工日不能完工时，被发包人追究拖期违约责任。一旦获得批准合同工期顺延后，承包人不仅免除了承担拖期违约赔偿费的严重风险，而且可能提前工期得到奖励，最终仍反映在经济收益上。

b. 费用索赔：费用索赔的目的是要求经济补偿。当施工的客观条件改变导致承包人增加开支，要求对超出计划成本的附加开支给予补偿，以挽回不应由他承担的经济损失。

3）按索赔事件的性质分类。

a. 工程延误索赔：因发包人未按合同要求提供施工条件，如未及时交付设计图纸、施工现场、道路等，或因发包人指令工程暂停或不可抗力事件等原因造成工期拖延的，承包人对此提出索赔。这是工程中常见的一类索赔。

b. 工程变更索赔：由于发包人或监理工程师指令增加或减少工程量或增加附加工程、修改设计、变更工程顺序等，造成工期延长和费用增加，承包人对此提出索赔。

c. 合同被迫终止的索赔：由于发包人或承包人违约以及不可抗力事件等原因造成合同非正常终止，无责任的受害方因其蒙受经济损失而向对方提出索赔。

d. 工程加速索赔：由于发包人或工程师指令承包人加快施工速度，缩短工期，引起承包人、财、物的额外开支而提出的索赔。

e. 意外风险和不可预见因素索赔：在工程实施过程中，因人力不可抗拒的自然灾害、特殊风险以及一个有经验的承包人通常不能合理预见的不利施工条件或外界障碍，如地下水、地质断层、溶洞、地下障碍物等引起的索赔。

f. 其他索赔：如因货币贬值、汇率变化、物价、工资上涨、政策法令变化等原因引起的索赔。

2. 索赔的起因

引起工程索赔的原因非常多和复杂，主要有以下方面：

(1) 工程项目的特殊性。现代工程规模大、技术性强、投资额大、工期长、材料设备价格变化快。工程项目的差异性大、综合性强、风险大，使得工程项目在实施过程中存在许多不确定变化因素，而合同则必须在工程开始前签订，它不可能对工程项目所有的问题都能作出合理的预见和规定，而且发包人在实施过程中还会有许多新的决策，这一切使得合同变更极为频繁，而合同变更必然会导致项目工期和成本的变化。

(2) 工程项目内外部环境的复杂性和多变性。工程项目的技术环境、经济环境、社会环境、法律环境的变化，诸如地质条件变化、材料价格上涨、货币贬值、国家政策、法规的变化等，会在工程实施过程中经常发生，使得工程的计划实施过程与实际情况不一致，这些因素同样会导致工程工期和费用的变化。

(3) 参与工程建设主体的多元性。由于工程参与单位多，一个工程项目往往会有发包人、总包人、工程师、分包人、材料设备供应商等众多参加单位。各方面的技术、经济关系错综复杂，相互联系又相互影响，只要一方失误，不仅会造成自己的损失，而且会影响其他合作者，造成他人损失，从而导致索赔。

(4) 工程合同的复杂性及易出错性。建设工程合同文件多且复杂，经常会出现措词不当、缺陷、图纸错误，以及合同文件前后自相矛盾或者可作不同解释等问题，容易造成合同双方对合同文件理解不一致，从而出现索赔。

以上这些问题会随着工程的逐步开展而不断暴露出来，必然使工程项目受到影响，导致工程项目成本和工期的变化，这就是索赔形成的根源。因此，索赔的发生，不仅是一个索赔意识或合同观念的问题，从本质上讲，索赔也是一种客观存在。

3. 索赔程序

（1）承包人提出索赔要求。

1）发出索赔意向通知。索赔事件发生后，承包人应在索赔事件发生后的 28 天内向监理工程师递交索赔意向通知，声明将对此事件提出索赔。该意向通知是承包人就具体的索赔事件向监理工程师和发包人表示的索赔愿望和要求。如果超过这个期限，监理工程师和发包人有权拒绝承包人的索赔要求。索赔事件发生后，承包人有义务做好现场施工的同期记录，监理工程师有权随时检查和调阅，以判断索赔事件造成的实际损害。

2）递交索赔报告。索赔意向通知提交后的 28 天内，或监理工程师可能同意的其他合理时间，承包人应递送正式的索赔报告。索赔报告的内容应包括：事件发生的原因，对其权益影响的证据资料，索赔的依据，此项索赔要求补偿的款项和工期展延天数的详细计算等有关材料。

如果索赔事件的影响持续存在，28 天内还不能算出索赔额和工期展延天数时，承包人应按监理工程师合理要求的时间间隔（一般为 28 天），定期陆续报出每一个时间段内的索赔证据资料和索赔要求。在该项索赔事件的影响结束后的 28 天内，报出最终详细报告，提出索赔论证资料和累计索赔额。

承包人发出索赔意向通知后，可以在监理工程师指示的其他合理时间内再报送正式索赔报告，也就是说，监理工程师在索赔事件发生后有权不马上处理该项索赔。如果事件发生时，现场施工非常紧张，监理工程师不希望立即处理索赔而分散各方抓施工管理的精力，可通知承包人将索赔的处理留待施工不太紧张时再去解决。但承包人的索赔意向通知必须在事件发生后的 28 天内提出，包括因对变更估价双方不能取得一致意见，而先按监理工程师单方面决定的单价或价格执行时，承包人提出的保留索赔权利的意向通知。如果承包人未能按时间规定提出索赔意向和索赔报告，则他就失去了就该项事件请求补偿的索赔权力。此时他所受到损害的补偿，将不超过监理工程师认为应主动给予的补偿额。

（2）监理工程师审核索赔报告。

1）监理工程师审核承包人的索赔申请。首先在不确认责任归属的情况下，客观分析事件发生的原因，重温合同的有关条款，研究承包人的索赔证据，并检查他的同期记录。其次通过对事件的分析，监理工程师再依据合同条款划清责任界限，必要时还可以要求承包人进一步提供补充资料。尤其是对承包人与发包人或监理工程师都负有一定责任的事件影响，更应划出各方应该承担合同责任的比例。最后再审查承包人提出的索赔补偿要求，剔除其中的不合理部分，拟定自己计算的合理索赔款额和工期顺延天数。

2）判定索赔成立的原则。监理工程师判定承包人索赔成立的条件为：

a. 与合同相比，事件已造成了承包人施工成本的额外支出，或总工期延误。

b. 造成费用增加或工期延误的原因，按合同约定不属于承包人应承担的责任，包括行为责任或风险责任。

c. 承包人按合同规定的程序提交了索赔意向通知和索赔报告。

上述三个条件没有先后主次之分，应当同时具备。只有监理工程师认定索赔成立后，才处理应给予承包人的补偿额。

3）对索赔报告的审查。监理工程师对索赔报告的审查包括事态调查、损害事件原因分析、分析索赔理由、实际损失分析和证据资料分析。

（3）确定合理的补偿额。

1）监理工程师与承包人协商补偿。监理工程师核查后初步确定应予以补偿的额度往往与承包人的索赔报告中要求的额度不一致，甚至差额较大。主要原因大多为对承担事件损害责任的界限划分不一致，索赔证据不充分，索赔计算的依据和方法分歧较大等，因此双方应就索赔的处理进行协商。

对于持续影响时间超过 28 天以上的工期延误事件，当工期索赔条件成立时，对承包人每隔 28 天报送的阶段索赔临时报告审查后，每次均应作出批准临时延长工期的决定，并于事件影响结束后 28 天内承包人提出最终的索赔报告后，批准顺延工期总天数。应当注意的是，最终批准的总顺延天数，不应少于以前各阶段已同意顺延天数之和。规定承包人在事件影响期间必须每隔 28 天提出一次阶段索赔报告，可以使监理工程师能及时根据同期记录批准该阶段应予顺延工期的天数，避免事件影响时间太长而不能准确确定索赔值。

2）监理工程师索赔处理决定。在经过认真分析研究，与承包人、发包人广泛讨论后，监理工程师应该向发包人和承包人提出自己的"索赔处理决定"。监理工程师收到承包人送交的索赔报告和有关资料后，于 28 天内给予答复或要求承包人进一步补充索赔理由和证据。《建设工程施工合同示范文本》规定，监理工程师收到承包人递交的索赔报告和有关资料后，如果在 28 天内既未予答复，也未对承包人作进一步要求的话，则视为承包人提出的该项索赔要求已经认可。

（4）发包人审查索赔处理。当监理工程师确定的索赔额超过其权限范围时，必须报请发包人批准。

发包人首先根据事件发生的原因、责任范围、合同条款审核承包人的索赔申请和监理工程师的处理报告，再依据工程建设的目的、投资控制、竣工投产日期要求以及针对承包人在施工中的缺陷或违反合同规定等的有关情况，决定是否同意监理工程师的处理意见。

索赔报告经发包人同意后，监理工程师即可签发有关证书。

（5）承包人是否接受最终索赔处理。承包人接受最终的索赔处理决定，索赔事件的处理即告结束。如果承包人不同意，就会导致合同争议。通过协商双方达到互谅互让的解决方案，是处理争议的最理想方式。如达不成谅解，承包人有权提交仲裁或诉讼解决。

4. 监理工程师的索赔管理

（1）监理工程师的索赔管理的具体任务。索赔管理是监理工程师进行工程项目管理的主要任务之一，具体的索赔管理任务包括：

1）预测和分析导致索赔的原因和可能性。在施工合同的形成和实施过程中，监理工程师为发包人承担了大量具体的技术、组织和管理工作。如果在这些工作中出现疏漏，对承包人施工造成干扰，则产生索赔。承包人的合同管理人员常常在寻找着这些疏漏，寻找索赔机会。所以监理工程师在工作中应能预测到自己行为的后果，堵塞漏洞。起草文件、下达指令、作出决定、答复请示时都应注意到完备性和严密性；颁发图纸、作出计划和实施方案时都应考虑其正确性和周密性。

2）通过有效的合同管理减少索赔事件发生。监理工程师应以积极的态度和主动的精神管理好工程，为发包人和承包人提供良好的服务。在施工中，监理工程师作为双方的纽带，应做好协调、缓冲工作，为双方建立一个良好的合作气氛。通常合同实施越顺利，双方合作得越好，索赔事件越少，越易于解决。

监理工程师应对合同实施进行有力的控制，这是其主要工作。通过对合同的监督和跟踪，不仅可以及早发现干扰事件，也可以及早采取措施降低干扰事件的影响，减少双方损失，还可以及早了解情况，为合理地解决索赔提供条件。

3）公平合理地处理和解决索赔。合理解决发包人和承包人之间的索赔纠纷，不仅符合监理工程师的工作目标，使承包人按合同得到支付，而且符合工程总目标。索赔的合理解决，是指承包人得到按合同规定的合理补偿，而又不使发包人投资失控，合同双方都心悦诚服，对解决结果满意，继续保持友好的合作关系。

（2）监理工程师索赔管理的原则。要使索赔得到公平合理的解决，监理工程师在工作中必须注意以下原则：

1）公平合理地处理索赔。监理工程师作为施工合同的管理核心，必须公平地行事。以没有偏见的方式解释和履行合同，独立地作出判断，行使自己的权力。由于施工合同双方的利益和立场存在不一致，常常会出现矛盾，甚至冲突，这时监理工程师起着缓冲、协调作用。他的处理索赔原则有如下几个方面：

从工程整体效益、工程总目标的角度出发作出判断或采取行动。使合同风险分配、干扰事件责任分担、索赔的处理和解决不损害工程整体效益和不违背工程总目标。在这个基本点上，双方常常是一致的。例如使工程顺利进行，尽早使工程竣工，投入生产，保证工程质量，按合同施工等。

按照合同约定行事。合同是施工过程中的最高行为准则。作为监理工程师更应该按合同办事，准确理解、正确执行合同。在索赔的解决和处理过程中应贯穿合同精神。

从事实出发，实事求是。按照合同的实际实施过程、干扰事件的实情、承包人的实际损失和所提供的证据作出判断。

2）及时作出决定和处理索赔。在工程施工中，监理工程师必须及时地（有的合同规定具体的时间，或"在合理的时间内"）行使权力、作出决定、下达通知、指令、表示认可等。这有如下重要作用：

可以减少承包人的索赔几率。因为如果监理工程师不能迅速及时地行事，造成承包人的损失，必须给予工期或费用的补偿。

防止干扰事件影响的扩大。若不及时行事会造成承包人停工处理指令，或承包人继续施工，造成更大范围的影响和损失。

在收到承包人的索赔意向通知后应迅速作出反应，认真研究、密切注意干扰事件的发展。一方面可以及时采取措施降低损失；另一方面可以掌握干扰事件发生和发展的过程，掌握第一手资料，为分析、评价承包人的索赔做准备。所以监理工程师也应鼓励并要求承包人及时向他通报情况，并及时提出索赔要求。

不及时地解决索赔问题将会加深双方的不理解、不一致和矛盾。如果不能及时解决索赔问题，会导致承包人资金周转困难，积极性受到影响，施工进度放慢，对监理工程师和发包人缺乏信任感；而发包人会抱怨承包人拖延工期，不积极履约。

不及时行事会造成索赔解决的困难。单个索赔集中起来，索赔额积累起来，不仅给分析、评价带来困难，而且会带来新的问题，使问题和处理过程复杂化。

3）尽可能通过协商达成一致。监理工程师在处理和解决索赔问题时，应及时地与发包人和承包人沟通，保持经常性的联系。在做出决定，特别是做出调整价格、决定工期和费用补偿决定前，应充分地与合同双方协商，最好达成一致，取得共识。这是避免索赔争议的最有效的办法。监理工程师应充分认识到，如果他的协调不成功使索赔争议升级，对合同双方都是损失，将会严重影响工程项目的整体效益。在工程中，监理工程师切不可凭借他的地位和权力武断行事，滥用权力，特别对承包人不能随便以合同处罚相威胁或盛气凌人。

4）诚实信用。监理工程师有很大的工程管理权力，对工程的整体效益有关键性的作用。发包人出于信任，将工程管理的任务交给他；承包人希望他公平行事。

（3）监理工程师对索赔的审查。

1）审查索赔证据。监理工程师对索赔报告审查时，首先判断承包人的索赔要求是否有理、有据。所谓有理，是指索赔要求与合同条款或有关法规是否一致，受到的损失应属于非承包人责任原因所造成。有据，是指提供的证据证明索赔要求成立。承包人可以提供的证据包括下列证明材料：

合同文件中的条款约定；经监理工程师认可的施工进度计划；合同履行过程中的来往函件；施工现场记录；施工会议记录；工程照片；监理工程师发布的各种书面指令；中期支付工程进度款的单证；检查和试验记录；汇率变化表；各类财务凭证；其他有关资料。

2）审查工期顺延要求。对索赔报告中要求顺延的工期，在审核中应注意以下几点：

划清施工进度拖延的责任。因承包人的原因造成施工进度滞后，属于不可原谅的延期；只有承包人不应承担任何责任的延误，才是可原谅的延期。有时工期延期的原因中可能包含有双方责任，此时监理工程师应进行详细分析，分清责任比例，只有可原谅的延期部分才能批准顺延合同工期。可原谅延期，又可细分为可原谅并给予补偿费用的延期和可原谅但不给予补偿费用的延期；后者是指非承包人责任的影响并未导致施工成本的额外支出，大多属于发包人应承担风险责任事件的影响，如异常恶劣的气候条件造成的停工等。

被延误的工作应是处于施工进度计划关键线路上的施工内容。只有位于关键线路上工作内容的滞后，才会影响到竣工日期。但有时也应注意，既要看被延误的工作是否在批准进度计划的关键路线上，又要详细分析这一延误对后续工作的可能影响。因为若对非关键路线工作的影响时间较长，超过了该工作可用于自由支配的时间，也会导致进度计划中非关键路线转化为关键路线，其滞后将导致总工期的拖延。此时，应充分考虑该工作的自由时间，给予相应的工期顺延，并要求承包人修改施工进度计划。

无权要求承包人缩短合同工期。监理工程师有审核、批准承包人顺延工期的权力，但他不可以扣减合同工期。也就是说，监理工程师有权指示承包人删减掉某些合同内规定的工作内容，但不能要求他相应缩短合同工期。如果要求提前竣工的话，这项工作属于合同的变更。

审查费用索赔要求。费用索赔的原因，可能是与工期索赔相同的内容，即属于可原谅并应予以费用补偿的索赔，也可能是与工期索赔无关的理由。监理工程师在审核索赔的过程中，除了划清合同责任以外，还应注意索赔计算的取费合理性和计算的正确性。

（4）监理工程师对索赔的反驳。首先要说明的是，这里所讲的反驳索赔仅仅指的是反驳承包人不合理索赔或者索赔中的不合理部分，而绝对不是把承包人当做对立面，偏袒发包人，设法不给予或尽量少给予承包人补偿。反驳索赔的措施是指监理工程师针对一些可能发生索赔的领域，为了今后有充分证据反驳承包人的不合理要求而采取的监督管理措施。反驳索赔措施实际上是包括在监理工程师的日常监理工作中的。能否有力地反驳索赔，是衡量监理工程师工作成效的重要尺度。

对承包人的施工活动进行日常现场检查是监理工程师执行监理工作的基础，监督现场施工按合同要求进行。检查人员应具有一定的实践经验、认真的工作态度和良好的合作精神。人员素质的高低很大程度上将决定监理工程师监理工作的成效。检查人员应该善于发现问题，随时独立保持有关情况记录，绝对不能简单照抄承包人的记录。必要时应对某些施工情况拍摄工程照片；每天下班前还必须把一天的施工情况和自己的观察结果简明扼要地写成“工程监理日志”，其中特别要指出承包人在哪些方面没有达到合同或计划要求。这种日志应该逐级加以汇总分析，最后由监理工程师或其他授权代表把承包人施工中存在的问题连同处理建议书面通知承包人，为今后反驳索赔提供依据。

合同中通常都会规定承包人应该在多长时间内或什么时间以前向监理工程师提交什么资料供监理工程师批准、同意或参考。监理工程师最好是事先就编制一份“承包人应提交的资料清单”。其内容包括资料名称、合同依据、时间要求、格式要求及监理工程师处理时间要求等，以便随时核对。如果到时承包人没有提交或提交资料的格式等不符合要求，则应该及时记录在案，并通知承包人。承包人的这种问题，可能是今后用来说明某项索赔或索赔中的某部分应由承包人自己负责的重要依据。

监理工程师要了解承包人施工材料和设备到货情况，包括材料质量、数量和存储方式以及设备种类、型号和数量。如果承包人的到货情况不符合合同要求或双方同意的计划要求，监理工程师应该及时记录在案，并通知承包人。这些也可能是今后反驳索赔的重要依据。

与承包人一样，对监理工程师来说，做好资料档案管理工作也非常重要。如果自己的资料档案不全，索赔处理终究会处于被动，只能是人云亦云。即便是明知某些要求不合理，也无法予以反驳。监理工程师必须保存好与工程有关的全部文件资料，特别是应该有自己独立采集的工程监理资料。

监理工程师通常可以对承包人的索赔提出质疑的情况有：①索赔事项不属于发包人或监理工程师的责任，而是与承包人有关的其他第三方的责任；②发包人和承包人共同负有责任、承包人必须划分和证明双方责任大小；③事实依据不足；④合同依据不足；⑤承包人未遵守意向通知要求；⑥承包人以前已经放弃（明示或暗示）了索赔要求；⑦承包人没有采取适当措施避免或减少损失；⑧承包人必须提供进一步的证据；⑨损失计算夸大等。

（5）监理工程师对索赔的预防和减少。索赔虽然不可能完全避免，但通过努力可以减少发生。

1）正确理解合同规定。合同是规定当事人双方权利义务关系的文件。正确理解合同规定，是双方协调一致地合理、完全履行合同的前提条件。由于施工合同通常比较复杂，因而“理解合同规定”就有一定的困难。双方站在各自立场上对合同规定的理解往往不可能完全一致，总会或多或少地存在某些分歧。这种分歧经常是产生索赔的重要原因之一。所以发包人、监理工程师和承包人都应该认真研究合同文件，以便尽可能在诚信的基础上正确、一致地理解合同的规定，减少索赔的发生。

2）做好日常监理工作，随时与承包人保持协调。做好日常监理工作是减少索赔的重要手段。监理工程师应善于预见、发现和解决问题，能够在某些问题对工程产生额外成本或其他不良影响以前，就把它们纠正过来，就可以避免发生与此有关的索赔。对此现场检查作为监理工程师监理工作的第一个环节，应该发挥应有的作用。对工程质量、完工工作量等，监理工程师应该尽可能在日常工作中与承包人随时保持协调，每天或每周对当天或本周的情况进行会签，取得一致意见，而不要等到需要付款时再一次处理。这样就比较容易取得一致意见，可以避免不必要的分歧。

3）尽量为承包人提供力所能及的帮助。承包人在施工过程中肯定会遇到各种各样的困难。虽然从合同上讲，监理工程师没有义务向其提供帮助，但从共同努力建设好工程这一点来讲，还是应该尽可能地提供一些帮助。这样，不仅可以免遭或少遭损失，从而避免或减少索赔。而且承包人对某些似是而非、模棱两可的索赔机会，还可能基于友好考虑而主动放弃。

4）建立和维护监理工程师处理合同事务的威信。监理工程师自身必须有公正的立场、良好的合作精神和处理问题的能力，这是建立和维护其威信的基础。发包人应该积极支持监理工程师独立、公平地处理合同事务，不予无理干涉。承包人应该充分尊重监理工程师，主动接受监理工程师的协调和监督，与监理工程师保持良好的关系。如果承包人认为监理工程师明显偏袒发包人或处理问题能力较差甚至是非不分，他就会更多地提出索赔，而不管是否有足够的依据，以求“以量取胜”或“蒙混过关”。如果监理工程师处理合同事务立场公正，有丰富的经验知识、有较高的威信，就会促使承包人在提出索赔前认真做好准备工作，只提出那些有充足依据的索赔，“以质取胜”，从而减少提出索赔的数量。发包人、监理工程师和承包人应该从一开始就努力建立和维持相互关系的良性循环，这对合同顺利实施是非常重要的。

复习思考题

1. 试述合同的概念及其法律特征。
2. 合同可做哪些分类？
3. 试述要约和承诺的概念。
4. 合同变更的条件及合同解除的程序是什么？
5. 合同纠纷解决的方式有哪些？
6. 试述违约行为的形态和违约责任方式。
7. 当事人双方如何履行监理合同？
8. 监理合同的标准条件与专用条件有何区别？
9. 简述标准条件中的词语定义。
10. 什么是索赔？索赔的依据、证据应包括哪些？索赔的程序如何？

第7章　建设工程监理信息管理

建设工程监理信息管理指的是信息传输的合理的组织和控制。工程监理过程实质上是建设工程信息管理的过程，监理工程师在明确监理信息流程的基础上，通过建立一定的组织机构，对建设工程监理信息进行收集、加工、存储、传递、分析和应用的全过程。本章详细介绍了建设工程监理活动中信息系统的运转过程以及开展监理信息管理活动的方法与程序，以及建设工程文件档案资料管理等相关知识。

7.1　建设工程监理信息管理概述

信息管理在建设工程监理工作中具有十分重要的作用，它是监理工程师控制建设工程三大目标的基础。建设工程项目的信息包括在项目决策过程、实施过程（设计准备、设计、施工和物资采购过程等）和运行过程中产生的信息，以及其他与项目建设有关的信息，它有多种分类方法。信息通常指的是用口头的方式、书面的方式或电子的方式传输（传达、传递）的知识、新闻，或可靠的或不可靠的情报。声音、文字、数字和图像等都是信息表达的形式。

7.1.1　监理信息的概念和特征

监理工作中的信息应定义为：信息是以数据形式表达的客观事实，它是对数据的解释，反映事物的客观状态和规律。监理工作中的数据包括：数值、语言、图表、图像等表达形式。数据有原始数据和加工整理以后的数据之分。无论是原始数据还是加工整理以后的数据，经人的解释即赋予一定的意义之后，才能成为信息。

监理工作中的信息具有下列特征。

1. 真实性

由于信息反映事物或现象的本质及其内在的联系，真实和准确是信息的基本特征，缺乏这一特征，不能成为信息。

2. 系统性

信息随着时间不断地变化与扩充，任何信息都是信息源中有机整体的一部分，脱离整体与系统观点而孤立存在的信息，不能认为是真正的信息。在监理工作中，造价控制信息、进度控制信息、质量控制信息，彼此之间构成一个有机的整体，具有内在的一致性，相互矛盾是不允许的。

3. 时效性

由于信息随着时间在变化，新出现的信息必然部分或全部地取代原有的信息。监理工作中，新的合同文本的实施，造价、进度计划的调整都将会产生新的信息淘汰原有的信息。

4. 不完全性

由于人的感官以及各种测试手段的局限性，对信息资源的开发和识别难以做到全面。对信息的收集、转换和利用不可避免有主观因素存在，这就存在不完全的一面。监理工作中，更多地让经验丰富的监理工程师从事监理工作，可以减少信息不完全性的一面，提高决策的正确性。

7.1.2 监理信息的表现形式及内容

监理信息管理工作涉及多部门、多环节、多专业、多渠道，工程信息量大，来源广泛，形式多样，主要有下列信息形态。

1. 文字图形信息

文字图形信息包括勘察、测绘、设计图纸及说明书、计算书、合同、工作条例及规定、施工组织设计、原始记录、统计报表、报告、信函等。

2. 语言信息

语言信息包括口头分配任务、工作指示、汇报、工作检查、介绍情况、谈判交涉、建议、工作讨论和研究、会议等。

3. 新技术信息

新技术信息包括通过网络、电话、电报、电传、计算机、电视、录像、录音、广播等现代化手段收集及处理的一部分信息。

7.1.3 监理信息的分类

建设工程监理过程中，涉及大量的信息，这些信息依据不同标准划分如下。

1. 按工程建设监理的目标划分

(1) 投资控制信息。投资控制信息是指与投资控制有关的信息。可以分为以下几类：

1) 投资标准类信息，包括各类估算指标、类似工程造价、物价指数、概算定额、预算定额、费用定额。

2) 项目计划投资信息，如投资估算、设计概算、施工图预算、合同价组成、投资目标体系。

3) 实际投资信息，如施工阶段的支付账单、投资调整、原材料价格、机械台班价格、人工费等。

4) 对以上信息进行分析对比后得出的信息，如投资分配信息、合同价格与投资分配的对比分析信息、实际投资与计划投资的动态比较信息、实际投资统计信息、项目投资变化预测信息等。

(2) 质量控制信息。质量控制信息是指与质量控制直接有关的信息。包括以下几类：

1) 与工程质量有关的标准，如国家的有关质量政策、质量法规、质量标准、工程项目建设标准等。

2) 与计划工程质量有关的信息，如工程项目的合同标准信息、材料设备的合同质量信息、质量控制工作流程、质量控制工作制度等。

3）项目进展中实际质量信息，如工程质量检验信息、材料的质量抽样检查信息、设备的质量检验信息、质量和安全事故信息。

4）以上信息加工后得到的信息，如质量目标分解结果信息、质量控制的风险分析信息、工程质量统计信息、工程实际质量与质量要求及标准的对比分析信息、安全事故统计信息、安全事故预测信息等。

（3）进度控制信息。进度控制信息是与进度控制直接有关的信息。包括以下几类：

1）与工程进度有关的标准信息，如工程施工进度定额等。

2）与工程进度计划有关的信息，如工程项目总进度计划、进度控制的工作流程、进度控制的工作制度等。

3）项目进展中产生的实际进度信息。

4）以上信息加工后产生的信息，如工程实际进度控制的风险分析、进度目标分解信息、实际进度与计划进度对比分析、实际进度与合同进度对比分析、实际进度统计分析、进度变化预测信息等。

2. 按建设监理信息的来源划分

（1）工程项目内部信息。项目的内部信息是指建设工程项目各个阶段、各个环节、各有关单位发生的信息总体。如工程概况、设计文件、施工方案；合同结构、合同管理制度；信息资料的编码体系、信息目录表、会议制度、监理组织；项目的投资目标、质量目标、进度目标等。

（2）工程项目外部信息。项目的外部信息是指来自项目以外的与项目管理有关的信息。如国家有关的政策与法规，国内及国际市场的原材料、设备价格市场变化情况，物价指数，类似工程造价、进度，投标单位的实力、信誉，新技术、新材料、新的施工方法，国际环境的变化、资金市场的变化等。

3. 按建设监理信息的稳定程度划分

（1）固定信息。固定信息是指在一定的时间内相对稳定不变的信息，包括标准信息、计划信息和查询信息。标准信息主要是指各种定额和标准，如施工定额、原材料消耗定额、设备及工具的耗损程度等；计划信息是指反映在计划期内已经确定的各项任务指标情况；查询信息是指在一个较长时间内不发生变更的信息，如国家及有关部门颁发的技术标准、不变价格、监理工作制度等。

（2）流动信息。流动信息是指在不断变化着的信息，如项目实施阶段的质量、造价及进度的统计信息，即反映在某一时刻项目建设的实际进程及计划完成情况。再如，项目实施阶段的原材料消耗量、机械台班数、人工工日数等。

4. 按建设监理信息的层次划分

（1）决策层信息。决策层信息是指有关工程项目建设过程中的战略决策所需要的信息，如项目规模、投资总额、建设总工期、承包单位的选定、合同价的确定等信息。

（2）管理层信息。管理层信息是指提供给建设单位中层领导及部门负责人作短期决策用的信息，如工程建设项目年度施工计划、财务计划、物资供应计划等。

（3）操作层信息。操作层信息是指各业务部门的日常信息，如日进度、安排月支付工程款额等。这类信息较具体，精度较高。

5. 按照信息的性质划分

按照信息的性质不同，信息可以划分为组织类信息、管理类信息、经济类信息和技术类信息。

6. 按照其他标准划分

(1) 按照信息范围的不同，可以把信息划分为精细的信息和摘要的信息。

(2) 按照信息的时间不同，可以把信息划分为历史性信息、即时信息和预测信息。

(3) 按照监理阶段的不同，可以把信息划分为计划的信息、作业的信息、核算的信息、报告的信息等。

(4) 按照对信息的期待性不同，可以把信息划分为预知的信息和突发的信息。

建设工程监理信息的分类有其他一些方法，因较为少见，不再详述。

7.1.4 监理信息的作用

建设工程监理业作为知识密集型的高智力服务业，它依靠的是专业人士的知识、经验为客户提供决策、咨询服务，而这些服务是离不开信息的。可以说监理工程师是信息工作者，他生产、收集、使用和处理的都是信息，主要体现监理成果的也是各种信息。建设监理信息对监理工程师开展监理工作，对监理工程师进行决策具有重要的作用。

1. 监理信息是建设工程监理不可缺少的资源

工程项目的建设过程，实际上是人、财、物、技术、设备等五项资源的投入过程。而要高效、优质、低耗地完成建设工程任务，还必须通过信息的收集、加工和应用实现对上述资源的规划和控制。工程项目的建设过程可用如图 7.1 所示。

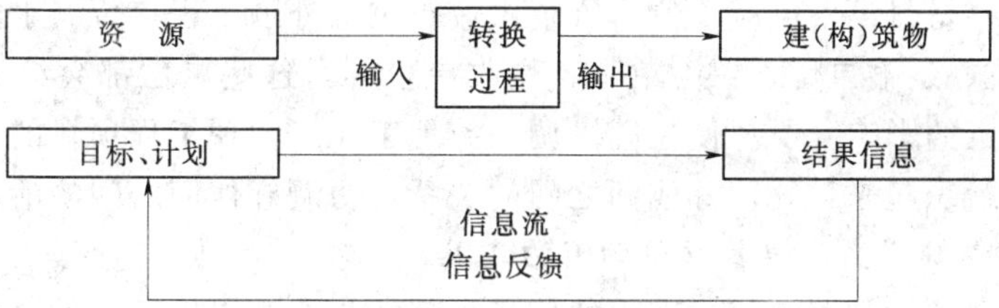

图 7.1　工程项目建设全过程的信息化

从图 7.1 中可以看出，在工程项目的建设过程中有两种流动，即物流和信息流。其中，物流是客观存在的实体，它的畅通无阻，要求有足够的信息流来保证。信息流是伴随着物流而产生的，它对物流起着主导作用，如果不能充分发挥信息流的主导作用，就会导致物流的混乱。建设工程监理的主要功能就是通过信息流的作用来规划、调节物流的数量、方向、速度和目标，使其按照一定的规划运行，最终实现建设工程的三大目标。因此，信息也是建设工程监理工作中不可缺少的重要资源。

2. 监理信息是监理工程师实施目标控制的基础

控制是建设工程监理的主要手段。控制的主要任务是将计划的执行情况与计划目标进行对比分析，找出差异及其产生的原因，然后采取有效措施排除和预防产生差异的原因，保证项目总体目标得以实现。为了有效地控制工程项目投资目标、质量目标及进度目标，监理工程师的工作：首先，掌握有关项目三大目标的计划值；它们是控制的依据。其次，监理工程师还应掌握三大目标的实际执行情况。只有充分掌握了这两方面的信息，监理工程师才能实施控制工作。因此，从控制的角度讲，如果没有信息，或信息不准确、不及时，监理工程师将无法实施正确的监理。

3. 监理信息是进行监理决策的依据

监理工程师在开展监理工作时，随时都要进行决策。决策正确与否，直接影响工程项目建设总目标的实现及监理单位、监理工程师的信誉。而影响监理决策正确与否的主要因素之一就是信息。如果没有可靠的、充分的信息作为依据，要做出正确的决策是不可能的。例如，在工程施工招标阶段，监理工程师要对投标单位进行资格预审，以确定哪些报名参加投标的承包单位能满足招标工程的需要。为了进行这项工作，监理工程师就必须详细了解各个参加资格预审单位的技术水平、财务实力和施工管理经验等方面的信息。再如，施工阶段对工程进度款的支付决策，监理工程师也只有在掌握有关承包合同的规定及实际施工状况等信息后，才能决定是否支付及支付多少等。由此可见，信息是监理决策的重要依据。

4. 监理信息是有效进行合同管理的基础

合同管理是贯穿监理工作始终的一项中心任务，这需要监理工程师必须充分掌握合同信息，熟悉合同内容，掌握合同双方所应承担的权利、义务和责任。为了掌握合同双方履行合同的情况，必须在工作时收集各种信息。对合同出现的争议，必须在大量的信息基础上做出判断和处理。对索赔，需要审查判断索赔的依据，分清责任原因，确定索赔数额。这些工作都必须以自己掌握的大量准确的信息为基础，因此说监理信息是合同管理的基础。

5. 监理信息是监理工程师协调工程项目建设各有关单位之间关系的纽带

工程项目的建设过程涉及众多的单位。如与工程项目审批有关的政府部门、业主、设计单位、承包商、材料设备供应单位、资金供应单位、外围工程单位（水、电、煤气、通信等）、毗邻单位、运输单位、保险单位、税收单位等，这些单位都会给工程项目目标的顺利实现带来一定的影响。要想使他们协调一致地工作，实现工程项目的建设目标，就必须用信息将他们组织起来，处理好他们之间的关系，协调好他们之间的活动。

6. 监理信息是建设监理单位竞争的有力工具

如果监理工程师能掌握完善、准确的信息，就能为业主提供可靠的决策支持，就能有效地控制工程项目的建设目标。特别是监理信息系统的建立，会使监理工程师的工作更加有效。随着市场竞争的加剧，信息和信息技术会为建设监理单位创造越来越多的竞争优势，使建设监理单位在竞争中得到生存与发展。

总之，建设工程监理信息渗透到监理工作的每一个方面，它是建设监理工作不可缺少的要素。如同其他资源一样，信息是十分宝贵的资源，要充分地开发和利用它。

7.2　建设工程监理信息管理流程

7.2.1　监理信息管理概述

1. 监理信息管理基本环节

监理单位的管理活动，其本质是信息管理的过程。信息管理是指对信息的收集、整理、处理、存储、传递和使用等一系列工作的总称。信息管理的目的就是指通过组织的信息流通，使决策者能及时、准确地获得有用的信息。为了达到信息管理的目的，就要把握信息管理的各个环节，把管理工作做好。信息管理基本环节包括：

(1) 了解和掌握信息来源，对信息进行分类。

(2) 掌握和正确运用信息管理的手段（如计算机）。

(3) 掌握信息流程的不同环节，包括信息的收集、加工、储存、检查、传递和应用等，建立信息管理系统。

2. 监理信息管理的基本任务

建设工程监理信息管理在监理活动过程中的基本任务包括：

(1) 实施最优控制。控制是建设监理的主要手段。控制的主要任务是把计划执行情况与计划目标进行比较，找出差异、分析差异、排除和预防产生差异的原因，使总体目标得以实现。

为了进行比较分析及采取措施来控制项目投资质量进度目标，监理工程师首先应掌握有关项目的三大目标和计划值，还应了解三大目标的执行情况。监理工程师必须充分掌握、分析处理这两方面的信息，以便实施最优控制。

(2) 进行合理决策。建设监理决策的正确与否，直接影响着项目建设总目标的实现及监理单位、监理工程师的信誉。监理决策正确与否，取决于各种因素，其中最重要的因素之一就是信息。因此，监理工程师在工程施工招标、施工等各个阶段，都必须充分地收集信息、加工和整理信息，只有这样，才能作出科学的、合理的监理决策。

(3) 妥善协调项目建设各有关单位之间的关系。工程项目的建设涉及众多的单位，如政府部门、承包单位、建设单位、设计单位、材料设备供应单位、外围工程单位、毗邻单位、运输、保险、税收单位等。这些单位都会对项目的实现带来一定的影响。为了与这些单位有机联系，需要加强信息管理，妥善协调各单位之间的关系。

3. 监理信息管理的特点

(1) 有强烈的时效性。在建设工程监理中，大量发生的是在工程建设中的实时数据。工程建设又具有投资大、工期长、项目分散、管理部门多、参与建设单位多的特点，如果不能及时得到工程中大量发生的变化极大的数据，不能及时把不同的数据传递到需要相关数据的不同单位、部门，势必影响各部门工作，影响监理工程师做出正确的判断，影响监理的工作质量。因此，及时、准确地得到工程中随时产生的数据及外界瞬息万变的信息是十分必要的。

(2) 不同的监理层次、部门、阶段对信息需求的侧重点不同。建设工程监理的不同层次、不同部门、不同阶段虽然都需要信息，但侧重点不同。在工程前期，较多地是需要外界的信息。例如：资金市场、期货市场、劳务市场、科技市场的信息。一旦工程开工，则需要工程中发生的工程质量、工程进度、合同执行情况的信息。工程后期则要收集工程中实际执行情况的系统信息，以满足竣工验收及保修所需的信息。不同的监理业务部门侧重点不同更是不言而喻的。例如：经济部门需要知道工程的大致进度，但他们更关心的是工程中实际发生的资金使用情况及与计划价格之间的差异。对监理高层管理者，不一定需要工程细部发生的资金使用情况，而更多的是关心分项、分部工程使用资金的总体情况，对具体的监理业务部门，则需要详细的、系统的、全面的本部门所需数据，以及其他部门大致的信息。因此，监理信息管理部门就应该满足这些不同阶段、不同层次、不同部门的信息需要，提供不同类型、精度、来源的信息。

（3）监理中不但需要随时发生情况的信息，也需要大量的历史数据。监理前期，在项目可行性研究及项目评估时，虽然每一个工程都不同于以前建成的工程，有其特殊性，但同类工程还有一定的共性，较多地吸取已建工程的经验及教训，对工程建设仍是十分必要的，因此，历史性数据的收集对建设前期是特别重要的。

4. 监理信息流概念

信息流程反映了监理工作中各参加部门、各单位之间的关系。为了监理工作的顺利完成，必须使监理信息在上下级之间、内部组织与外部环境之间流动，称为“信息流”。

监理工作中的信息流常有以下几种：

（1）自上而下的信息流。自上而下的信息流是指从主管单位、主管部门、建设单位以及总监开始，流向项目监理工程师、检查员，乃至工人班组的信息，或在分级管理中，每一个中间层次的机构向其下级逐级流动的信息，即信息源在上，接受信息者是其下属。这些信息主要指监理目标、工作条例、命令、办法及规定、业务指导意见等。

（2）自下而上的信息流。自下而上的信息流是指由下级向上级（一般是逐级向上）流动的信息。信息源在下，接受信息者在上。主要指项目实施和监理工作中有关目标的完成量、进度、成本、质量、安全、消耗、效率、监理人员的工作情况等。此外，还包括上级部门所关注的意见和建议等。

（3）横向间的信息流。横向流动的信息是指建设监理工作中，同一层次的工作部门或工作人员之间相互提供和接受的信息。这种信息一般是由于分工不同而各自产生的，但为了共同的目标又需要相互协作、互通有无或相互补充，以及在特殊、紧急情况下，为了节省信息流动时间而需要横向提供的信息。

（4）以信息管理部门为集散中心的信息流。信息管理部门为项目决策做准备，因此，既需要大量信息，又可以作为有关信息的提供者。他是汇总、分析、发布信息的部门，帮助工作部门进行规划、任务检查，对有关的专业、技术与问题进行咨询。因此，各工作部门不仅要向上级汇报，而且应当将信息传递给信息管理部门，以有利于信息管理部门为决策做好充分准备。

（5）工程项目内部与外部环境之间的信息流。项目监理机构（公司）与建设单位、承包单位、设计单位、建设银行、质量监督主管部门、有关国家管理部门和业务部门，都不同程度地需要信息交流，既要满足自身监理的需要，又要满足与环境的协作要求，或按国家规定的要求相互提供信息。

上述几种信息流都应有明晰的流线，并都要畅通。实际工作中，自下而上的信息流比较畅通，自上而下的信息流往往渠道不畅或流量不够。因此，工程项目主管应当采取措施防止信息流通的障碍，发挥信息流应有的作用，特别是对横向间的信息流动以及自上而下的信息流动，应给予足够的重视，增加流量，以利于合理决策、提高工作效率和经济效益。

监理信息管理贯穿于建设工程全过程，衔接建设工程各个阶段、各个参与单位和各个方面。其基本的环节有：信息的收集、传递、整理、检索、分发、存储。

7.2.2　监理信息的收集

1. 工程项目建设前期的信息收集

工程项目在正式开工之前，需要进行大量的工作，这些工作将产生大量的文件，文件中包含着丰富的信息，工程建设的监理单位应当了解和掌握这些内容。

(1) 计划任务书及其有关资料的收集。计划任务书又称设计任务书，它是确定工程项目建设方案（包括建设规模、建设布局和建设进度等原则问题）的重要文件，也是编制工程设计文件的重要依据。所有新建或扩建的工程项目，都要根据资源条件和国民经济发展规划按照工程项目的隶属关系，由主管部门组织有关单位提前编制设计任务书。

(2) 设计文件及有关资料的收集。工程项目的设计任务书经审批后，主管部门需要委托设计单位编制工程设计文件。工程设计文件通常包括以下内容：

1) 社会调查情况。建设地区的工农业生产、社会经济、地区历史、人民生活水平以及自然灾害等调查情况。

2) 工程技术勘测调查情况。收集建设地区的自然条件资料，如河流、水文资源、地质、地形、地貌、水文地质、气象等资料。

3) 技术经济勘察调查情况。主要收集工程建设地区的原材料、燃料来源、水电供应和交通运输条件、劳力来源、数量和工资标准等资料。

4) 设计图纸反映出大量的信息。如施工总平面图，建筑物的施工平面图和剖面图，安装施工详图、各种专门工程的施工图以及各种设备和材料的明细表等，依据施工图设计所提出的预算等。

(3) 招标投标合同文件及其有关资料的收集。招投标文件是工程建设项目管理的法规，是监理工程师必须熟练掌握的。其主要内容包括：投标邀请书、投标须知、合同双方签署的合同协议书、履约保函、合同条款、投标书及其附件、工程报价表及其附件、技术规范、招标图纸、建设单位在招标期内发生的所有补充通知、承包单位在投标期补充的所有书面文件、建设单位发布的中标通知书等。

在招标文件中包含大量的信息，包括建设单位的全部“要约邀请”条件，承包单位的全部“要约”条件。如建设单位所提供的材料供应、设备供应、水电供应、施工道路、临时房屋、征地情况、通信条件等。承包单位所投入的人力、机械方面的情况、工期保证、质量保证、造价保证、施工措施、安全保证等。

2. 工程施工中信息的收集

工程项目在整个施工阶段，每天都发生各种各样的情况，相应地包含着各种信息，需要及时收集和处理。因此，工程的施工阶段，可以说是大量的信息产生、传递和处理的阶段，监理工程师的信息管理工作，也主要集中在这一阶段。

(1) 收集建设单位提供的信息。建设单位作为工程项目建设的投资者及组织者，在施工中要按照合同文件规定提供相应条件，并要不时表达对工程各方面的意见和方法，下达某些指令。因此，应及时收集建设单位提供的信息：

1) 建设单位负责工程项目某些材料（钢材、木材、水泥等）的供应时，以某一价格提供承包单位使用，建设单位应及时将这些材料在各个阶段提供的数量、材质证明、试验资料、运输距离等情况告诉有关方面的单位，监理工程师应及时收集这些信息资料。

2）建设单位在建设过程中对各种有关进度、质量、造价、合同等方面的意见和看法，监理工程师应及时收集。

（2）收集承包单位提供的信息。承包单位在施工中，现场所发生的各种情况均包含了大量的信息，承包单位自身必须掌握和收集这些信息。监理工程师在现场中也必须掌握和收集。

承包单位在施工中必须经常向有关单位，包括上级部门、设计单位、监理单位及其他方面发出某些文件，传达一定的内容。如向监理单位报送施工组织设计、报送各种计划、单项工程施工措施、月支付申请表、各种工程项目自检报告、质量问题报告、有关的意见等。监理工程师应全面系统地收集这些信息资料。

（3）项目建设监理记录。这里所说项目建设监理记录是指现场监理工程师的监理记录。主要包括工程施工过程记录、工程质量记录、工程计量和工程款拨付记录、工程竣工记录等内容。

1）现场监理人员的日报表（监理日志）。主要包括如下内容：当天的施工内容；当天参加施工的人员（工种、数量等）；当天施工用的机械（名称、数量等）；当天发现的施工质量问题；当天的施工进度与计划施工进度的比较（若发生施工进度拖延，应说明其原因）；当天的综合评语，其他说明（应注意的事项）等。

现场监理人员的日报表可采用表格式，力求简明，要求每日填报。

2）工地日志。主要包括：现场监理人员的日报表；现场每日的天气记录；监理工作纪要；其他有关情况与说明等。

3）现场每日的天气记录。主要内容为：当天的最高、最低气温；当天的降雨、降雪量；当天的风力及天气状况；因气候原因当天损失的工作时间等。

若施工现场区域大，工地的气候情况差别较大，则应记录两个或多个地点的气象资料。

4）施工现场监理负责人的日志。主要包括如下内容：当天所作的重大决定；当天对施工单位所作的主要指示；当天发生的纠纷及可能的解决办法；该工段项目监理总负责人（或其他代表）来施工现场涉及的问题；当天与该工程项目监理总负责人的口头谈话摘要；当天对施工现场监理工程师（监理员）的指示；当天与其他人达成的任何主要协议，或对其他人的主要指示等。

该日志属施工现场监理负责人的个人记录，应每日记录。

5）施工现场监理负责人周报。施工现场监理负责人应每周向工程项目监理总负责人（总监理工程师）汇报一周内所发生的重大事件。

6）施工现场监理负责人月报。施工现场监理负责人应每月向监理总负责人及建设单位汇报下列情况：工程施工进度状况（与合同规定的进度作比较）；工程款支付情况；工程进度拖延的原因分析；工程质量情况与问题；工程进展中主要困难与问题，如施工中的重大差错，重大索赔事件、材料、设备供货困难，组织、协调方面的困难，异常的天气情况等。

7）施工现场监理负责人对施工单位的指示。主要内容为：正式函件（用于重大的指示）；日常指示，如在每日的工地协调会中发出的指示，在施工现场发出的指示等。

8）施工现场监理负责人给施工单位的补充图纸。

9）工程质量记录。主要包括试验结果记录及样本记录等。

（4）收集工地会议信息。工地会议是监理工作的一种重要方法，会议中包含着大量的监理信息，这就要求监理工程师必须重视工地会议，并建立一套完善的会议制度，以便于会议信息的收集。会议制度包括会议的名称、主持人、参加人、举行会议的时间、会议地点等，每次工地会议都应有专人记录，会议后应有正式会议纪要等。

工地会议属监理工程师行政管理的一部分，它包括开工前的第一次工地会议及开工后的工地例会。

第一次工地例会会议纪要应由项目监理机构负责起草，并经与会各方代表会签。

工地例会。在施工过程中，总监理工程师应定期主持召开工地例会。工地例会纪要应由项目监理机构负责起草，并经与会各方代表会签。

总监理工程师或专业监理工程师应根据需要及时组织专题会议。专题工地会议是为解决施工过程中的专门问题而召开的会议，由总监理工程师或其授权的监理工程师主持。工程项目各主要参建单位均可向项目监理机构书面提出召开专题工地会议的建议。专题工地会议纪要的形成过程与工地例会相同。

3. 工程竣工阶段的信息收集

工程项目竣工验收是工程建设的一个主要阶段，是工程建设的最后一道程序，是全面检验工程建设是否符合设计要求和施工质量的重要环节，也是检查承包合同执行情况，促进建设项目及时投产和交付使用，发挥投资效益阶段。因此，按要求进行工程竣工验收时，需要大量的对竣工验收有关的各种资料信息。这些信息一部分是在整个施工过程中，长期积累形成的；一部分是在竣工验收期间，根据积累的资料整理分析而形成的。

完整的竣工资料应由承包单位编制。监理工程师根据平时了解现场的情况，对资料审查结果，提出验收意见，请建设单位及有关人员，对工程实物质量及资料进行讨论，做出全面评价，形成经验收组人员签署的工程竣工验收意见。

7.2.3　监理信息的加工整理

现代管理主要是建立在信息处理的基础之上，所以监理工程师除应注意各种原始资料的收集外，还要对收集来的资料进行加工整理。要使得信息能有效发挥作用，就必须迅速、准确、及时地反馈和处理信息。监理工程师对收集到的原始信息加工整理是对收集的大量原始信息进行分类、排队、筛选、计算、比较和选择等工作。

（1）分类：如监理单位内部、外部、日常、突发等类别。

（2）排队：排队、分级，决定传递到哪一级，是立即传递还是留待例会。

（3）筛选：检查核实，把失真信息剔除。

（4）计算：利用数理统计和管理图表方法进行必要的计算分析。

（5）比较：与“标准”进行比较，如实际进度与计划进度的比较。

（6）选择：根据比较结果进行分析判断。

信息加工整理的作用如下：

（1）通过加工将信息进行分类，使之标准化、系统化。

（2）经过收集资料真实程度、准确程度的比较、鉴别，剔除错误的信息，获得正确的信息。

（3）经过加工后的信息，便于存储、检索、传递。

所以，信息加工整理要本着标准化、系统化、准确性、时间性的原则进行。

监理工程师对信息进行加工整理即形成各种监理资料。如各种往来信函、文件，各种指令，会议纪要、备忘录、协议以及工作报告。工作报告是最主要的加工整理成果，主要包括以下几种工作报告：

（1）现场监理日报表。

（2）现场监理工程师周报。

（3）监理工程师月报，包括：工程进度、工程质量、计量支付、质量事故、工程变更、民事纠纷、合同纠纷、监理工作动态等。

7.2.4　监理信息的储存与传递

1. 监理信息的储存

监理信息的储存是指将加工处理后的信息作为档案保存起来以备将来使用。经过加工处理的监理信息，按照一定的规定，记录在相应的信息载体上，并把这些记录的信息载体，按照一定的特征和内容，组织成为系统的、有机的整体供人们检索，这个过程称为监理信息的储存。

无论是存入档案库还是存入计算机存储器的信息、资料，为了查找方便，在入库前都要拟定一套科学的查找方法和手段，这就是信息的检索。做好编目分类工作，健全检索系统可以使报表、文件、资料、技术档案既能保存完好，又能保证迅速查找。

监理信息储存的主要载体是文件、报告报表、图纸、音像资料等。监理信息的储存，主要就是将这些材料按照不同的类别，进行详细的登录、存放，建立资料归档系统。

监理资料的归档，一般按以下几类进行：一般函件、监理报告、计量与支付资料、合同管理资料、图纸、技术资料、试验资料、工程照片等。

2. 监理信息的传递

监理信息的传递是借助一定的载体（如纸张、软盘、磁带等），在监理工作的各部门、各单位之间的传递。通过传递，形成各种信息流。畅通的信息流，将利用报表、图表、文字、记录、电信、各种收发、会议、审批及电子计算机等传递手段，不断地将监理信息传递到使用者手中。监理信息在传递的过程中，通常形成自上而下、自下而上、内部横向以及与外部环境沟通的各种信息流。

信息管理的目的是为了更好地使用信息，为决策服务。处理好的信息，要按照需要和要求编印成各类报表和文件，以供监理工作使用。信息的使用效率和使用质量随着计算机的普及而提高，存储于计算机数据库中的数据，已成为信息资源，可为各个部门所共享。因此，利用计算机做好信息的加工储存工作，是更好地使用信息的前提。

7.3 建设工程监理信息管理系统

7.3.1 监理信息管理系统的概念与作用

7.3.1.1 监理信息管理系统的概念

监理信息管理系统是以计算机为工具，运用系统科学的技术手段，对监理工作中的信息进行管理的计算机辅助系统。它由质量、进度、投资等多个管理模块组成，协助完成全面的监理工作。

监理信息系统为监理工程师提供标准化的、合理数据；提供一定要求的、结构化的数据；提供预测、决策所需的信息及数字；提供编制计划、修改计划、计划调控的必要科学手段及应变程序；保证对随机问题处理时，为监理工程师提供多个可供选择的方案。

根据系统原理，建设工程监理信息系统由输入、处理、输出、反馈、控制五个基本要素组成。其中反馈和控制也可合并到处理之中，则最简单的系统由输入、处理和输出组成。因此，信息系统就是信息被输入、被处理，最后被输出的系统，也就是信息流通的系统。信息系统可以用各种形式来表示，一般的信息系统如图 7.2 所示。

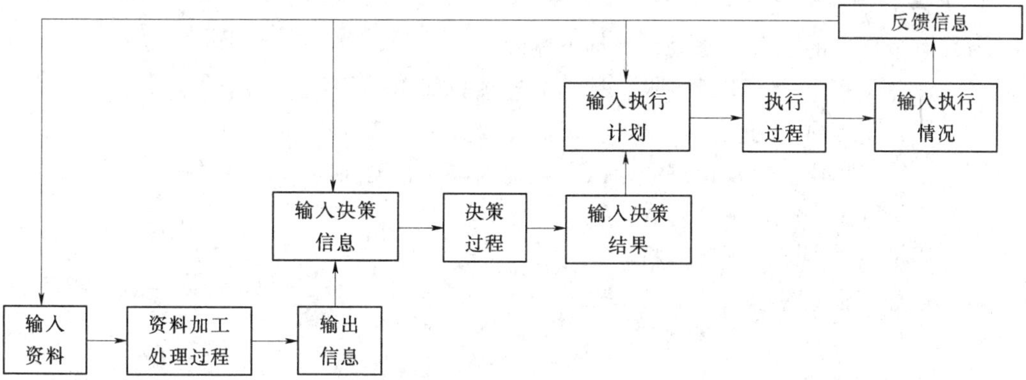

图 7.2 信息系统的一般模式

7.3.1.2 监理信息管理系统的作用

1. 跟踪工程进展，服务于动态监控

工程项目实施的全过程监控是动态控制。动态控制分为三个基本步骤：确定目标、检查成效、纠正偏差，如此不断循环。其中目标是长久或短期的静态信息，偏差是动、静态信息之差，过程是信息流动。信息管理涉及工程的整个进行过程，为工程决策服务；信息管理系统的运转与动态控制同步，跟踪工程进展，为动态控制服务，如果事前能分析出动、静态信息之间偏差的可能性，采取预防措施，就可实现主动控制。系统还提供了必要的决策及预测手段，有利于提高监理工程师的决策水平。

2. 规范监理工作行为，提高监理工作效率

监理工作标准化是提高监理工作质量的必由之路，监理信息系统通常是按标准监理工作程序建立的，它带来了信息的规范化、标准化，使信息的收集和处理更及时、更完整、

更准确、更统一。通过系统的应用，促使监理人员工作行为更规范。

监理信息管理系统实现办公自动化，使监理人员从简单烦琐的事务性作业中解脱出来，有更多的时间用在提高监理质量和效益方面，系统为监理人员提供有关监理工作的各项法律法规、监理案例、监理常识的咨询功能，能自动处理各种信息，快速生成各种文件和报表，这些都有利于提高监理工作效率、监理质量和监理水平。

3. 信息交流，资源共享

信息管理系统的数据库是由多个部门共同协作建立，是工作的依据和成果。一个完善的信息管理系统可实现各方共有信息的资源共享，避免重复劳动，加快信息流通的进程。借助于系统终端与国际互联网的链接能得到更多、更新的信息数据，了解国内外新工艺、新材料、新技术的应用和发展前景，发布信息简报，增加同行之间的信息交流。

7.3.2　建设工程监理信息系统的构成和功能

监理工程师的主要工作是控制工程建设的质量、投资、进度和安全，进行工程建设合同管理，协调有关单位间的工作关系。监理管理信息系统的构成应围绕着完成监理工作任务设置，因此，监理管理信息系统一般由质量控制子系统、投资控制子系统、进度控制子系统、安全控制子系统、合同管理子系统、组织协调子系统构成。各子系统的功能如下：

1. 质量控制子系统

（1）质量标准的录入、修改、查询、删除。

（2）已完工程质量与质量要求、标准的比较分析。

（3）工程实际质量与质量要求、标准的比较分析。

（4）已完工程质量验收记录的录入、查询、修改、删除。

（5）质量安全事故记录的录入、查询、统计分析。

（6）质量安全事故的预测分析。

（7）各种工程质量报表。

2. 投资控制子系统

（1）原始数据的录入、修改、查询。

（2）投资分配分析。

（3）投资分配与项目概算及预算的对比分析。

（4）合同价格与投资分配、概算、预算的对比分析。

（5）实际投资支出的统计分析。

（6）实际投资与计划投资（预算、合同价）的动态比较。

（7）项目投资计划的调整。

（8）项目结算与预算、合同价的对比分析。

（9）各种投资报表。

3. 进度控制子系统

（1）原始数据的录入、修改、查询。

（2）编制网络计划和多级网络计划。

（3）各级网络间的协调分析。

(4) 绘制网络图及横道图。

(5) 工程实际进度的统计分析。

(6) 工程进度变化趋势预测。

(7) 计划进度的调整。

(8) 实际进度与计划进度的动态比较。

(9) 各种工程进度报表。

4. 安全控制子系统

(1) 安全生产法规查询。

(2) 安全生产管理措施。

5. 合同管理子系统

(1) 合同结构模式的提供和选用。

(2) 合同文件的录入、修改、删除。

(3) 合同文件的分类查询和统计。

(4) 合同执行情况跟踪和处理过程的记录。

(5) 工程变更指令的录入、修改、查询、删除。

(6) 经济法规、规范标准、通用合同文本的查询。

6. 组织协调子系统

(1) 工程建设相关单位查询。

(2) 协调记录。

7.3.3 建设工程项目管理软件

目前，国内外许多以合同管理、项目进度控制、质量控制等为主要目标的商品化软件已经逐步发展完善起来。以下介绍几种常用的项目管理软件。

7.3.3.1 综合进度计划管理软件

1. Primavera Project Planner (P3)

P3 是用于项目进度计划、动态控制、资源管理和费用控制的总和进度计划管理软件。其特点在于：拥有较为完善的管理复杂、大型建设工程项目的手段，拥有完善的编码体系，包括 WBS（工作分解结构）编码、作业代码编码、作业分类码编码、资源编码和费用科目编码等。这些编码以及编码所带来的分析、管理手段，给项目管理人员的管理以充分的回旋余地，项目管理人员可以从多个角度对工程进行有效的管理。P3 的具体功能包括：

(1) 同时管理多个工程，通过各种视图、表格和其他分析展示工具，帮助项目管理人员有效控制大型、复杂项目。

(2) 可以通过开放数据库互联（ODBC）与其他系统结构进行相关数据的采集、数据存储和风险分析。

(3) 提供了上百种标准的报告，同时还内置报告生成器，可以生成各种定义的图形和报告表格。但其在大型项目层次划分上的不足和相对薄弱的工程汇总功能将其应用限制在了一个比较小的范围内。

2. Primavera Project Planner for Enterprise（P3e）是 P3 改进后的结果

（1）首次在项目管理软件中增加了企业项目结构图（EPS），利用 EPS 使得企业或项目组织可以按多重性对项目进行层次化的组织，使得企业可以基于 EPS 层次化的结构的任一层次和任一点进行项目执行情况的财务分析。

（2）提供了完善的编码结构体系。除了提供企业项目结构、工作分解结构、资源分解结构、费用分解结构、作业分类码和报表结构等，所有的结构体系均提供了直观的树形视图。

（3）提供了丰富的报表。

（4）支持基于 EPS、WPS 的自上而下预算分摊。P3e 支持按项目权重、里程碑权重、作业步骤及其权重进行绩效衡量，这些设置连同多样化的“赢得值”技术，使得“进度价值”的计算方法拟人化而又符合客观实际。

（5）提供了专业的、结合进度的资源分析和管理工具，可以通过资源分解结构对企业的全部资源进行管理，资源还可以按角色、技能、种类划分。使用资源的角色、技能、种类可以为资源协调与替代提供方便，从而使资源得到充分的利用。

（6）内置了风险管理功能。对项目的不确定性因素的管理分析，是企业风险控制的基础。P3e 的风险管理功能，提供了风险识别、分类、指定影响分析的优先等级功能。用户也可以自行创建风险管理计划，估计并指定发生概率，并指定组织中特定的人对特定的风险管理工作负责。

（7）内置了临界值的管理与问题追踪功能。通过预先设置的费用、进度，以及赢得值的临界值及其处理措施，对实施中出现的超临界状态自动通知相关责任人，并可以利用问题跟踪功能对问题进行跟踪。

（8）支持大型关系数据库 Oracle，MS SQL Server，为企业和建设工程项目管理信息系统的构建提供了极大的便利。

（9）拥有更为直观易用的操作界面和更为全面的在线帮助。

3. Microsoft Project

由 Microsoft 公司推出的 Microsoft Project 是到目前为止在全世界范围内应用最广的、以进度计划为核心的项目管理软件，Microsoft Project 可以帮助项目管理人员编制进度计划，管理资源的分配，生成费用预算，也可以绘制商务图表，形成图文并茂的报告。

该软件的典型功能特点如下：

（1）进度计划管理。Microsoft Project 为项目的进度计划管理提供了完备的工具，用户可以根据自己的习惯和项目的具体要求采用“自下而上”或“自上而下”的方式安排整个建设项目。

（2）资源管理。Microsoft Project 为项目资源管理提供了适度、灵活的工具，用户可以方便地定义和输入资源，可以采用软件提供的各种手段观察资源的基本情况和使用状况，同时还提供了解决资源冲突的手段。

（3）费用管理。Microsoft Project 为项目管理工作提供了简单的费用管理工具，可以帮助用户实现简单的费用管理。

（4）突出的易学易用性，完备的帮助文档。Microsoft Project 是迄今为止易用性最好的项目管理软件之一，其操作界面和操作风格与大多数人平时使用的 Microsoft Office 软件中的 Word、Excel 完全一致。

（5）强大的扩展能力，与其他相关产品的融合能力。作为 Microsoft Office 的一员，Microsoft Project 也内置了 Visual Basic for Application（VBA），VBA 是 Microsoft 开发的交互式应用程序宏语言，用户可以利用 VBA 作为工具进行二次开发，一方面可以帮助用户实现日常工作的自动化；另一方面还可以开发软件所没有提供的功能。此外，用户还可以依靠 Microsoft Project 与 Office 家族的其他软件的紧密联系，将项目数据输出到 word 中生成报告，输出到 Excel 中生成电子表格文件或图形，输出到 Power Point 中生成演示文件，还可以将 Microsoft Project 的项目文件直接存储为 Access 数据库文件，实现项目管理信息系统的直接对接。

4. Welcom Open Plan 项目管理软件

（1）进度计划管理。Open Plan 采用自上而下的方式分解工程，拥有无限级别的子工程，每个作业都可以分解为子网络、孙网络，无限分解。这一特点为大型、复杂建设工程项目多级网络计划的编制和控制提供了便利；此外，其作业数目不限，同时提供了 257 位宽度的作业编码和作业分类码，为建设工程项目的多层次、多角度管理提供了可能，使得用户可以很方便地实现这些编码与工程信息管理系统中其他子系统的编码的直接对接。

（2）资源管理与资源优化。资源分解结构（RBS）可结构化地定义数目无限的资源，包括资源群、技能资源，以及通常资源、消费品、消耗品。拥有资源强度非线性曲线、流动资源计划。

在资源优化方面拥有独特的资源优化计算方法，4 个级别的资源优化程序，可以通过对作业的分解、延伸和压缩进行资源优化，可以同时优化无限数目的资源。

（3）项目管理模板。Open Plan 中的项目专家提供了几十种基于美国项目管理学会（PMI）专业标准的管理模板，用户可以使用或自定义管理模板，建立 C/SCSC（费用/进度控制系统标准）或 ISO 标准，帮助用户自动应用项目标准和规程进行工作。

（4）风险分析。Open Plan 集成了风险分析模拟工具，可以直接使用进度计划数据计算最早可能开始时间、最早可能完成时间、最迟必须开始时间、最迟必须完成时间、自由时差和总时差、作业危险程度指标等。

（5）开放的数据结构。Open Plan 全面支持 OLE2.0、Excel 与 Windows 应用软件，可简单地拷贝和粘贴；工程数据文件可保存为通用的数据库，如 Microsoft Access、Oracle、Microsoft SQL Server、Sybase，以及 FoxPro 的 DBF 数据库；用户还可以修改数据库结构增加自己的字段，并定义计算公式。

7.3.3.2　合同事务管理与费用控制管理软件

1. Primavera Expedition 合同管理软件

由 Primavera 公司开发的合同管理软件 Expedition，以合同为主线，通过对合同执行过程中发生的诸多事务进行分类、处理和登记，并和相应的合同相联系，使用户可以对合同的签订、预付款、进度款和工程变更进行控制；同时可以对各项工程费用进行分摊和反检索分析，可以有效处理合同各方的事务，跟踪有多个审阅回合和多人审阅的文件审批过程，加快事务的处理过程，可以快速检索合同事务文档。

Expedition 可用于建设工程项目管理的全过程。该软件同时具有很强的拓展能力，用户可以利用软件本身的工具进行二次开发，进一步增强该软件的适应性。

Expedition 的基本功能可以归纳为以下几个方面：

（1）合同与采购订单管理。用户可以创建、跟踪和控制其合同和采购清单的所有细节，提供各类实时信息。Expedition 内置了一套符合国际惯例的工程变更管理模式，用户也可以自定义变更管理的流程；还可以根据既定的关联关系帮助用户自动处理项目实施过程中的设计修改审定、修改图分发、工程变更、工程概预算、合同进度款结算。

（2）变更的跟踪管理。Expedition 对变更的处理采取变更事项的跟踪形式。将变更文件分为四大类：请示类、建议类、变更类和通知类，可以实现对变更事宜的快速检索。通过可自定义的变更管理，用户可以快速解决变更问题，可以随时评估变更对工程费用和总体进度计划的影响，评估对单个合同的影响和对多个合同的连锁影响，对变更费用提供从估价到确认的全过程管理，通过追踪已解决和未解决的变更对项目未来费用变化趋势进行预测。

（3）费用管理。费用控制上，通过可动态升级的费用工作表，将实际情况自动传递到费用工作表中，各种变更费用也可反映到对应的费用级别中，从而为用户提供分析和预测项目趋势时所需要的实时信息，以便用户做出更好的费用管理决策；通过对所管理的工程的费用趋势分析，用户能够采取适当行动，以避免不必要的损失。

（4）交流管理。Expedition 通过内置的记录系统来记录各种类型的项目交流情况。通过请示记录功能帮助用户管理整个工程的跨度内各种送审件，无论其处于哪一个阶段，在什么人手中，都可以随时评估其对费用和进度的潜在影响；通过会议纪要功能来记录每次会议的各类信息；通过信函和收发文功能，实现往来信函和文档的创建、跟踪和存档；通过电话记录功能记录重要的电话交谈内容。

（5）记事。可以对送审件、材料到货、问题、日报进行登录、归类、事件关联、检索、制表等。

（6）项目概况。可以放映项目各方信息，项目执行状态以及项目的简要说明。

2. Prolog Manager

Prolog Manager 是 Meridian 公司开发的以合同事务管理为主线的项目管理软件。该软件可以处理项目管理中除进度计划管理以外的大部分事务，其典型功能包括：

（1）合同管理。可以管理工程所涉及的所有合同信息，包括相关的单位信息，每个合同的预算费用、已发生的变更、将要发生的变更、进度款的支付和预留等。

（2）费用管理。可以准确获取最新的预算、实际费用信息，使用户及时了解建设工程项目费用的情况。

（3）采购管理。可以管理建设工程项目中需要采购的各种材料、设备和相应的规范要求，可以直接和进度作业连接。

（4）文档管理。提供图纸分发、文件审批、文档传送的功能，可以通过预先设置的有效期发出催办函。

（5）工程事务管理。可以完成项目管理过程中事务性管理工作。包括对工程中的人工、材料、设备、施工机械等进行记录和跟踪，处理施工过程中的日常记事、施工日报、安全通知、质量检查、现场工作知识等。

(6) 标准化管理。可以将项目管理所需的各种信息，分门别类地管理起来；各个职能部门按照所制定的标准对自己的工作情况进行输入和维护，管理层可以随时审阅项目各个方面的综合信息，考核各个部门的工作情况，掌握工作的进展，准确及时地做出决策。

(7) 兼容性。可以输入输出相关数据，可以与其他应用软件相互读写信息。即可以将进度作业输出到有关进度软件，又可以将进度计划软件的作业输入到该软件中。

3. Cobra 成本控制软件

Cobra 是 Welcom 公司开发的成本控制软件，其功能特点如下：

(1) 费用分解结构。可以将工程及其费用自上而下地分解，可以在任意层次上修改预算和预测。可以设定不限数目的费用科目、会计日历、取费费率、费用级别、工作包，使用户建立完整的项目费用管理结构。

(2) 费用计划。可以和进度计划管理相结合，形成动态的费用计划。预算元素或目标成本的分配可在作业级或工作包级进行，也可以直接从预算软件或进度计划软件中读取。支持多种预算，可以实现量、价分离，可以合并报告多种预算费用计划。每个预算可按用户指定的时间间隔分布。支持多国货币，允许使用 17 种不同的间接费率，自定义非线性曲线，并提供大量的自定义字段，可以定义计算公式。

(3) 实际执行反馈。可以用文本文件或 DBF 数据库递交实际数据，可连接用户自己的工程统计软件和报价软件，自动计算间接费。可修改过去输入错误的数据，可整体重算。

(4) 执行情况评价/赢得值。软件内置了标准评测方法和分摊方法，可以按照所使用的货币，资源数量或时间计算完成的进度，可用工作包、费用科目、预算元素或分级结构、部门等评价执行情况。拥有完整的标准报告和图形，内置电子表格。

(5) 预测分析。提供无限数量的同步预测分析，可手工干预或自动生成；提供无限数量的假设分析；可使用不同的预算、费率、劳动力费率和外汇汇率，可自定义计算公式；还可用需求金额来反算工时。

(6) 进度集成。提供了在工程实施过程中任意阶段的费用和进度集成动态环境。该软件的数据可以完全从软件提供的项目专家或其他项目中读取，不需要重复输入。工程状态数据可以利用进度计划软件自动更新，修改过的预算也可以自动更新到新项目专家进度中去。

(7) 开放的数据结构。数据库结构完全开放，可以方便地与用户自己的管理系统连接。

7.4 建设工程监理文件档案资料管理

7.4.1 建设工程文件档案资料管理概述

7.4.1.1 建设工程文件档案资料概念

1. 建设工程文件的概念

建设工程文件是指在工程建设过程中形成的各种形式的信息记录，包括工程准备阶段的文件、监理文件、施工文件、竣工图和竣工验收文件。

2. 建设工程档案的概念

建设工程档案是指在工程建设活动中直接形成的具有归档保存价值的文字、图表、声像等各种形式的历史记录。

3. 建设工程文件档案资料

建设工程文件和档案组成建设工程文件档案资料。

4. 建设工程文件档案资料载体

建设工程信息载体包括：纸质载体、微缩品载体、光盘载体、磁性载体。

5. 建设工程文件档案资料管理职责

建设工程档案资料的管理涉及建设单位、监理单位、施工单位，以及地方城建档案管理部门。对于一个建设工程而言，归档有三方面的含义：

(1) 建设、勘察、设计、施工、监理等单位将本单位在工程建设中形成的文件向本单位档案管理机构移交。

(2) 勘察、设计、施工、监理等单位将本单位在工程建设过程中形成的文件向建设单位档案管理机构移交。

(3) 建设单位按照现行《建设工程文件归档整理规范》(GB/T 50328—2001) 要求，将汇总的该建设工程文件档案向地方城建档案管理部门移交。

7.4.1.2　建设工程文件档案资料管理职责

1. 通用职责

(1) 工程各参与单位填写的建设工程档案应该以施工验收规范、工程合同、设计文件、工程施工质量验收统一标准等为依据。

(2) 工程档案资料应随工程进度及时收集、整理，并应按专业归类，认真书写，字迹清楚，项目齐全，准确、真实、无未了事项。应采用统一的表格，特殊要求的表格应统一归类。

(3) 工程档案资料进行分级管理。建设工程项目各单位技术负责人应负责本单位工程档案资料的全过程组织工作并负责审核，各相关单位档案管理员负责工程档案资料的收集、整理工作。

(4) 对工程档案资料进行涂改、伪造、随意抽取或损毁、丢失，应按有关规定处以罚款，情节严重的，应依法追究法律责任。

2. 监理单位职责

按照《监理规范》中第 6 章“监理文件资料管理”和第 8 章中“设备采购监理与设备建造监理”的要求进行工程文件的管理，但由于对设计监理没有相关的文件规范工程资料管理工作，可参照相关规定、规范执行。

(1) 应设专人负责监理资料的收集、整理和归档工作。在项目监理部，监理资料的管理应由总监理工程师负责，并指定专人具体实施，监理资料应在各阶段工作结束后及时整理归档。

(2) 监理资料必须及时整理、真实完整、分类有序。在设计阶段，对勘察、测绘、设计单位的工程文件的形成、积累和立卷归档进行监督、检查；在施工阶段，对施工单位工程文件的形成、积累、立卷归档进行监督、检查。

(3) 可以按照委托监理合同的约定，接受建设单位的委托，监督、检查工程文件的形成、积累和立卷归档工作。

(4) 编制监理文件的套数、提交内容、提交时间，应按照《建设工程文件归档整理规范》(GB/T 50328—2001) 和各地城建档案管理部门的要求，编制移交清单，双方签字、盖章后，及时移交建设单位，由建设单位收集和汇总。监理公司档案部门需要的监理档案，按照《监理规范》的要求，及时由项目监理部提供。

7.4.2 建设工程监理文件档案资料

对与建设工程有关的重要活动、记载建设工程主要过程和现状、具有保成价值的各种载体的文件，均应收集齐全，整理立卷后归档。

1. 归档文件的质量要求

(1) 归档的工程文件应为原件。工程文件的内容必须齐全、系统、完整、准确，与工程实际相符。

(2) 工程文件的内容及其深度必须符合国家有关工程勘察、设计、施工、监理等方面的技术规范、标准和规程。

(3) 工程文件应采用耐久性强的书写材料，如碳素墨水、蓝黑墨水，不得使用易退色的书写材料，如红色墨水、纯蓝墨水、圆珠笔、复写纸、铅笔等。

(4) 工程文件应字迹清楚，图样清晰，图表整洁，签字盖章手续完备。

(5) 工程文件中文字材料幅面尺寸规格宜为 A4 幅面 (297mm×210mm 图纸宜采用国家标准图幅)。

(6) 工程文件的纸张应采用能够长期保存的韧力大、耐久性强的纸张。图纸一般采用蓝晒图，竣工图印是新蓝图。计算机出图必须清晰，不得使用计算机出图的复印件。

(7) 所有竣工图应加盖竣工图章。竣工图章的基本内容应包括："竣工图"字样、施工单位、编制人、审核人、技术负责人、编制日期、监理单位、现场监理、总经理工程师。

竣工图章尺寸为：宽×高＝50mm×80mm。

竣工图章应使用不易退色的红印泥，应盖在图标栏上方空白处。

(8) 利用施工图改绘竣工图，必须标明变更修改依据。凡施工图结构、工艺、平面布置等有重大改变，或变更部分超过图面 1/3 的应当重新绘制竣工图。不同幅面的工程图纸应按《技术制图复制图的折叠方法》(CB/106010.3—810) 统一折叠成 A4 幅面 297mm×210mm 图标栏露在外面。

2. 工程文件的立卷

(1) 立卷原则。立卷应遵循工程文件的自然形成规律，保持卷内文件的有机联系，便于档案的保管和利用。一个建设工程由多个单位组成时，工程文件应按单位工程组卷。

(2) 立卷方法。

1) 工程文件可按建设程序划分为工程准备阶段的文件、监理文件、施工文件、施工图、竣工图、竣工验收文件 6 部分。

2) 工程准备阶段文件可按建设程序、专业、形成单位等组卷。

3）监理文件可按单位工程、分部工程、专业、阶段等组卷。

4）施工文件可按单位工程、分部工程、专业、阶段等组卷。

5）施工图可按单位工程、专业等组卷。

6）竣工验收文件按单位工程、专业等组卷。

（3）立卷要求。

1）立卷不宜过厚，一般不超过 40mm。

2）立卷内不应有重复文件；不同载体的文件一般应分别组卷。

（4）卷内文件的排列。

1）文字材料按事项、专业顺序排列。同一事项的请示与批复、同一文件的印本与定稿、主件与附件不能分开，并按批复在前、请示在后，印本在前、定稿在后，主件在前、附件在后的顺序排列。

2）图纸按专业排列，同专业图纸按图号顺序排列。

3）既有文字材料又有图纸的案卷，文字材料排前，图纸排后。

（5）案卷的编目。

1）编制卷内文件页号应符合下列规定：

a. 案卷内文件均按有书写内容的页面编号，每卷单独编号，页号从“1”开始。

b. 页号编写位置：单面书写的文件在右下角；双面书写的文件，正面在右下角，背面在左下角；折叠后的图纸一律在右下角。

c. 成套图纸或印刷成册的科技文件材料，自成一卷的，原目录可代替卷内目录，不必重新编写页码。

d. 案卷封面、卷内目录、卷内备考表不编写页码。

2）卷内目录的编写应符合下列规定：

a. 卷内目录的式样见表 7.1，尺寸参见规范。

b. 编号：以一份文件为单位，用阿拉伯数字从“1”依次标注。

c. 责任者：填写文件的直接形成单位和个人。有多个责任者时，选择两个主要责任者，其余用“等”代替。

d. 文件编写号：填写工程文件原有的文号或图号。

e. 文件命题：填写文件标题的全称。

f. 日期：填写文件形成的日期。

g. 页次：填写文件在卷内所排的起始页号。最后一份文件页号。

h. 卷内目录排列在卷内文件首页之前。卷内目录、卷内备考表、案卷内封面应采用 70g 以上白色书写纸制作，幅面统一采用 A4 幅面（297mm×210mm），如表 7.1 所示。

表 7.1　　卷　内　目　录

序号	文件编号	责任者	文件题名	日期	页次	备注

(6) 工程档案的验收与移交。列入城建档案馆（室）档案接收范围的工程，建设单位在组织工程竣工验收前，应提请城建档案管理机构对工程档案进行预验收。建设单位未取得城建档案管理机构出具的认可文件，不得组织工程竣工验收。城建档案管理部门在进行工程档案预验收时，重点验收以下内容：

1) 工程档案的齐全、系统、完整。

2) 工程档案的内容真实、准确地反映建设工程活动和工程实际状况。

3) 工程档案的整理、立卷符合本规范的规定。

4) 施工图绘制方法、图式及规格等符合专业技术要求，图面整洁，盖有竣工图章。

5) 文件的形成、来源符合实际，要求单位或个人签章的文件，其签章手续完备。

6) 文件材质、幅面、书写、绘图、用墨等符合要求。

(7) 工程档案的保存。文件保管期限分为永久、长期、短期三种期限。永久是指工程档案需要永久保存。长期是指工程档案的保存期限等于该工程的使用寿命。短期是指工程档案保存 20 年以下。

同一案卷内有不同保管期限的文件该案卷保管期限应从长。

密级分为绝密、机密、秘密 3 种。同一案卷内有不同密级的文件，应以高密级为本卷密级。

7.4.3 施工阶段监理资料

1. 监理资料

除了上述验收时需要向业主或城建档案馆移交的监理资料外，施工阶段监理所涉及并应该进行管理的资料应包括下列内容：

(1) 施工合同文件及委托监理合同。

(2) 勘察设计文件。

(3) 监理规划。

(4) 监理实施细则。

(5) 分包单位资格报审表。

(6) 设计交底与图纸会审会议纪要。

(7) 施工组织设计（方案）报审表。

(8) 工程开工/复工报审表及工程暂停令。

(9) 测量核验资料。

(10) 工程进度计划。

(11) 工程材料、构配件、设备的质量证明文件。

(12) 检查试验资料。

(13) 工程变更资料。

(14) 隐蔽工程验收资料。

(15) 工程计量单和工程款支付证书。

(16) 监理工程师通知单。

(17) 监理工作联系单。

(18) 报验申请表。

(19) 会议纪要。

(20) 来往函件。

(21) 监理日志。

(22) 监理月报。

(23) 质量缺陷与事故的处理文件。

(24) 分部工程、单位工程等验收资料。

(25) 索赔文件资料。

(26) 竣工结算审核意见书。

(27) 工程项目施工阶段质量评估报告等专题报告。

(28) 监理工作总结。

2. 监理月报

监理月报应由总监理工程师组织编制，签认后报建设单位和本监理单位。监理月报报送时间由监理单位和建设单位协商确定。施工阶段监理月报应包括以下内容：

(1) 本月工程概况。

(2) 本月工程形象进度。

(3) 工程进度。

1) 本月实际完成情况与计划进度比较。

2) 对进度完成情况及采取措施效果的分析。

(4) 工程质量。

1) 本月工程质量情况分析。

2) 本月采取的工程质量措施及效果。

(5) 工程质量与工程款支付。

1) 工程量审核情况。

2) 工程款审批情况及月支付情况。

3) 工程款支付情况分析。

4) 月采取的措施及效果。

(6) 合同其他事项的处理情况。

1) 工程变更。

2) 工程延期。

3) 费用索赔。

(7) 本月监理工程小结。

1) 对本月进度、质量、工程款支付等方面情况的综合评价。

2) 本月监理工作情况。

3) 有关本工程的意见和建议。

4) 下月监理工作的重点。

3. 监理总结

在监理工作结束后，总监理工程师应编制监理工作总结。监理工作总结应包括以下内容：

(1) 工程概况。

(2) 监理组织机构、监理人员和投入的监理设施。

(3) 监理合同履行情况。

(4) 监理工作成效。

(5) 施工过程中出现的问题及其处理情况和建议。

(6) 工程照片（有必要时）。

4. 监理日志

监理日记是由专业监理工程师和监理员书写的反应施工真实过程的实际记录。监理日志有不同的角度记录。项目总监理工程师可以指定一名监理工程师对项目每一天的情况进行记录，通称为监理日志。监理日志的内容包括：

(1) 当日材料、构配件、设备、人员变化的情况。

(2) 当日施工的相关部位、工序的质量、进度情况，材料使用情况，抽检、复检情况。

(3) 施工程序执行情况，人员、设备安排情况。

(4) 当日监理工程师发现问题及处理情况。

(5) 当日进度执行情况，索赔情况，安全文明施工情况。

(6) 有争议的问题，各方的意见，协调情况。

(7) 天气、温度情况以及对某些工序的影响，采取的措施。

(8) 承包单位提出的问题，监理人员的答复。

5. 监理例会会议纪要

监理例会是履约各方沟通情况、交流信息、协调处理、研究解决合同履行中存在的各方面的问题的主要方式。会议纪要由项目监理部根据会议记录整理，主要内容包括：

(1) 会议的时间及地点。

(2) 会议主持人。

(3) 与会人员的姓名、单位、职务。

(4) 会议的主要内容、议决事项及其负责落实单位、负责人和实现要求。

(5) 其他事项。

6. 其他监理文件档案资料

按照《监理规范》的规定，监理文件档案资料有两种，一种是施工阶段的监理文件档案资料，共28条；另一种是设备采购监理和设备监造工作的监理文件档案资料，共22条。除上述主要监理文件外，其他监理文件档案资料详见《监理规范》。

7. 监理资料的整理

(1) 第一卷，合同卷。

1) 合同文件（包括监理合同、施工承包合同、分包合同、施工招投标文件、各类订货合同）。

2) 与合同有关的其他事项（工程延期报告、费用索赔报告与审批资料、合同争议、合同变更、违约报告处理）。

3）资质文件（承包单位资质、分包单位资质、监理单位资质、建设单位项目建设审批文件、各单位参见人员资质、供货单位资质、见证取样试验等单位资质）。

4）建设单位对项目监理机构的授权书。

5）其他来往信函。

（2）第二卷，技术文件卷。

1）设计文件（施工图、地质勘察报告、测量基础资料、设计审查文件）。

2）设计变更（设计交底纪录、变更图、审图汇总资料、洽谈纪要）。

3）施工组织设计（施工方案、进度计划、施工组织设计报审表）。

（3）第三卷，项目监理文件。

1）监理规划、监理大纲、监理细则。

2）监理月报。

3）监理日志。

4）会议纪要。

5）监理总结。

6）各类通知。

（4）第四卷，工程项目实施过程文件。

1）进度控制文件。

2）质量控制文件。

3）投资控制文件。

（5）第五卷，竣工预验收文件。

1）分部工程验收文件。

2）竣工预验收文件。

3）质量评估报告。

4）现场证物照片。

5）监理业务手册。

建设工程监理在施工阶段的基本表式按照《监理规范》附录执行，主要有以下三类：

A类表，共8个表（A.0.1～A.0.8），为监理单位用表，由监理单位填写。依次为：总监理工程师任命书、工程开工令、监理通知单、监理报告、工程暂停令、旁站记录、工程复工令、工程款支付证书。

B类表，共14个表（B.0.1～B.0.14），为承包单位用表，由承包单位填写。依次为施工组织设计或（专项）施工方案报审表、工程开工报审表、工程复工报审表、分包单位资格报审表、施工控制测量成果报验表、工程材料、构配件或设备报审表、报审、报验表、分部工程报验表、监理通知回复、单位工程竣工验收报审表、工程款支付报审表、施工进度计划报审表、费用索赔报审表、工程临时或最终延期报审表。

C类表，共3个表（C.0.1～C.0.3），为各方通用表，是工程项目承包单位、监理单位、承包单位等有关单位之间的联系表。分别为：工作联系单、工程变更单、索赔意向通知书。

表 A.0.1 总监理工程师任命书

工程名称：　　　　　　　　　　　　　　　　　　　　编号：

致：____________________（建设单位）

兹任命____________（注册监理工程师注册号：______________）为我单位项目总监理工程师。负责履行建设工程监理合同、主持项目监理机构工作。

工程监理单位（盖章）

法定代表人（签字）

年　　月　　日

注　本表一式三份，项目监理机构、建设单位、施工单位各一份。

表 A.0.2 工程开工令

工程名称：　　　　　　　　　　　　　　　　　　　　编号：

致：____________________（施工单位）

经审查，本工程已具备施工合同约定的开工条件，现同意你方开始施工，开工日期为：______年____月____日。

附件：工程开工报审表

项目监理机构（盖章）

总监理工程师（签字、加盖执业印章）

年　　月　　日

注　本表一式三份，项目监理机构、建设单位、施工单位各一份。

表 A.0.3 监理通知单

工程名称：　　　　　　　　　　　　　　　　编号：

致：__________（施工项目经理部）

事由：__________

____

内容：__________

____

项目监理机构（盖章）

总/专业监理工程师（签字）

年　　月　　日

注　本表一式三份，项目监理机构、建设单位、施工单位各一份。

表 A.0.4 监理报告

工程名称：　　　　　　　　　　　　　　　　编号：

致：__________（主管部门）

由__________（施工单位）施工的__________（工程部位），存在安全事故隐患。我方已于____年____月____日发出编号为__________的《监理通知单》或《工程暂停令》，但施工单位未（整改或停工）。

特此报告。

附件：☐监理通知单

☐工程暂停令

☐其他

项目监理机构（盖章）

总监理工程师（签字）

年　　月　　日

注　本表一式四份，主管部门、建设单位、工程监理单位、项目监理机构各一份。

表 A.0.5 工程暂停令

工程名称：　　　　　　　　　　　　　　　　编号：

致：____________（施工项目经理部）

由于____________________________________

____________________________________原因，现通知你方于______年____月____日____时起，暂停部位（工序）施工，并按下述要求做好后续工作。

要求：

项目监理机构（盖章）

总监理工程师（签字、加盖执业印章）

年　　月　　日

注　本表一式三份，项目监理机构、建设单位、施工单位各一份。

表 A.0.6 旁站记录

工程名称：　　　　　　　　　　　　　　　　编号：

旁站的关键部位、关键工序		施工单位	
旁站开始时间	年　月　日 时　分	旁站结束时间	年　月　日 时　分

旁站的关键部位、关键工序施工情况：

发现的问题及处理情况：

旁站监理人员（签字）

年　　月　　日

注　本表一式一份，项目监理机构留存。

表 A.0.7　工程复工令

工程名称：　　　　　　　　　　　　　　　　编号：

致：________________（施工项目经理部）

我方发出的编号为______________《工程暂停令》，要求暂停______________________部位（工序）施工，经查已具备复工条件。经建设单位同意，现通知你方于_____年____月____日____时起恢复施工。

附件：复工报审表

项目监理机构（盖章）

总监理工程师（签字、加盖执业印章）

年　　月　　日

注　本表一式三份，项目监理机构、建设单位、施工单位各一份。

表 A.0.8　工程款支付证书

工程名称：　　　　　　　　　　　　　　　　编号

致：________________（施工单位）

根据施工合同约定，经审核编号为__________工程款支付报审表，扣除有关款项后，同意支付该款项共计（大写）________________________（小写：__________）。

其中：

1. 施工单位申报款为：
2. 经审核施工单位应得款为：
3. 本期应扣款为：
4. 本期应付款为：

附件：工程款支付报审表及附件

项目监理机构（盖章）

总监理工程师（签字、加盖执业印章）

年　　月　　日

注　本表一式三份，项目监理机构、建设单位、施工单位各一份。

表 B. 0. 1　施工组织设计或（专项）施工方案报审表

工程名称：　　　　　　　　　　　　　　　　编号：

致：＿＿＿＿＿＿＿＿（项目监理机构） 我方已完成＿＿＿＿＿＿工程施工组织设计或（专项）施工方案的编制，并按规定已完成相关审批手续，请予以审查。 附：□施工组织设计 □专项施工方案 □施工方案 施工项目经理部（盖章） 项目经理（签字） 年　月　日
审查意见： 专业监理工程师（签字） 年　月　日
审核意见： 项目监理机构（盖章） 总监理工程师（签字、加盖执业印章） 年　月　日
审批意见（仅对超过一定规模的危险性较大的分部分项工程专项施工方案）： 建设单位（盖章） 建设单位代表（签字） 年　月　日

注　本表一式三份，项目监理机构、建设单位、施工单位各一份。

表 B. 0. 2　工程开工报审表

工程名称：　　　　　　　　　　　　　　　　编号：

致：＿＿＿＿＿＿＿＿（建设单位） ＿＿＿＿＿＿＿＿（项目监理机构） 我方承担的＿＿＿＿＿＿工程，已完成相关准备工作，具备开工条件，特申请于＿＿年＿＿月＿＿日开工，请予以审批。 附件：证明文件资料 施工单位（盖章） 项目经理（签字） 年　月　日
审核意见： 项目监理机构（盖章） 总监理工程师（签字、加盖执业印章） 年　月　日
审批意见： 建设单位（盖章） 建设单位代表（签字） 年　月　日

注　本表一式三份，项目监理机构、建设单位、施工单位各一份。

表 B.0.3　工程复工报审表

工程名称：　　　　　　　　　　　　　　　　　　编号：

致：__________（项目监理机构） 　　编号为__________《工程暂停令》所停工的__________部位，现已满足复工条件，我方申请于______年____月____日复工，请予以审批。 　　附：证明文件资料 施工项目经理部（盖章） 项目经理（签字） 年　　月　　日
审核意见： 项目监理机构（盖章） 总监理工程师（签字） 年　　月　　日
审批意见： 建设单位（盖章） 建设单位代表（签字） 年　　月　　日

注　本表一式三份，项目监理机构、建设单位、施工单位各一份。

表 B.0.4　分包单位资格报审表

工程名称：　　　　　　　　　　　　　　　　　　编号：

致：__________（项目监理机构）

　　经考察，我方认为拟选择的__________（分包单位）具有承担下列工程的施工或安装资质和能力，可以保证本工程按施工合同第　　条款的约定进行施工或安装。分包后，我方仍承担本工程施工合同的全部责任。请予以审查。

分包工程名称（部位）	分包工程量	分包工程合同额
合　计		

附：1. 分包单位资质材料
　　2. 分包单位业绩材料
　　3. 分包单位专职管理人员和特种作业人员的资格证书
　　4. 施工单位对分包单位的管理制度

施工项目经理部（盖章）
项目经理（签字）
年　　月　　日

审查意见：

专业监理工程师（签字）
年　　月　　日

审核意见：

项目监理机构（盖章）
总监理工程师（签字）
年　　月　　日

注　本表一式三份，项目监理机构、建设单位、施工单位各一份。

表 B.0.5 施工控制测量成果报验表

工程名称：　　　　　　　　　　编号：

致：__________（项目监理机构） 我方已完成__________的施工控制测量，经自检合格，请予以查验。 附：1. 施工控制测量依据资料 2. 施工控制测量成果表 施工项目经理部（盖章） 项目技术负责人（签字） 年　月　日
审查意见： 项目监理机构（盖章） 专业监理工程师（签字） 年　月　日

注 本表一式三份，项目监理机构、建设单位、施工单位各一份。

表 B.0.6 工程材料、构配件或设备报审表

工程名称：　　　　　　　　　　编号：

致：__________（项目监理机构） 于____年____月____日进场的拟用于工程________部位的________，经我方检验合格，现将相关资料报上，请予以审查。 附件：1. 工程材料、构配件或设备清单 2. 质量证明文件 3. 自检结果 施工项目经理部（盖章） 项目经理（签字） 年　月　日
审查意见： 项目监理机构（盖章） 专业监理工程师（签字） 年　月　日

注 本表一式二份，项目监理机构、施工单位各一份。

表 B. 0. 7 ______报审、报验表

工程名称：　　　　　　　　　　　　　　　　编号：

致：______（项目监理机构） 我方已完成______工作，经自检合格，现将有关资料报上，请予以审查或验收。 附：□隐蔽工程质量检验资料 □检验批质量检验资料 □分项工程质量检验资料 □施工试验室证明资料 □其他 施工项目经理部（盖章） 项目经理或项目技术负责人（签字） 年　月　日
审查或验收意见： 项目监理机构（盖章） 专业监理工程师（签字） 年　月　日

注　本表一式二份，项目监理机构、施工单位各一份。

表 B. 0. 8　分部工程报验表

工程名称：　　　　　　　　　　　　　　　　编号：

致：______（项目监理机构） 我方已完成______（分部工程），经自检合格，现将有关资料报上，请予以验收。 附件：分部工程质量控制资料 施工项目经理部（盖章） 项目技术负责人（签字） 年　月　日
验收意见： 专业监理工程师（签字） 年　月　日
验收意见： 项目监理机构（盖章） 总监理工程师（签字） 年　月　日

注　本表一式三份，项目监理机构、建设单位、施工单位各一份。

表 B.0.9 监理通知回复

工程名称：　　　　　　　　　　　　　　　　编号：

致：________________（项目监理机构） 我方接到编号为__________的监理通知单后，已按要求完成相关工作，请予以复查。 附：需要说明的情况 施工项目经理部（盖章） 项目经理（签字） 年　月　日
复查意见： 项目监理机构（盖章） 总监理工程师或专业监理工程师（签字） 年　月　日

注　本表一式三份，项目监理机构、建设单位、施工单位各一份。

表 B.0.10 单位工程竣工验收报审表

工程名称：　　　　　　　　　　　　　　　　编号：

致：________________（项目监理机构） 我方已按施工合同要求完成________________工程，经自检合格，现将有关资料报上，请予以验收。 附件：1. 工程质量验收报告 2. 工程功能检验资料 施工单位（盖章） 项目经理（签字） 年　月　日
预验收意见： 经预验收，该工程合格或不合格，可以或不可以组织正式验收。 项目监理机构（盖章） 总监理工程师（签字、加盖执业印章） 年　月　日

注　本表一式三份，项目监理机构、建设单位、施工单位各一份。

表 B.0.11　工程款支付报审表

工程名称：　　　　　　　　　　　　　　　　　　编号：

致：______（项目监理机构） 我方已完成______工作，按施工合同约定，建设单位应在____年____月____日前支付该项工程款共（大写）______（小写：______），现将有关资料报上，请予以审核。 附件： □已完成工程量报表 □工程竣工结算证明材料 □相应的支持性证明文件 施工项目经理部（盖章） 项目经理（签字） 年　　月　　日
审查意见： 1. 施工单位应得款为： 2. 本期应扣款为： 3. 本期应付款为： 附件：相应支持性材料 专业监理工程师（签字） 年　　月　　日
审核意见： 项目监理机构（盖章） 总监理工程师（签字、加盖执业印章） 年　　月　　日
审批意见： 建设单位（盖章） 建设单位代表（签字） 年　　月　　日

注　本表一式三份，项目监理机构、建设单位、施工单位各一份；工程竣工结算报审时本表一式四份，项目监理机构、建设单位各一份、施工单位二份。

表 B.0.12　施工进度计划报审表

工程名称：　　　　　　　　　　　　　　　　　　编号：

致：______（项目监理机构） 我方根据施工合同的有关规定，已完成______工程施工进度计划的编制和批准，请予以审查。 附件：□施工总进度计划 □阶段性进度计划 施工项目经理部（盖章） 项目经理（签字） 年　　月　　日
审查意见： 专业监理工程师（签字） 年　　月　　日
审核意见： 项目监理机构（盖章） 总监理工程师（签字） 年　　月　　日

注　本表一式三份，项目监理机构、建设单位、施工单位各一份。

表 B.0.13 费用索赔报审表

工程名称：　　　　　　　　　　　　　　　　编号：

致：__________（项目监理机构） 根据施工合同______条款，由于__________的原因，我方申请索赔金额（大写）__________，请予批准。 索赔理由：__________ 附件：□索赔金额的计算 □证明材料 施工项目经理部（盖章） 项目经理（签字） 年　月　日
审核意见： □不同意此项索赔。 □同意此项索赔，索赔金额为（大写）__________。 同意或不同意索赔的理由：__________ 附件：□索赔审查报告 项目监理机构（盖章） 总监理工程师（签字、加盖执业印章） 年　月　日
审批意见： 建设单位（盖章） 建设单位代表（签字） 年　月　日

注　本表一式三份，项目监理机构、建设单位、施工单位各一份。

表 B.0.14 工程临时或最终延期报审表

工程名称：　　　　　　　　　　　　　　　　编号：

致：__________（项目监理机构） 根据施工合同______（条款），由于__________原因，我方申请工程临时/最终延期______（日历天），请予批准。 附件： 1. 工程延期依据及工期计算 2. 证明材料 施工项目经理部（盖章） 项目经理（签字） 年　月　日
审核意见： □同意临时或最终延长工期__________（日历天）。工程竣工日期从施工合同约定的____年___月___日延迟到____年___月___日。 □不同意延长工期，请按约定竣工日期组织施工。 项目监理机构（盖章） 总监理工程师（签字、加盖执业印章） 年　月　日
审批意见： 建设单位（盖章） 建设单位代表（签字） 年　月　日

注　本表一式三份，项目监理机构、建设单位、施工单位各一份。

表 C.0.1 工作联系单

工程名称：　　　　　　　　　　　　　　编号：

致：__________
发文单位 负责人（签字） 年　月　日

表 C.0.2 工程变更单

工程名称：　　　　　　　　　　　　　　编号：

致：__________ 由于__________原因，兹提出__________工程变更，请予以审批。 附件 □变更内容 □变更设计图 □相关会议纪要 □其他 变更提出单位 负责人 年　月　日	
工程数量增或减	
费用增或减	
工期变化	
施工项目经理部（盖章） 项目经理（签字）	设计单位（盖章） 设计负责人（签字）
项目监理机构（盖章） 总监理工程师（签字）	建设单位（盖章） 负责人（签字）

注　本表一式四份，建设单位、项目监理机构、设计单位、施工单位各一份。

表 C.0.3 索赔意向通知书

工程名称： 编号：

致：________ 根据《建设工程施工合同》________（条款）的约定，由于发生了事件，且该事件的发生非我方原因所致。为此，我方向________（单位）提出索赔要求。 附件：索赔事件资料 提出单位（盖章） 负责人（签字） 年 月 日

复习思考题

1. 监理工作中的信息定义及内涵。
2. 建筑工程监理信息有哪些特征?
3. 建设工程监理信息管理的基本任务有哪些?
4. 建设工程监理工作中的信息流有哪几种?
5. 建设工程监理信息管理有何特点?
6. 建设工程监理信息管理包括哪些工作内容?
7. 常用的项目管理软件有哪些? 各有什么样的优点?
8. 建设工程监理归档要求及立卷的原则。

第 8 章　建设工程监理风险管理

在从事建设工程项目活动的全过程中，内部和外部都存在着很多不确定性的因素。这些因素有的对工程项目造成负面的影响，使工程项目受到干扰，使原定的目标不能实现。工程项目风险的存在及其与参建主体利益的紧密相关性，使得工程项目风险理论的研究得到重视和发展。关于工程项目风险的定义目前学术界尚无统一的界定，但工程项目风险的多样性、可变性和损失的危险性是共同肯定的，建设工程领域风险管理的应用越来越广泛。本章详细介绍建设工程监理风险识别、风险评价和风险应对等风险管理的全过程。

8.1　风险管理概述

随着我国建设监理事业的不断发展和建设领域法律法规的逐渐健全，工程监理主体必须要承担工程监理责任。有责任就存在风险，这些风险会导致工程监理主体信誉受损、经济损失、受到行政处罚，甚至承担更严重的法律后果。所以，监理企业及监理工程师有必要对其行业风险进行分析，并实施有效的风险管理。

8.1.1　风险的概念

从不同的角度可以给出多种风险的定义。但被学术界和实务界普遍接受的有两种定义：其一，风险就是与出现损失有关的不确定性；其二，风险就是在给定情况下和特定时间内，实际结果与预期结果之间的差异。

综上所述，风险要具备两方面条件：一是不确定性；二是产生损失后果。否则就不能称为风险。肯定发生损失后果的事件不是风险，没有损失后果的不确定性事件也不是风险。

从人们的投资心态出发，风险则主要指投入本金的预期收益减少或丧失的可能性。在对风险的进一步研究中，许多学者把风险定义为造成损失的概率及其后果的函数。假定 R 代表风险，P 代表某事件造成损失的概率，C 代表某事件发生的后果，那么函数公式 $R=f(P, C)$ 就是风险的数学含义。

一般风险可以表示为：

$$R(x) = P(x) \times C(x) \tag{8-1}$$

式中　R——风险；

P——风险发生的概率；

C——风险发生的后果。

不同行业和领域要求不同的风险水平。例如，尽管飞行器撞击高层建筑或航天器发生故障的风险后果非常巨大，但都属于低风险事件，因为这类风险的概率非常小。

风险不仅是静态结果的反映，还应该是动态过程的反映。在这个过程中，由于某些因素的影响，使得行为主体对未来的预期无法实现。由此可见，风险具备以下两方面的特点：一方面，风险是客观存在的，它体现了期望目标与实际结果之间的差异性，大小是可以测量的。另一方面，风险程度是可以控制的，它体现了行为主体对客观事物的认识和判断，从而有必要进行风险管理。

风险与收益具有内在联系。亏损或者说负收益出现是风险，而超额收益则是风险的报酬。一般情况下，高收益必然伴随着高风险，高风险才可能带来高收益；反之亦然。通常，在预期收益相同的时候，投资者会选择风险最小的项目或者组合。投资者应根据自身的偏好以及对风险的承受能力，选择适宜的风险与收益的组合。

8.1.2　风险的种类

风险的分类可以从不同的角度、按照不同的标准进行划分。

1. 按风险的后果划分

按风险所造成的不同后果可将风险分为纯风险和投机风险。纯风险是指不能带来机会、没有获得利益可能的风险。纯风险总是与损失和不幸相关联的。例如自然灾害，一旦发生，将会导致重大损失，甚至人员伤亡；如果不发生，只是不造成损失而已，但不会带来额外的收益。投机风险是指既可能带来机会、获得利益，也可能隐含威胁、造成损失的风险。纯风险与投机风险两者往往同时存在。例如，一项重大投资活动可能因决策错误或因遇到不测事件而使投资者蒙受灾难性的损失；但如果决策正确，经营有方或赶上大好机遇，则可能给投资人带来巨额利润。投机风险具有极大的诱惑力，人们常常注意其有利可图的一面，而忽视其带来厄运的可能。

投机风险有三种可能的结果：造成损失、不造成损失和获得利益。而纯风险只有两种可能的结果：造成损失、不造成损失。纯风险和投机风险在一定条件下可以相互转化，必须避免投机风险转化为纯风险。两者还有一个重要区别，在相同的条件下，纯风险重复出现的概率较大，表现出某种规律性，因而人们可能较成功地预测其发生的概率，从而相对容易采取防范措施；而投机风险则不然，其重复出现的概率较小，因而预测的准确性相对较差，也就较难防范。所谓铤而走险的“险”，通常指的就是投机风险，这种风险主要出现在政治领域或商机上。

2. 按风险产生的原因划分

按风险来源不同可划分为人为风险和自然风险。所谓人为风险是指由于人的活动带来的风险。人为风险可进一步分为行为、技术、经济、政治和社会风险等。其中，经济风险的界定可能会有一定的差异，例如金融风险可作为独立的一类风险。另外，需要注意的是，除了技术风险是相对独立的之外，政治风险、社会风险和经济风险之间存在一定的联系，有时表现为相互影响，有时表现为因果关系，难以截然分开。所谓自然风险是指由于自然力的作用带来的风险。例如反常的气候造成的工程停滞，地震、洪水等不可抗力造成的灾难等，都属于自然风险。自然风险也是相对独立的。

3. 按风险的影响范围划分

按风险的影响范围大小可将风险分为基本风险和特殊风险。基本风险是指作用于整个经济或大多数人群的风险，具有普遍性。如战争、自然灾害、高通胀率等。显然，基本风险的影响范围大，其后果严重。特殊风险是指仅作用于某一特定单体（如个人或企业）的风险，不具有普遍性。例如，个人投资失败、房屋失火等。特殊风险的影响范围小，虽然就个体而言，其损失有时亦相当大，但相对于整个经济而言，其后果不严重。

在某些情况下，特殊风险与基本风险很难严格加以区分。基本风险与特殊风险的界定有时需要考虑具体的出发点。

4. 按风险后果的承担者划分

项目风险按风险后果的承担者来划分，则有项目业主风险、政府风险、承包商风险、投资方风险、设计单位风险、监理单位风险、供应商风险、担保方风险和保险公司风险等。这样划分有助于合理分配风险，可提高项目承受风险的能力。

当然，风险还可以按照其他方式分类。例如，按风险分析依据可以将风险分为客观风险和主观风险；按风险分布情况可以将风险分为国别（地区）风险、行业风险；按风险潜在损失形态可将风险分为财产风险、人身风险和责任风险等。

8.1.3 建设工程风险与风险管理

所谓风险管理是指人们通过风险识别、风险估计和风险评估，并合理地使用多种管理方法、技术和手段对风险实行有效的控制。采取主动行动，创造条件，尽量增加风险事件的有利结果，妥善处理风险事故造成的不利后果，从而减少意外损失。

建设项目风险存在于建设项目生命周期的全过程。包括建筑项目立项、设计、招投标与签约、施工准备、施工过程中、交付使用及后期维护等。建设工程监理风险的管理内容包括风险识别、风险评估、风险评价、风险应对和风险监控五个方面。风险识别的目的是确定实施监理工作过程中在什么时候、在什么环境下存在哪些风险因素，这些风险因素可能对监理产生什么影响，并描述这些风险因素的特性和表现形式。风险评估的目的是将建设工程监理风险事件的发生可能性和损失后果进行量化处理。风险评价的目的是确定工程监理企业能否接受这些风险事件的发生并根据风险评价的结果，对不同的风险事件选择最适宜的风险对策。风险应对的目的是针对不同的风险作出具体的防范计划和措施。风险监控的目的是对各项风险应对措施的执行情况不断地进行检查，并评价各项风险对策的执行效果，在环境和条件发生变化时，要确定是否需要提出不同的风险处理方案。除此之外，还需要检查是否有被遗漏的风险或者发现新的风险，也就是进入新一轮的风险识别，开始新一轮的风险管理过程。风险的管理流程图如图 8.1 所示。

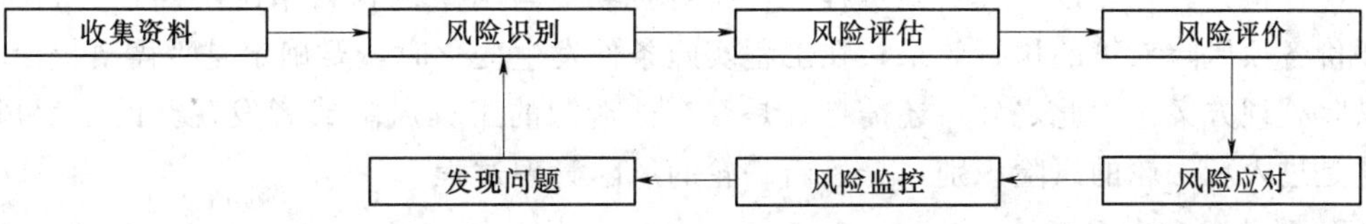

图 8.1 风险管理流程图

1. 建设工程风险

认识建设工程风险，应先了解以下两点。

(1) 参与工程建设的各方均有风险，但各方风险不尽相同。明确这一点，有利于把握建设工程风险。在对建设工程风险具体分析时，首先应明确从哪一方的角度进行分析。分析的出发点不同，结果自然也不一样，即使是同一风险事件，对工程建设不同参与方的后果，有时迥然不同。例如，同样是通货膨胀事件，在固定总价合同条件下．对业主来说没有风险，而对承包商来说就有相当大的风险。但是，在可调价格合同条件下，对承包商来说风险很小，而对业主来说风险就很大。对于业主来说，建设工程决策阶段的风险主要表现为投机风险，而在实施阶段的风险主要表现为纯风险。

(2) 建设工程风险较大。明确这一点，有利于树立风险意识，只有从思想上重视建设工程的风险，才有可能对建设工程风险进行主动的预防和控制。建设工程所涉及的风险因素众多，可分为政治、社会、技术、经济、自然等因素。这些因素都会不同程度地作用于建设工程，产生错综复杂的影响，并可能引发风险事件，从而造成损失后果。

2. 风险管理过程

风险管理是一个识别、确定和度量风险，并制定、选择和实施风险处理方案的过程。风险管理应是一个系统的、完整的过程，一般也是一个循环过程。风险管理过程包括风险识别、风险评价、风险对策决策、实施决策、检查 5 方面内容。

(1) 风险识别。是风险管理中的首要步骤。是指通过一定的方式，系统而全面地识别出影响建设工程目标实现的风险事件并加以适当归类的过程，必要时，还需对风险事件的后果作出定性的估计。

(2) 风险评价。风险评价是将建设工程风险事件的发生可能性和损失后果进行定量化的过程。这个过程在系统地识别建设工程风险与合理地作出风险对策决策之间起着重要的桥梁作用。风险评价的结果主要在于确定各种风险事件发生的概率及其对建设工程目标影响的严重程度，如投资增加的数额、工期延误的天数。

(3) 风险对策决策。风险对策决策是确定建设工程风险事件最佳对策组合的过程。一般来说，风险管理中所运用的对策有以下四种：风险回避、损失控制、风险自留和风险转移。这些对策的适用对象各不相同，需要根据风险评价的结果，对不同的风险事件选择最适宜的风险对策，从而形成最佳的风险对策组合。

(4) 实施决策。对风险对策所作出的决策还需要进一步落实到具体的计划和措施中。例如，制定预防计划、灾难计划、应急预案等。又如，在决定购买工程保险时，要选择保险公司，确定恰当的保险范围、免赔额、保险费等。这些都是实施风险对策决策的重要内容。

(5) 检查。在建设工程实施过程中，要对各项风险对策的执行情况不断地进行检查，并评价各项风险对策的执行效果；在工程实施条件发生变化时，要确定是否需要提出不同的风险处理方案。除此之外，还需检查是否有被遗漏的工程风险或者发现新的工程风险，也就是进入新一轮的风险识别，开始新一轮的风险管理过程。

3. 风险管理的目标

风险管理目标的确定一般要满足以下几个基本要求：

(1) 风险管理目标与风险管理主体(如企业或建设工程的业主)总体目标的一致性。

(2) 目标的现实性,即确定目标要充分考虑其实现的客观可能性。

(3) 目标的明确性,以便于正确选择和实施各种方案,并对其效果进行客观的评价。

(4) 目标的层次性,从总体目标出发,根据目标的重要程度,区分风险管理目标的主次,以利于提高风险管理的综合效果。

风险管理的具体目标还需要与风险事件的发生联系起来。就建设工程而言,在风险事件发生前,风险管理的首要目标是使潜在损失最小,这一目标要通过最佳的风险对策组合来实现。其次,是减少忧虑及相应的忧虑价值。忧虑价值是比较难以定量化的,但由于对风险的忧虑,分散和耗用建设工程决策者的精力和时间,却是不争的事实。再次,是满足外部的附加义务,例如政府明令禁止的某些行为、法律规定的强制性保险等。

在风险事件发生后,风险管理的首要目标是使实际损失减少到最低程度。要实现这一目标,不仅取决于风险对策的最佳组合,而且取决于具体的风险对策计划和措施。其次,是保证建设工程实施的正常进行,按原定计划建成工程。同时,在必要时还要承担社会责任。

从风险管理目标与风险管理主体总体目标一致性的角度,建设工程风险管理的目标通常更具体地表述为:

(1) 实际投资不超过计划投资。

(2) 实际工期不超过计划工期。

(3) 实际质量满足预期的质量要求。

(4) 建设过程安全。

因此,从风险管理目标的角度分析,建设工程风险可分为投资风险、进度风险、质量风险和安全风险。

8.2 建设工程风险识别

风险识别是指在各类风险事件发生之前,运用各种方法对风险进行辨认和鉴别,是系统地发现风险和不确定性的过程。风险识别的目的有如下两点:①为了便于估计和评价风险的大小;②为了选择最适当的管理对策。风险识别在风险管理中具有很重要的地位,风险识别结论的正确与否直接关系到风险管理的成效。如果在风险识别的过程中,关键的风险因素没有被识别出来,而仅就非关键的风险去识别、分析和处理,将会对整个项目产生很大的负面影响,使各方面临没有意识到的风险。

8.2.1 风险识别的过程

风险识别的基础是历史数据、经验和洞察力。然而每一个建设项目都不同,即使在相似的建设项目上,类似的风险也不一定重复发生,这就决定了使风险识别达到可接受的准确性在很大程度上依赖于关键项目人员的经验和洞察力。风险识别是工程项目风险管理中的一项经常性的工作。

由于建设工程风险识别方法与风险管理理论中提出的一般的风险识别方法有所不同,

因而其风险识别的过程也有所不同。建设工程的风险识别往往是通过对经验数据的分析、风险调查、专家咨询以及实验论证等方式，在对建设工程风险进行多维分解的过程中，认识工程风险，建立工程风险清单。

建设工程风险识别的过程如图 8.2 所示。

从图 8.2 中可以看出，风险识别的结果是建立建设工程风险清单。在建设工程风险识别过程中，核心工作是“建设工程风险分解”和“识别建设工程风险因素、风险事件及后果”。

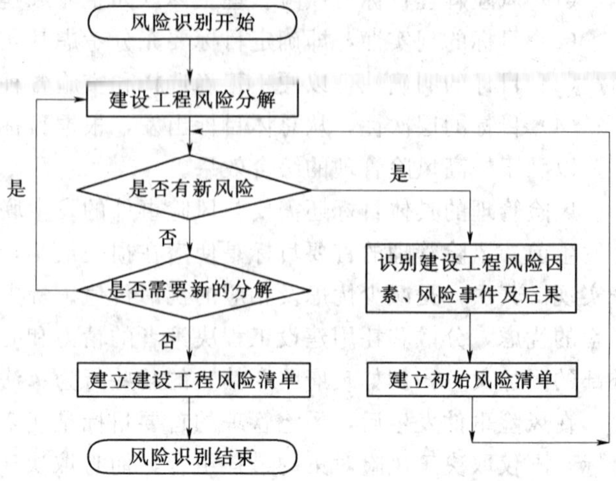

图 8.2　建设工程风险识别过程

8.2.2　风险识别的方法

建设工程风险识别的方法有：专家调查法、财务报表法、流程图法、初始清单法、经验数据法和风险调查法。

1. 专家调查法

这种方法又有两种方式：一种是召集有关专家开会，起到集思广益的作用；另一种是采用问卷式调查，各专家不知道其他专家的意见。采用这种方法所提出的问题应具有指导性和代表性，并具有一定的深度，还应尽可能具体些。专家所涉及的面应尽可能广泛些，有一定的代表性。对专家发表的意见要由风险管理人员加以归纳分类、整理分析，有时可能要排除个别专家的个别意见。

2. 财务报表法

财务报表法有助于确定一个特定企业或特定的建设工程可能遭受哪些损失以及何种情况下遭受这些损失。通过分析资产负债表、现金流量表、营业报表及有关补充资料，可以识别企业当前的所有资产、责任及人身损失风险。将这些报表与财务预测、预算结合起来，可以发现企业或建设工程未来的风险。

采用该方法进行风险识别，要对财务报表中所列的各项会计科目作深入的分析研究，并提出分析研究报告，以确定可能产生的损失，还应通过一些实地调查以及其他信息资料来补充财务记录。由于工程财务报表与企业财务报表不尽相同，因而需要结合工程财务报表的特点来识别建设工程风险。

3. 流程图法

将一项特定的生产或经营活动按步骤或阶段顺序以若干个模块形式组成一个流程图系列，在每个模块中都标出各种潜在的风险因素或风险事件，从而给决策者一个清晰的总体印象。一般来说，对流程图中各步骤或阶段的划分比较容易，关键在于找出各步骤或各阶段不同的风险因素或风险事件。

这种方法实际上是将时间维与因素维相结合。由于建设工程实施的各个阶段是确定的，因而关键在于对各阶段风险因素或风险事件的识别。

由于流程图的篇幅限制，采用这种方法所得到的风险识别结果较粗。

4. 初始清单法

如果对每一个建设工程风险的识别都从头做起，至少有三方面缺陷：①耗费时间和精力多，风险识别工作的效率低；②由于风险识别的主观性，可能导致风险识别的随意性，其结果缺乏规范性；③风险识别成果资料不便积累，对今后的风险识别工作缺乏指导作用。为了避免以上缺陷，有必要建立初始风险清单。

建立建设工程的初始风险清单有两种途径：

(1) 常规途径是采用保险公司或风险管理学会（或协会）公布的潜在损失一览表，即任何企业或工程都可能发生的所有损失一览表。以此为基础，风险管理人员再结合本企业或某项工程所面临的潜在损失对一览表中的损失予以具体化，从而建立特定工程的风险一览表。对风险识别的作用不大。

(2) 通过适当的风险分解方式来识别风险是建立建设工程初始风险清单的有效途径。对于大型、复杂的建设工程，首先将其按单项工程、单位工程分解，再对各单项工程、单位工程分别从时间维、目标维和因素维进行分解，可以较容易地识别出建设工程主要的、常见的风险。从初始风险清单的作用来看，因素维仅分解到各种不同的风险因素是不够的，还应进一步将各风险因素分解到风险事件。

初始风险清单只是为了便于人们较全面地认识风险的存在，而不至于遗漏重要的工程风险，但并不是风险识别的最终结论。在初始风险清单建立后，还需要结合特定建设工程的具体情况进一步识别风险，从而对初始风险清单作一些必要的补充和修正。为此，需要参照同类建设工程风险的经验数据或针对具体建设工程的特点进行风险调查。

5. 经验数据法

经验数据法也称为统计资料法，即根据已建各类建设工程与风险有关的统计资料来识别拟建建设工程的风险。不同的风险管理主体都应有自己关于建设工程风险的经验数据或统计资料。在工程建设领域，可能有工程风险经验数据或统计资料的风险。管理主体包括咨询公司（含设计公司）、承包商以及长期有工程项目的业主（如房地产开发商）。各自的初始风险清单一般多少有些差异，但是风险本身是客观事实，有客观的规律性，当经验数据或统计资料足够多时，这种差异性就会大大减少。

风险识别只是对建设工程风险的初步认识，还是一种定性分析，因此这种基于经验数据或统计资料的初始风险清单可以满足对建设工程风险识别的需要。

6. 风险调查法

由风险识别的个别性可知，两个不同的建设工程不可能有完全一致的工程风险。因此，在建设工程风险识别的过程中，花费人力、物力、财力进行风险调查是必不可少的。风险调查既是一项重要的工作，也是建设工程风险识别的重要方法。

风险调查应当从分析具体建设工程的特点入手。一方面，对通过其他方法已识别出的风险（如初始风险清单所列出的风险）进行鉴别和确认。另一方面，通过风险调查有可能发现此前尚未识别出的重要的工程风险。

通常，风险调查可以从组织、技术、自然及环境、经济、合同等方面分析拟建建设工程的特点以及相应的潜在风险。

风险调查并不是一次性的，应该不断进行。随着实施的进展，风险调查的内容亦相应减少，风险调查的重点有可能不同。

对于建设工程的风险识别来说，仅仅采用一种风险识别方法是远远不够的，一般都应综合采用两种或多种风险识别方法，才能取得较为满意的结果。而且，不论采用何种风险识别方法组合，都必须包含风险调查法。从某种意义上讲，前五种风险识别方法的主要作用在于建立初始风险清单，而风险调查法的作用则在于建立最终的风险清单。

8.3 建设工程风险评价

风险评价是对工程项目各个阶段的风险事件发生可能性的大小、可能出现的后果、可能发生的事件和影响范围的大小等的估计。风险评价可以采用定性和定量两大类方法。定性风险评价方法有专家打分法、层次分析法等，其作用在于区分出不同风险的相对严重程度以及根据预先确定的可接受的风险水平作出相应的决策。定量风险评价方法有敏感性分析、盈亏平衡分析、决策树、随机网络等，大多有较为确定的适用范围。

8.3.1 风险评价的作用

通过定量方法进行风险评价的作用主要表现在：

（1）更准确地认识风险。通过定量方法进行风险评价，可以定量地确定建设工程各种风险因素和风险事件发生的概率大小或概率分布，及其发生后对建设工程目标影响的严重程度或损失严重程度。

（2）保证目标规划的合理性和计划的可行性。建设工程数据库只能反映各种风险综合作用的后果，而不能反映各种风险各自作用的后果。由于建设工程风险的个别性，只有对特定建设工程的风险进行定量评价，才能正确反映各种风险对建设工程目标的不同影响，才能使目标规划的结果更合理、更可靠，使在此基础上制定的计划具有现实的可行性。

（3）合理选择风险对策，形成最佳风险对策组合。风险对策的适用性需从效果和代价两方面考虑。风险对策的效果表现在降低风险发生概率和（或）降低损失严重程度的幅度，有些风险对策（如损失控制）在这一点上较难准确地量度。风险对策一般要付出一定的代价，一般都可准确地量度。在选择风险对策时，应将不同风险对策的适用性与不同风险的后果结合起来考虑，对不同的风险选择最适宜的风险对策，从而形成最佳的风险对策组合。

8.3.2 风险量函数

在定量评价建设工程风险时，首要工作是将各种风险的发生概率及其潜在损失定量化，这一工作也称为风险衡量。

所谓风险量，是指各种风险的量化结果，其数值大小取决于各种风险的发生概率及其潜在损失。评价风险的大小常用如图 8.3 所示等风险量图。

图 8.3 中以 R 表示风险量，p 表示风险出现概率，q 表示潜在的损失量，则 R 可以表

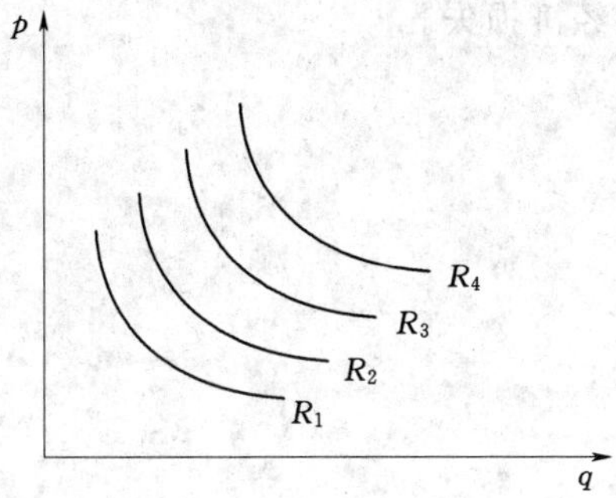

图 8.3 等风险量图

示为 p 和 q 的函数：

$$R = f(p,q) \tag{8-2}$$

R 具有下列性质：

(1) R 的大小主要取决于潜在损失的多少。有严重潜在损失的风险，其虽不经常发生，但比经常发生、无大灾的风险要可怕。

(2) 若两种风险的潜在损失相类似，则其发生频率高的风险具有较大的 R。

(3) 风险评价图中每条曲线代表一个风险事件，不同曲线风险程度不一样。曲线距离原点越远，期望损失越大，一般认为风险就越大。

(4) 工程项目风险频率与损失的乘积就是损失期望值，即风险量大小是关于损失期望值的增函数。因此可得到图 8.3 中等风险量图的大致形状。在风险理论中常用式（8-3）、式（8-4）来计算 R。

$$R = f(p,q) = pq \tag{8-3}$$

或

$$R = f(p,q) = \sum_{i=1}^{n} p_i q_i \tag{8-4}$$

式中 $i(=1,2,3,\cdots,n)$—— 工程项目的第 i 个风险事件。

图 8.3 中曲线越靠近坐标原点风险量越小，反之风险量越大。因此 $R_1<R_2<R_3<R_4$。

8.3.3 风险损失的衡量

风险损失的衡量就是定量确定风险损失值的大小。建设工程风险损失包括以下几方面。

1. 投资风险

投资风险导致的损失可以直接用货币形式来表现。即法规、价格、汇率和利率等的变化或资金使用安排不当等风险事件引起的实际投资超出计划投资的数额。

2. 进度风险

进度风险导致的损失由以下部分组成：

(1) 货币的时间价值。进度风险的发生可能对现金流动造成影响，在利率的作用下，引起经济损失。

(2) 为赶上计划进度所需的额外费用。包括加班的人工费、机械使用费和管理费等一切因追赶进度所发生的非计划费用。

(3) 延期投入使用的收入损失。这方面损失的计算相当复杂，不仅仅是延误期间内的收入损失，还可能由于产品投入市场过迟而失去商机，从而大大降低市场份额，这方面的损失有时是相当巨大的。

3. 质量风险

质量风险导致的损失包括事故引起的直接经济损失，以及修复和补救等措施发生的费用以及第三者责任损失等，可分为：

（1）建筑物、构筑物或其他结构倒塌所造成的直接经济损失。

（2）复位纠偏、加固补强等补救措施和返工的费用。

（3）造成的工期延误的损失。

（4）永久性缺陷对于建设工程使用造成的损失。

（5）第三者责任的损失。

4. 安全风险

安全风险导致的损失包括：

（1）受伤人员的医疗费用和补偿费。

（2）财产损失，包括材料、设备等财产的损毁或被盗。

（3）因引起工期延误带来的损失。

（4）为恢复建设工程正常秩序所发生的费用。

（5）第三者责任损失。

此处的第三者责任损失为建设工程实施期间，因意外事故可能导致的第三者的人身伤亡和财产损失所作的经济赔偿以及必须承担的法律责任。

由以上四方面风险的内容可知，投资增加可以直接用货币来衡量；进度的拖延则属于时间范畴，同时也会导致经济损失；而质量事故和安全事故既会产生经济影响又可能导致工期延误和第三者责任，显得更加复杂。而第三者责任除了法律责任之外，一般都是以经济赔偿的形式来实现的。因此，这四方面的风险最终都可以归纳为经济损失。

需要指出的是，在建设工程实施过程中，某一风险事件的发生往往会同时导致一系列损失。例如，基础的坍塌引起塔吊的倒塌，并进一步造成人员伤亡和建筑物的损坏，以及施工被迫停止等。这表明，基础坍塌事故影响了建设工程所有的目标——投资、进度、质量和安全，造成相当大的经济损失。

8.3.4 风险概率的衡量

衡量建设工程风险概率有两种方法：相对比较法和概率分布法。一般而言，相对比较法主要是依据主观概率，而概率分布法的结果则接近于客观概率。

1. 相对比较法

相对比较法由美国风险管理专家 Richard Prouty 提出，表示如下：

（1）“几乎是0”：这种风险事件可认为不会发生。

（2）“很小的”：这种风险事件虽有可能发生，但现在没有发生并且将来发生的可能性也不大。

（3）“中等的”：即这种风险事件偶尔会发生，并且能预期将来有时会发生。

（4）“一定的”：即这种风险事件一直在有规律地发生，并且能够预期未来也是有规律地发生。在这种情况下，可以认为风险事件发生的概率较大。

在采用相对比较法时，建设工程风险导致的损失也将相应划分成重大损失、中等损失和轻度损失，从而在风险坐标上对建设工程风险定位，反映出风险量的大小。

2. 概率分布法

概率分布法可以较为全面地衡量建设工程风险。因为通过潜在损失的概率分布，有助于确定在一定情况下哪种风险对策或对策组合最佳。

概率分布法的常见表现形式是建立概率分布表。为此，需参考外界资料和本企业历史资料。概率分布表中的数字可能是因工程而异的。

理论概率分布也是风险衡量中常用的一种估计方法。即根据建设工程风险的性质分析大量的统计数据，当损失值符合一定的理论概率分布或与其近似吻合时，可由特定的几个参数来确定损失值的概率分布。

8.3.5 风险评价

在风险衡量过程中，建设工程风险被量化为关于风险发生概率和损失严重性的函数。但在选择对策之前，还需对建设工程风险量作出相对比较，以确定建设工程风险的相对严重性。

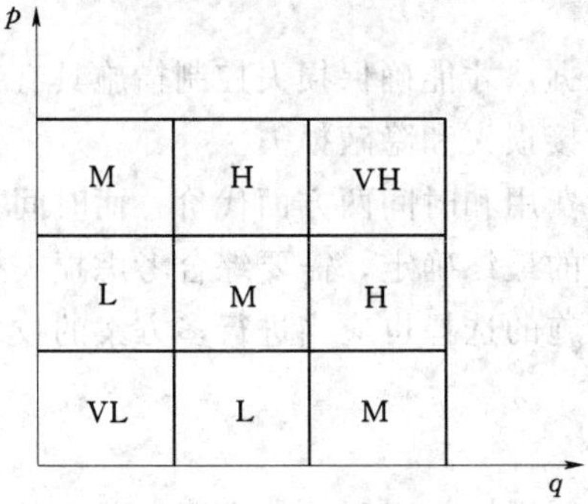

图 8.4 风险等级图

等风险量曲线指出，在风险坐标图上，离原点位置越近则风险量越小。据此，将风险量图分 LL、ML、HL、LM、MM、HM、LH、MH、HH 为 9 个区域。在这 9 个不同区域中，有些区域的风险量是大致相等的，如图 8.4 所示，可以将风险量的大小分为 5 个等级：① VL（很小）；② L（小）；③ M（中等）；④ H（大）；⑤ VH（很大）。

8.4 建设工程风险对策

现代风险管理一般由三个阶段组成，即在识别、评价了风险之后，就应考虑如何有效地控制和处理风险。即选择应采取的各种避免损失和控制损失的对策，分析各对策的成本及后果，根据各建设项目自身的经济状况及风险管理的总方针和特定目标，确定各种对策的最佳组合，达到以最小费用开支获得最大安全效果的目的。

8.4.1 风险回避

风险回避就是以一定的方式中断风险源，使其不发生或遏制其发展。当项目风险潜在威胁发生可能性太大，不利后果也太严重，又无其他策略可用时，主动放弃项目或改变项目目标与行动方案，从而避免可能产生的潜在损失。例如，某承包商参与某建设工程的投标，开标后发现自己的报价远远低于其他承包商的报价，仔细分析后发现，自己的报价存在严重的误算和漏算，因而拒绝与业主签订施工合同。虽然这样做将被没收投标保证金或投标保函，但比承包后严重亏损的损失要小得多。

采用风险回避这一对策时，有时需要作出一些牺牲，但较之承担风险，这些牺牲比风险真正发生时可能造成的损失要小得多。在某些情况下，风险回避是最佳对策。

在采用风险回避对策时需要注意以下问题：首先，回避一种风险可能产生另一种新的风险。其次，回避风险的同时也失去了从风险中获益的可能性。再次，回避风险可能不实际或不可能。

总之，虽然风险回避是一种必要的、有时甚至是最佳的风险对策，但应该承认这是一种消极的风险对策。

8.4.2　损失控制

1. 损失控制的概念

损失控制是一种主动、积极的风险对策。损失控制可分为预防损失和减少损失两方面工作。预防损失措施的主要作用在于降低或消除（通常只能做到减少）损失发生的概率。而减少损失措施的作用在于降低损失的严重性或遏制损失的进一步发展，使损失最小化。一般来说，损失控制方案都应当是预防损失措施和减少损失措施的有机结合。

2. 制定损失控制措施的依据和代价

制定损失控制措施必须以定量风险评价的结果为依据，才能确保损失控制措施具有针对性，取得预期的控制效果。风险评价时特别要注意间接损失和隐蔽损失。

制定损失控制措施还必须考虑其付出的代价，包括费用和时间两方面代价，而时间方面的代价往往还会引起费用方面的代价。损失控制措施的最终确定，需要综合考虑损失控制措施的效果及其相应的代价。由此可见，损失控制措施的选择也应当进行多方案的技术经济分析和比较。

3. 损失控制计划系统

在采用损失控制这一风险对策时，所制定的损失控制措施应当形成一个周密的完整的损失控制计划系统。就施工阶段而言，该计划系统一般应由预防计划（有文献称为安全计划）、灾难计划和应急计划三部分组成。

（1）预防计划。预防计划的目的在于有针对性地预防损失的发生。其主要作用是降低损失发生的概率，在许多情况下也能在一定程度上降低损失的严重性。在损失控制计划系统中，预防计划的内容最广泛，具体措施最多，包括组织措施、管理措施、合同措施、技术措施。

组织措施的首要任务是明确各部门和人员在损失控制方面的职责分工，以使各方人员都能为实施预防计划而有效地配合。还需要建立相应的工作制度和会议制度。必要时，还应对有关人员（尤其是现场工人）进行安全培训等。

采取管理措施，既可采取风险分隔措施，将不同的风险单位分离间隔开来，将风险局限在尽可能小的范围内，以避免某一风险发生时，产生连锁反应或互相牵连。如将木工加工厂设在远离办公用房的位置。也可采取分散措施，通过增加风险单位以减轻总体风险的压力，达到共同分摊总体风险的目的。如在涉外工程结算中采用多种货币组合的方式付款，分散汇率风险。

合同措施除了要保证整个建设工程总体合同结构合理、不同合同之间不出现矛盾之外，要注意合同具体条款的严密性，并作出与特定风险相应的规定，如要求承包商加强履约保证和预付款保证等。

技术措施是在建设工程施工过程中常用的预防损失措施，如地基加固、周围建筑物防护、材料检测等。与其他几方面措施相比，技术措施的显著特征是必须付出费用和时间两方面的代价，应当慎重比较后选择。

(2) 灾难计划。灾难计划是一组事先编制好的、目的明确的工作程序和具体措施，为现场人员提供明确的行动指南，使其在各种严重的、恶性的紧急事件发生后，不至于惊慌失措，也不需要临时讨论研究应对措施，可以做到从容不迫、及时、妥善地处理，从而减少人员伤亡以及财产和经济损失。

灾难计划是针对严重风险事件制定的，其内容应满足以下要求：

1) 安全撤离现场人员。

2) 援救及处理伤亡人员。

3) 控制事故的进一步发展，最大限度地减少资产和环境损害。

4) 保证受影响区域的安全尽快恢复正常。

灾难计划在严重风险事件发生或即将发生时付诸实施。

(3) 应急计划。应急计划是在风险损失基本确定后的处理计划，其宗旨是使因严重风险事件而中断的工程实施过程尽快全面恢复，并减少进一步的损失，使其影响程度减至最小。应急计划不仅要制定所要采取的相应措施，而且要规定不同工作部门相应的职责。

应急计划应包括的内容：调整整个建设工程的施工进度计划，并要求各承包商相应调整各自的施工进度计划；调整材料、设备的采购计划，并及时与材料、设备供应商联系，必要时，可能要签订补充协议；准备保险索赔依据，确定保险索赔的额度，起草保险索赔报告；全面审查可使用的资金情况，必要时需调整筹资计划等。

8.4.3 风险自留

风险自留就是将风险留给自己承担，是从企业内部财务的角度应对风险。风险自留与其他风险对策的根本区别在于，它不改变建设工程风险的客观性质，既不改变工程风险的发生概率，也不改变工程风险潜在损失的严重性。

1. 风险自留的类型

风险自留可分为非计划性风险自留和计划性风险自留两种类型。

(1) 非计划性风险自留。由于风险管理人员没有意识到建设工程某些风险的存在，或者不曾有意识地采取有效措施，以致风险发生后只好由自己承担。这样的风险自留就是非计划性的和被动的。

导致非计划性风险自留的主要原因有：

1) 缺乏风险意识。

2) 风险识别失误。

3) 风险评价失误。

4) 风险决策失误。

5) 风险决策实施延误。

对于大型、复杂的建设工程来说，风险管理人员几乎不可能识别出所有的工程风险。

虽然非计划性风险自留不可能不用，但应尽可能少用。

(2) 计划性风险自留。计划性风险自留是主动的、有意识的、有计划的选择。是风险管理人员在经过正确的风险识别和风险评价后作出的风险对策决策，是整个建设工程风险对策计划的一个组成部分。也就是说，风险自留绝不可能单独运用，而应与其他风险对策结合使用。在实行风险自留时，应保证重大和较大的建设工程风险已经进行了工程保险或实施了损失控制计划。

计划性风险自留的计划性主要体现在风险自留水平和损失支付方式两方面。所谓风险自留水平，是指选择哪些风险事件作为风险自留的对象。确定风险自留水平可以从风险量数值大小的角度考虑，一般应选择风险量小或较小的风险事件作为风险自留的对象。计划性风险自留还应从费用、期望损失、机会成本、服务质量和税收等方面与工程保险比较后才能得出结论。损失支付方式的含义比较明确，即在风险事件发生后，对所造成的损失通过什么方式或渠道来支付。

2. 损失支付方式

计划性风险自留应预先制定损失支付计划，常见的损失支付方式有：

（1）从现金净收入中支出。在财务上并不对自留风险作特别的安排，在损失发生后从现金净收入中支出，或将损失费用记入当期成本。非计划风险自留通常都是采用这种方式。这种方式不能体现计划性风险自留的“计划性”。

（2）建立非基金储备。设立一定数量的备用金，但其用途并不是专门针对自留的风险，其他原因引起的额外费用也在其中支出，甚至一些不属于风险管理范畴的额外费用。

（3）自我保险。设立一项专项基金（亦称为自我基金），专门用于自留风险造成的损失。该基金的设立不是一次性的，而是每期支出，相当于定期支付保险费，因而称为自我保险。这种方式若用于建设工程风险自留，需作适当的变通，如将自我基金（或风险费）在施工开工前一次性设立。

（4）母公司保险。这种方式只适用于存在总公司与子公司关系的集团公司，往往是在难以投保或自保较为有利的情况下运用。从子公司的角度来看，与一般的投保无异，收支较为稳定，税赋可能得益（是否按保险处理，取决于该国的规定）；从母公司的角度，可采用适当的方式进行资金运作，使这笔基金增值，也可再以母公司的名义向保险公司投保。对于建设工程风险自留来说，这种方式可用于特大型建设工程（有众多的单项工程和单位工程）或长期有较多建设工程的业主，如房地产开发（集团）公司。

3. 风险自留的适用条件

计划性风险自留至少要符合以下条件之一才应予以考虑。

（1）别无选择。

（2）期望损失不严重。

（3）损失可准确预测。

（4）企业有短期内承受最大潜在损失的能力。

（5）投资机会很好（或机会成本很大）。

（6）内部服务优良。

8.4.4　风险转移

风险分担的原则是：任何一种风险都应由最适宜承担该风险或最有能力进行损失控制的一方承担。符合这一原则的风险转移是合理的，可以取得双赢或多赢的结果。

1. 非保险转移

又称为合同转移，因为这种风险转移一般是通过签订合同的方式将工程风险转移给非保险人的对方当事人。建设工程风险最常见的非保险转移有以下三种情况：

(1) 业主将合同责任和风险转移给对方当事人。被转移者多数是承包商。

(2) 承包商进行合同转让或工程分包。

(3) 第三方担保。合同当事人的一方要求另一方为其履约行为提供第三方担保。担保方所承担的风险仅限于合同责任，即由于委托方不履行或不适当履行合同以及违约所产生的责任。第三方担保的主要表现是业主要求承包商提供履约保证和预付款保证（在投标阶段还有投标保证）。我国施工合同（示范文本）也有发包人和承包人互相提供履约担保的规定。

其优点主要有两点，一是可以转移某些不可保的潜在损失；二是被转移者往往能较好的进行损失控制。

其缺点主要包括三个方面，其一是双方当事人对合同条款的理解发生分歧而导致转移失败；其二是在某些情况下，可能因被转移者无力承担实际发生的重大损失而导致仍然由转移者来承担损失；其三是非保险转移一般都要付出一定代价，有时转移代价可能超过实际发生的损失，而对转移者不利。

2. 保险转移

保险转移通常直接称为保险，对于建设工程风险来说，则为工程保险。

工程保险的优点是建设工程在发生重大损失后可以从保险公司及时得到赔偿，使建设工程实施能不中断地、稳定地进行，从而最终保证建设工程的进度和质量，也不致因重大损失而增加投资；还可使决策者和风险管理人员对建设工程风险的担忧减少，从而可集中精力研究和处理建设工程实施中的其他问题，提高目标控制的效果；保险公司可向业主和承包商提供较为全面的风险管理服务，从而提高整个建设工程风险管理的水平。

工程保险的缺点：首先，表现在机会成本增加；其次，工程保险合同的内容较为复杂，保险费没有统一固定的费率，需根据特定建设工程的类型、建设地点的自然条件（包括气候、地质、水文等条件）、保险范围、免赔额的大小等加以综合考虑，因而保险合同谈判常常耗费较多的时间和精力。在进行工程保险后，投保人可能产生心理麻痹而疏于损失控制计划，以致增加实际损失和未投保损失。

在作出进行工程保险这一决策之后，还需考虑与保险相关的几个具体问题：一是保险的安排方式，即究竟是由承包商安排保险计划还是由业主安排保险计划；二是选择保险类别和保险人，一般是通过多家比选后确定，也可委托保险经纪人或保险咨询公司代为选择；三是可能要进行保险合同谈判，这项工作最好委托保险经纪人或保险咨询公司完成，但免赔额的数额或比例要由投保人自己确定。

需要说明的是，工程保险并不能转移建设工程的所有风险，一方面是因为存在不可保风险，另一方面是因为有些风险不宜保险。因此，对于建设工程风险，应将工程保险与风险回避、损失控制和风险自留结合起来运用。

8.4.5 风险对策决策过程

风险管理人员在选择风险对策时，要根据建设工程的自身特点，从系统的观点出发，从整体上考虑风险管理的思路和步骤，从而制定一个与建设工程总体目标相一致的风险管理原则。这种原则需要指出风险管理各基本对策之间的联系，为风险管理人员进行风险对策决策提供参考。

风险对策决策过程以及风险对策之间的选择关系如图 8.5 所示。

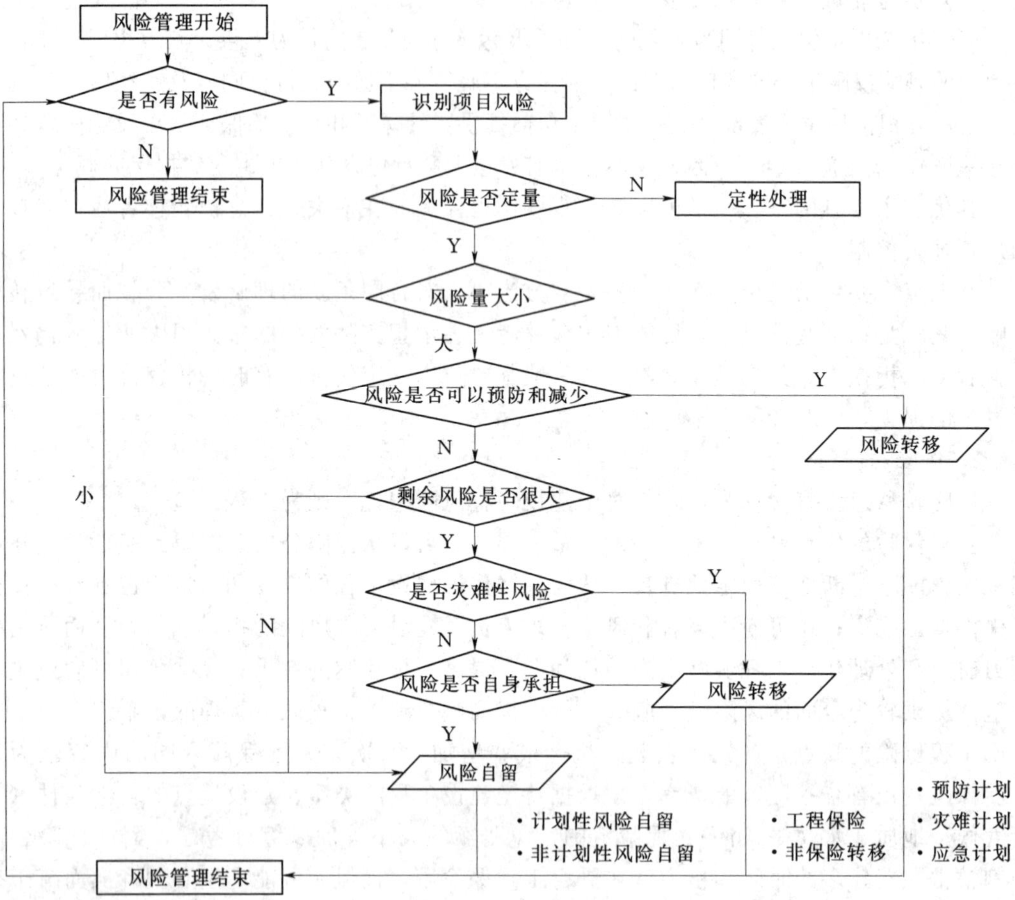

图 8.5　风险对策决策过程

8.5　监理企业和监理工程师的风险管理

8.5.1　监理企业和监理工程师的风险

从监理企业角度看，虽然风险因素种类繁多，成因复杂，但风险因素主要来自于以下三个方面。

1. 来自业主的风险

(1) 业主对监理在认识上存在缺陷。由于我国监理制度实行的时间还不长，某些业主对监理的作用和内涵认识不清，认为请监理是“花钱找麻烦”；有些业主认为监理仅仅是监督工程质量而已。这些错误认识致使建设单位从主观上不想请监理。仅由于建设监理的强制性政策，只能被动地委托监理，因此对监理工作不配合。具体表现为三点：

1）项目管理双轨制。有些业主成立“指挥部”、“筹建办”等机构与监理单位一起对项目实施双重管理，从而经常出现摩擦和空白。还有些业主把监理人员作为他的临时雇员，要求监理人员受他的领导。

2）有些业主不授予监理人员相应的权力，如签证付款权。这样使得监理人员失去了对承包商进行管理控制的最强有力的经济手段，造成承包商不服从监理。

3）有些业主对监理人员工作横加干涉。这样使得监理人员工作起来束手束脚，而一旦工程出了问题，业主则往往归咎于监理人员失职。

(2) 业主的行为不规范。有些业主在选择监理企业时，公然向监理企业索贿；有些业主盲目压价或拖欠监理费用；有些业主刻意刁难监理企业，滥用权力，随意罚款；有些业主对监理人员的工作要求苛刻。如此一来，使本来就收费很低的监理企业面临很大的经济风险。

(3) 业主不懂工程，不遵循建设规律。有些业主本身不懂工程，不遵循工程建设的客观规律。例如有时业主安排的施工单位很难或根本不能胜任所承揽的工程，客观上将风险转嫁给监理企业。有些业主在设备、材料采购时，产品到货后检验不合格．但迫于工期或其他原因，业主坚持要求使用该产品，埋下了安全隐患。有的业主为追求竣工后的利润，制定的工期一般较短，有的投资上亿的大型工程，不分昼夜施工，本来合理工期应是一年左右，但为了投产后的经济效益，将工期压至几个月。

(4) 业主的资金不到位。有些业主资金不到位，但要求强行开工，破坏了监理工作的基本前提。尤其是一些要求承包商带资进场的工程，全由承包商唱主角，而监理人员没有发言权。而一旦工程出了问题，业主会责怪监理人员控制不力，工作失职等，监理企业就有被处罚的风险。

2. 来自承包商的风险

(1) 承包商对监理认识不清，不配合监理工作。许多承包商对监理内涵认识不清，认为监理就是业主派来监督他们的，因此并不愿意接受监理，自然也不会配合监理人员的工作。有些承包商把监理人员当技术员、质检员使用，而完全放弃了自身的质量管理。如果出了质量问题，承包商就会将责任推给监理企业。

(2) 承包商缺乏职业道德。在一般情况下，承包商总是千方百计地争取监理人员手下留情。对坚持原则的监理人员，有些承包商认为妨碍了他们的利益，不断给监理人员出难题，客观上给监理人员造成额外的工作和心理负担。在有些情况下，施工企业为追求利润、降低成本，在工程材料上偷工减料。例如，防腐保温材料市场情况复杂，业主或监理稍不注意，就会被施工单位钻空子；在工程内容上，不按规范要求的程序和步骤施工，能少干就少干，存在侥幸心理。这些做法会加大监理企业的风险。

(3) 承包商不履约。有些承包商为了获得工程任务，在投标时往往以低价中标，一旦取得业务后，就在施工过程中层层加码，要求提高承包价格。如果监理工程师予以拒绝，有的承包商甚至以停工相要挟。虽然监理工程师可以凭合同条款对其进行惩罚，但这样做的结果对业主也没有什么好处，通常是两败俱伤。发生这样的情况，业主常常会迁怒于监理人员，监理工程师则有口难辩。

（4）承包商与业主关系密切。有些承包商与业主关系密切，致使监理的指令无法贯彻实施，一旦出现质量问题，业主便会追究监理企业的责任。

（5）工程资金不到位，承包商垫资施工。工程资金不到位，有时严重短缺，导致承包单位人员工作情绪不稳定，客观上降低了监理的成效。另一方面，如果承包商垫资施工，则监理工程师手中至关重要的经济手段失灵，监理权基本丧失，对于业主、监理企业都潜伏着极大的风险。

（6）承包商多次转包，挂靠承包。工程建设市场存在着不少挂靠的施工企业，这些企业打着大型施工企业的招牌，根本不具备资质，甚至连基本的设备及技术人员都是临时拼凑的，这样不可避免地要出大的质量问题，而监理企业根本奈何不了这种行为。

3. 监理企业内部的风险

（1）管理体制存在问题。目前，一些大型监理企业还停留在国有企业管理模式上，缺乏市场竞争机制，风险意识不强。这样的监理企业大部分缺乏独立管理能力和有效的风险控制手段。

（2）监理人员素质良莠不齐。目前，建设行业监理人员组成个体差异较大，整体素质偏低。现阶段同时具备专业、经济、法律、管理等综合素质的人才较少，高学历人员数量也不多，导致监理企业只能适应常规监理业务。对于难度较大的大型工程不具备技术性审查施工方案的能力，而且对工程前沿的新材料、新设备和新技术了解很少，开展业务很被动。

（3）监理企业鱼目混珠。受经济利益驱使，一些个人通过各种渠道，挂靠在某个大型监理企业上，他们根本不懂监理业务，也能承揽到监理业务，这样肯定会有潜在的风险。

（4）不良环境影响增多。由于不正之风及业主干预过多，监理工程师工作很难按正常秩序开展。此外监理企业自身管理不够完善。在这种环境下监理企业人心涣散，人员队伍不稳定，一部分监理工程师身心疲惫，无力专心负责监理工作，结果是工作不到位，甚至失职。

8.5.2　监理企业和监理工程师的风险分类及防范措施

监理风险大致可分为合同风险、执行风险、技术风险和管理风险。

1. 监理合同风险及防范措施

（1）监理合同风险的主要原因。

1）监理项目报标之前，可行性研究不充分，未能准确估计监理工作量、监理费用和监理风险。

2）为了承揽到监理业务，对委托单位的苛刻要求随意让步。

这两种情况都会使监理企业日益陷入困境，所签订的监理合同实际上很难执行。因此，监理企业往往会减少监理人员或使用较低资质的监理人员或让一个监理人员同时监理几个项目。这样很容易使监理工作流于形式，最终导致监理效果不佳。

（2）防范监理合同风险的主要措施。

1）投标之前仔细研究监理招标文件及全部附件，了解建设单位的资信、经营状况和财务状况，确认工程项目的合法性和资金来源；明确项目目标、项目内容和具体要求，明确建设单位的委托监理目标、监理范围、监理内容和监理依据，准确估计监理工作量、监理费用和监理风险，并将其写入《监理投标书》和《监理大纲》。

2）签订监理合同之前，对委托单位提出的合同文本要仔细研究，对重要问题要慎重考虑，尽可能争取对风险较大和过于苛刻的条款作出适当调整，不接受明显不能完成、无利可图和不公平的委托合同。

2. 监理执行风险及防范措施

执行监理业务时，监理工程师的以下几种行为存在极大风险，也有可能造成监理成效甚低。

(1) 失职行为：监理工程师未能全面正确地履行《监理委托合同》中规定的监理职责或超出《监期委托合同》中规定的监理范围而从事自身职责之外的工作。

(2) 过失行为：监理工程师由于主观上的无意行为未能严格履行监理职责。

为防范这种风险，总监理工程师应严格按照监理合同编制《监理规划》，认真审核各监理工程师所编制的《监理实施细则》。监理工程师应严格按照经过批准的《监理规划》和《监理实施细则》执行监理，不要轻信承建单位的承诺，不要过分相信个人的经验和直观判断，不要随意缩小监理范围并减少监理内容，也不要超越委托范围去做职责之外的工作。

3. 监理技术风险及防范措施

监理企业尽管履行了《监理委托合同》中所规定的监理职责，但受监理工程师的技术水平和业务素质所限，未能发现本应该发现的问题。另外，某些质量隐患的暴露需要一定的时间和条件，现有的技术手段和方法并不能保证及时发现所有问题。

为防范这种风险，监理工程师应努力学习监理知识，不断提高自身素质，努力防范由于自身技能不足带来的风险。监理企业应加强对监理工程师的技术培训和业务培训，同时也要为监理工程师配备必要的硬件设备和软件工具。

4. 监理管理风险及防范措施

如果监理企业的管理机制不健全，可能造成互相扯皮、人才流失等后果，使监理工作无法有效地进行。

为防范这种风险。监理企业应根据自身实际情况，明确管理目标，建立合理的组织结构和有效的约束机制，并根据责、权、利统一的原则，制定严格的监理人员岗位责任制、明确的业绩考核办法和合理的薪酬分配原则，充分调动监理人员的积极性。

复习思考题

1. 什么是风险管理？风险管理一般包括哪些内容？
2. 常用的风险对策有哪些？简述各种风险对策的要点。
3. 监理工程师的风险有哪些？简述监理工程师防范风险的措施。
4. 某工业项目建设单位委托一家监理企业协助组织工程招标并负责施工监理工作。总监理工程师在主持编写监理规划时，安排了一位专业监理工程师负责项目风险分析和相应规划内容的编写工作。经过风险识别、风险评价，按风险量的大小将该项目中的风险归纳为大、中、小三类。根据该建设项目的具体情况，监理工程师对建设单位的风险事件提出了正确的风险对策，制定了风险控制措施，见表 8.1。

表 8.1

序号	风　险　事　件	风险对策	控　制　措　施
1	通货膨胀	风险转移	建设单位与承包单位签订固定总价合同
2	承包单位技术水平、管理水平低	风险回避	出现问题各承包单位索赔
3	承包单位违约	风险转移	要求承包单位提供第三方担保或提供履约保函
4	建设单位购买的昂贵设备运输过程中的意外事故	风险转移	从现金净收入中支出
5	第三方责任	风险自留	建立非基金储备

针对监理工程师提出的风险转移、风险回避、风险自留三种风险对策，指出各自的适用对象（指风险量大小）。分析监理工程师提出的各种风险控制措施是否正确，并说明理由。

5. 某大型多层厂房工程，业主把招标和施工阶段的监理任务委托给中海监理公司，总监工程师建议业主进行工程保险以便转移所有的风险，总监认为这是最有效的风险转移方式。

问题：(1) 工程保险可以转移所有风险吗？为什么？

(2) 什么是最有效的风险转移方式？

第9章　建设工程安全管理

监理在安全管理中的作用是审批施工单位的安全方案、督促施工单位完善安全应急预案和措施、对施工工程和现场环境安全形势作出正确评价并提出处理措施、定期对施工单位进行安全检查并提出整改要求等。本章详细介绍建设工程安全生产、实施安全监理、安全管理的基本要求和主要工作内容、方法以及监理企业的安全责任等内容。

9.1　建设工程安全管理概述

9.1.1　建设工程安全生产

9.1.1.1　建设工程安全生产特点

1. 建筑产品的多样性决定建筑安全问题的不断变化

建筑产品是固定的、附着在土地上的，但是建筑结构、规模、功能和施工工艺方法是多样的。因此建造不同的建筑产品，对人员、材料、机械设备、设施、防护用品、施工技术等就有不同的要求。而且建筑现场环境（如地理条件、季节、气候等）也千差万别，这些差别决定了建设施工的安全问题是不断变化的。

2. 建筑工程的流水施工使得施工班组需要经常更换施工环境

建筑业的工作场所和工作内容是动态的、不断变化的，混凝土的浇筑、钢结构的焊接、土方的搬运、建筑垃圾的处理等每一个工序都可以使工程现场变得完全不同。而随着工程的进度，施工现场可能会从最初地下几十米的基坑变成高耸几百米的摩天大楼。因此，建设过程中的周边环境、作业条件、施工技术等都是在不断发生变化的，施工过程的安全问题也是不断变化的，而相应的安全防护设施往往滞后于施工过程。

3. 建筑施工现场存在的不安全因素复杂多变

建筑施工大多是露天作业，以重体力劳动的人工作业为主。建筑施工的高能耗、施工作业的高强度、施工现场的噪音、热量、有害气体和尘土等，以及露天作业环境不固定，高温和严寒使得作业人员体力和注意力下降，大风、雨雪天气还会导致工作条件恶劣，夜间照明不够，都会增加危险、有害因素。

4. 建筑安全管理的难度较高

建筑施工过程存在多个安全责任主体，如建设、勘察、设计、监理及施工等单位。施工现场安全由施工单位负责。实行施工总承包的，由总承包单位负责；分包单位向总承包单位负责，服从总承包单位对施工现场的安全生产管理。建筑安全虽然是由施工单位负主要责任，但其他责任单位也都是影响建筑安全的重要因素。再加上现在施工企业队伍、人员是全国流动的，这就使得施工现场的人员经常发生变化，而且施工人员属于不同的分包单位，有着不同的管理措施和安全文化。所以，安全管理难度较高。

5. 施工生产过程的非标准化作业使得施工现场危险因素增多

建筑业生产过程技术含量低，劳动、资本密集。建筑业生产过程的低技术含量决定了从业人员的素质普遍较低。而建筑业又需要大量的人力资源，属于劳动密集型行业，工人与施工单位间的短期雇佣关系，造成了施工单位对施工作业培训严重不足，使得施工人员缺少基本的安全生产常识，违章作业、违章指挥的现象时有发生，这其中就蕴涵着不安全行为。而当前的安全管理和控制手段比较单一，很多方面依赖经验、监督、安全检查等方式，安全生产管理制度落实不到位的现象也比较严重。

6. 施工安全措施落实不力

建筑施工流动性大，一个工程完成以后，施工队伍就要转移到新的地点，去建新的项目。这些新的工程，可能在同一个地区，也可能在另一地区，那么施工队伍就要相应地在不同的地区间流动。公司（施工企业）与施工项目部的分离，使得现场安全管理的责任，更多地由项目部来承担，致使公司的安全措施并不能在项目部得到充分的落实。

7. 施工作业难度越来越大

近年来，建设施工正由以工业建筑为主向民用建筑为主转变，建筑物由低层向高层发展，施工现场由较为广阔的场地向狭窄的场地变化。使得建筑施工的难度增大，危险、有害因素变化大，出现很多不安全性。

9.1.1.2 我国建设工程安全生产的状况

自新中国成立以来，建筑行业一直处于持续快速发展状况，改革开放后，更是如此。建筑业的发展推动了我国的国民经济发展，对提高国民经济产值起到重要的作用。但也由于建筑业施工过程的特点决定了它是一个高危险、多事故行业。据有关资料统计：在不同时期阶段，我国的安全事故引发的死亡率是变化的。如新中国成立初期至“一五”期间，建筑业伤亡事故较少，1957年万人死亡率为1.67；“二五”期间，由于“大跃进”的影响，建筑安全生产工作受到冲击，1958年的建筑业万人死亡率高达5.12；“三五”期间，国家进入经济调整时期，安全生产状况随之好转，至1965年万人死亡率降到1.65；随后而来的10年“文化大革命”，又给建筑安全生产工作带来灾难性的破坏，规章制度毁于一旦，安全管理工作陷入停顿、倒退状态，恶性事故不断发生，高峰时万人死亡率达7.53；“六五”期间，1980年，建筑业万人死亡率降为2.3；进入20世纪80年代以后，随着我国改革开放步伐加快，我国建设行政主管部门也加大了安全生产管理工作力度，至1990年，万人死亡率降至1.5；90年代以后，国民经济高速发展，建筑投资不断增长，建筑施工队伍持续扩大，但其安全防护意识和操作技能低下，安全教育培训不够，重大伤亡事故一度出现上涨势头。1998年3月1日，《建筑法》开始实施，建筑安全生产管理被单列为一章。中国的建筑安全生产管理从此走上了法制轨道。《建筑法》颁布的头年，安全生产形势有所好转，但到了2001年，随着我国经济体制改革的不断深化，建筑生产经营单位的经济成分日趋多样化，投资主体多样化，建设规模越来越大，市场竞争越来越激烈。同时，建筑业的发展对安全技术、劳动力技能、安全意识、安全生产科学管理方面都提出了新要求。尤其是新材料、新工艺在建设工程上的应用，使得工程建设速度也大大加快，施工难度不断加大，引发了新的危险因素，事故次数和死亡人数逐年增加。2000 年建筑施工事故 846 次，死亡 987 人；2001 年发生事故 1004 次，死亡 1045 人；2002 年发生事故 1208 次，死亡 1292 人；2003 年发生事故 1278 次，死亡 1512 人；2004 年发生事故 1144 起，死亡 1324 人；2005 年发生事故 1015 次，死亡 1193 人；2006 年发生事故 888 次、死亡 1048 人；2007 年发生事故 859 次、死亡 1012 人。2004 年，国务院颁布了《建筑工程安全生产管理条例》，这是我国在真正意义上的第一部针对建设工程安全生产的法规，它充分显示了政府对建筑安全生产的关注程度。《建筑工程安全生产管理条例》的颁布实施，对建筑业的安全生产促进作用是巨大的，使得建筑业安全生产做到了有法可依，对规范建筑安全管理起到了指导作用。至此，全国建筑施工事故逐年降低。

根据我国建筑业的长远规划，国家把未来建筑安全生产奋斗目标确定为：到 2007 年，全国建设系统安全生产状况稳定好转，死亡人数和建筑施工百亿元产值死亡率有一定幅度的下降。到 2010 年，全国建筑系统安全生产状况明显好转，重特大事故得到有效遏制，建筑施工和城市市政公用行业事故次数和死亡人数均有较大幅度的下降。力争到 2020 年，全国建设系统安全生产状况实现根本性好转，有关指标达到或者接近世界中等发达国家水平。

9.1.1.3 建设工程施工安全管理制度

建设工程规模庞大，劳动人数众多，且工作环境复杂多变。通过建立各项制度，规范建设工程的生产行为，对于提高建设工程安全生产水平十分重要。

《中华人民共和国建筑法》、《中华人民共和国安全生产法》、《安全生产许可证条例》、《建筑施工企业安全生产许可证管理规定》等与建设工程有关的法律法规和部门规章，对建设工程安全生产和管理行为进行了全面的规范，确立了一系列建设工程安全生产管理制度。

1. 建筑施工企业安全生产许可制度

为了严格规范建筑施工企业安全生产条件，进一步加强安全生产监督管理，防止和减少生产安全事故，建设部根据《安全生产许可证条例》、《建设工程安全生产管理条例》等有关行政法规，于 2004 年 7 月制定了建设部令第 128 号《建筑施工企业安全生产许可证管理规定》。

国家对建筑施工企业实行安全生产许可制度。建筑施工企业未取得安全生产许可证的，不得从事建筑施工活动。

2. 建筑施工企业三类人员考核任职制度

依据建设部关于印发《建筑施工企业主要负责人、项目负责人、专职安全生产管理人员安全生产考核管理暂行规定》的通知［建质（2004）59 号］的规定，为贯彻落实《中华人民共和国安全生产法》、《建筑工程安全生产管理条例》和《安全生产许可证条例》，提高建筑施工企业主要负责人、项目负责人、专职安全生产管理人员安全生产知识水平和管理能力，保证建筑施工安全生产，对建筑施工企业上述三类人员进行考核认定。三类人员应当经建设行政主管部门或者其他有关部门考核合格后方可任职，考核内容主要是安全生产知识和安全管理能力。

建筑施工企业主要负责人，是指对本企业日常生产经营活动和安全生产工作全面负责、有生产经营决策权的人员。包括企业法定代表人、经理、企业分管安全生产工作的副经理等。

建筑施工企业项目负责人，是指由企业法定代表人授权，负责建设工程项目管理的负责人等。

建筑施工企业专职安全生产管理人员，是指在企业中专职从事安全生产管理工作的人员。包括企业安全生产管理机构的负责人及其工作人员和施工现场专职安全员。

3. 政府安全监督检查制度

依据《建筑安全生产监督管理规定》（中华人民共和国建设部1991年第13号文件）的内容，建筑安全生产监督管理是指各级人民政府建设行政主管部门及其授权的建筑安全生产监督机构，对于建筑安全生产所实施的行业监督管理。凡从事房屋建筑、土木工程、设备安装、管线敷设等施工和构配件生产活动的单位及个人，都必须接受建设行政主管部门及其授权的建筑安全生产监督机构的行业监督管理，并依法接受国家安全监察。

建筑安全生产监督管理根据“管生产必须管安全”的原则，贯彻“预防为主”的方针，依靠科学管理和技术进步，推动建筑安全生产工作的开展，控制人身伤亡事故的发生。

4. 安全生产责任制度

安全生产责任制度就是对各级负责人、各职能部门以及各类施工人员在管理和施工过程中，应当承担的责任作出明确的规定。具体来说，就是将安全生产责任分解到施工单位的主要负责人、项目负责人、班组长以及每个岗位的作业人员身上。安全生产责任制度是施工企业最基本的安全管理制度。主要内容如下：

（1）安全生产责任制度主要包括施工企业负责人和其他副职的安全责任，项目负责人（项目经理）的安全责任，生产、技术、材料等各职能管理负责人及其工作人员的安全责任，技术负责人（工程师）的安全责任、专职安全生产管理人员的安全责任、施工员的安全责任、班组长的安全责任和岗位人员的安全责任等。

（2）项目对各级、各部门安全生产责任制应规定检查和考核办法，并按规定期限进行考核，对考核结果及执行情况应有记录。

（3）项目在签订承包合同中必须有安全生产工作的具体指标和要求。工地由多个单位施工时，总分包单位在签订分包合同的同时要签订安全生产合同（协议），签订合同前要检查分包单位的营业执照、企业资质证、安全资格证等。分包队伍的资质应与工程要求相符，在安全合同中应明确总分包单位各自的安全职责，原则上，实行总承包的由总承包单位负责，分包单位向总包单位负责，服从总包单位对施工现场的安全管理。分包单位在其分包范围内建立施工现场安全生产管理制度，并组织实施。

（4）项目的主要工种应有相应的安全技术操作规程。一般应包括砌筑、抹灰、混凝土、木作、钢筋、机械、电气焊、起重、信号指挥、塔吊、架子、水暖、油漆等工种，特种作业应另行补充。应将安全技术操作规程列为日常安全活动和安全教育的主要内容，并应悬挂在操作岗位前。

5. 安全生产教育培训制度

安全生产教育培训工作是实现安全生产的一项重要基础工作。建设工程安全事故发生的一个重要原因在于企业领导、管理人员、作业人员安全生产素质较低。某些企业领导、管理人员没有掌握必要的安全生产法律、法规知识，缺乏安全生产的法治意识和抓好安全生产的自觉性。部分作业人员缺乏安全生产知识，安全操作技能低下，防范风险意识匮乏，违章指挥、违章作业、违反劳动纪律。只有对广大建筑职工进行安全教育培训，才能使其掌握安全知识，增强安全意识，提高安全生产的自觉性、积极性。因此，施工单位应当建立健全安全生产教育培训制度，加强对职工安全生产的教育培训管理，从资金、人力、物力和时间等方面给予保证，确保安全教育培训的质量和覆盖面。

6. 依法批准开工报告的建设工程和拆除工程备案制度

（1）建设工程备案制度。依法批准开工报告的建设工程，建设单位应当自开工报告批准之日起15日内，将保证安全施工的措施报送建设工程所在地的县级以上地方人民政府建设行政主管部门或者其他有关部门备案。

（2）拆除工程备案制度。建设单位应当将拆除工程发包给具有相应资质等级的施工单位。建设单位应当在拆除工程施工前15日内，将下列资料报送建设工程所在的县级以上地方人民政府建设行政主管部门或者其他有关部门备案。备案需提供资料主要有：施工单位资质等级证明；拟拆除建筑物、构筑物及可能危及毗邻建筑的说明；拆除工程的施工组织方案；堆放、清除废弃物的措施等方面材料。

实施爆破作业的，应当遵守国家有关民用爆炸物品管理的规定。

7. 特种作业人员持证上岗制度

《建设工程安全生产管理条例》第二十五条规定：垂直运输机械作业人员、起重机械安装拆卸工、爆破作业人员、起重信号工、登高架设作业人员等特种作业人员，必须按照国家有关规定经过专门的安全作业培训，并取得特种作业操作资格证书后，方可上岗作业。专门的安全作业培训，是指由有关主管部门组织的专门针对特种作业人员的培训，也就是特种作业人员在独立上岗作业前，必须进行与本工种相适应的、专门的安全技术理论学习和实际操作训练。经培训考核合格，取得特种作业操作资格证书后，才能上岗作业。特种作业操作资格证书在全国范围内有效，离开特种作业岗位一定时间后，应当按照规定重新进行实际操作考核，经确认合格后方可上岗作业。对于未经培训考核即从事特种作业的，《条例》第六十二条规定了行政处罚，造成重大安全事故，构成犯罪的，对直接责任人员，依照《刑法》的有关规定追究刑事责任。

8. 专项施工方案专家认证审查制度

依据《建设工程安全生产管理条例》第二十六条的规定：施工单位应当在施工组织设计中编制安全技术措施和施工现场临时用电方案，对下列达到一定规模的危险性较大的分部分项工程编制专项施工方案，并附安全验算结果，经施工单位技术负责人、总监理工程师签字后实施，由专职安全生产管理人员进行现场监督。

（1）基坑支护与降水工程。

（2）土方开挖工程。

（3）模板工程。

（4）起重吊装工程。

（5）脚手架工程。

(6) 拆除、爆破工程。

(7) 国务院建设行政主管部门或者其他有关部门规定的其他危险性较大的工程。

对前面所列工程中涉及深基坑、地下暗挖工程、高大模板工程的专项施工方案，施工单位还应当组织专家进行论证、审查。

本条第一款规定的达到一定规模的危险性较大工程的标准，由国务院建设行政主管部门会同国务院其他有关部门规定。

9. 施工起重机械使用登记制度

《建设工程安全生产管理条例》第三十五条规定："施工单位应当自施工起重机械和整体提升脚手架、模扳等自升式架设设施验收合格之日起三十日内，向建设行政主管部门或者其他有关部门登记。登记标志应当置于或者附着于该设备的显著位置。"

施工起重机械在验收合格之日起三十日内，施工单位应当向建设行政主管部门或者其他有关部门登记。这是对施工起重机械的使用进行监督和管理的一项重要制度，能够有效防止非法设计、非法制造、非法安装的机械和设施投入使用。同时，还可以使建设行政主管部门或者其他有关部门及时、全面了解和掌握施工起重机械和整体提升脚手架、模板等自升式架设设施的使用情况，以利于监督管理。

10. 危及施工安全的工艺、设备、材料淘汰制度

《建设工程安全生产管理条例》第四十五条规定："国家对严重危及施工安全的工艺、设备、材料实行淘汰制度。具体目录由我部会同国务院其他有关部门制定并公布。"

严重危及施工安全的工艺、设备、材料是指不符合生产安全要求，极有可能导致生产安全事故发生，致使人民生命和财产遭受重大损失的工艺、设备和材料。工艺、设备和材料在建设活动中属于物的因素，相对于人的因素来说，这种因素对安全生产的影响是一种"硬约束"。即只要使用了严重危及施工安全的工艺、设备和材料，即使安全管理措施再严格，人的作用发挥得再充分，也仍然难以避免安全生产事故的发生。

对于已经公布的严重危及施工安全的工艺、设备和材料，建设单位和施工单位都应当严格遵守和执行，不得继续使用此类工艺和设备，也不得转让他人使用。

11. 施工现场消防安全责任制度

(1) 施工现场都要建立、健全防火检查制度。

(2) 建立义务消防队，人数不少于施工总人员的10%。

(3) 建立动用明火审批制度，按规定划分级别，审批手续完善，并有监护措施。

12. 生产安全事故报告制度

《建设工程安全生产管理条例》第五十条对建设工程生产安全事故报告制度规定："施工单位发生生产安全事故，应当按照国家有关伤亡事故报告和调查处理的规定，及时、如实地向负责安全生产监督管理的部门、建设行政主管部门或者其他有关部门报告；特种设备发生事故的，还应当同时向特种设备安全监督管理部门报告。接到报告的部门应当按照国家有关规定，如实上报。"

一旦发生安全事故，及时报告有关部门是及时组织抢救的基础，也是认真进行调查，分清责任的基础。因此，施工单位在发生安全事故时，不能隐瞒事故情况。

13. 生产安全事故应急救援制度

(1) 县级以上地方人民政府建设行政主管部门应当根据本级人民政府的要求，制定本行政区域内建设工程特大生产安全事故应急救援预案。

(2) 施工单位应当制定本单位生产安全事故应急救援预案，建立应急救援组织或者配备应急救援人员，配备必要的应急救援器材、设备，并定期组织演练。

(3) 施工单位应当根据建设工程施工的特点、范围，对施工现场易发生重大事故的部位、环节进行监控，制定施工现场生产安全事故应急救援预案。实行施工总承包的，由总承包单位统一组织编制建设工程生产安全事故应急救援预案。工程总承包单位和分包单位按照应急救援预案，各自建立应急救援组织或者配备应急救援人员，配备救援器材、设备，并定期组织演练。

(4) 工程项目经理部应针对可能发生的事故制定相应的应急救援预案，准备应急救援的物资，并在事故发生时组织实施，防止事故扩大，以减少伤害和环境影响。

14. 意外伤害保险制度

根据《中华人民共和国建筑法》第四十八条规定，建筑职工意外伤害保险是法定的强制性保险，也是保护建筑业从业人员合法权益，转移企业事故风险，增强企业预防和控制事故能力，促进企业安全生产的重要手段。中华人民共和国建设部于 2003 年 5 月 23 日公布了《建设部关于加强建筑意外伤害保险工作的指导意见》(建质〔2003〕107 号)，从九个方面对加强和规范建筑意外伤害保险工作提出了较详尽的规定，明确了建筑施工企业应当为施工现场从事施工作业和管理的人员，在施工活动过程中发生的人身意外伤亡事故提供保障，办理建筑意外伤害保险、支付保险费，范围应当覆盖工程项目。同时，还对保险期限、金额、保费、投保方式、索赔、安全服务及行业自保等都提出了指导性意见。

9.1.1.4 当前建设工程安全生产管理存在的主要问题

1. 法律法规亟待进一步规范

现行法律、法规如《中华人民共和国建筑法》、《中华人民共和国安全生产法》、《建设工程质量管理条例》、《建设工程安全生产管理条例》等，在建设工程监理安全责任方面的规定不一致，可操作性差。法律、法规体系不健全，部分法律、法规还存在重复和交叉等问题，各种规范性文件也存在不协调现象。

2. 政府监管力度需要加大

建筑业安全生产的监督管理基本上还停留在突击性的安全生产大检查上，缺少日常的监督管理制度和措施。监管体系不够完善，资金落实不够，监管力度不够，手段落后，不能适应市场经济发展的要求。

3. 人员素质有待全面提高

建筑行业整体素质低下，体现在：一是在建筑业目前从业人员中，农民工比例占 80%以上，有的施工现场甚至 90%都是农民工，其安全防护意识和操作技能低下，而职业技能的培训却远远不够。据有关方面统计，我国农民工经过培训取得职业技能岗位证书的只有 74 万人。二是全行业技术、管理人员偏少。技术人员仅占 5.3%，管理人员仅占 4.9%。三是建设工程各个安全责任主体里专职安全管理人员更少，素质低，远达不到工程安全管理的需要。

4. 安全技术面临新挑战

建筑业安全生产科技相对落后。近几年来，科学技术含量高、施工难度大和施工危险性大的工程日益增多，给施工安全生产管理提出了新课题、新挑战。一大批高、大、精、尖工程的出现，都使施工难度、危险性增大。如国家大剧院、中央电视台、奥运会场馆工程等，安全技术亟待提高。

5. 企业安全管理薄弱环节较多

各类非国有生产经营单位大量增加，企业总量、就业、各类运输工具等大量增加以及农民工和非法劳工的大量增加，使得企业在安全管理方面存在着相当大的缺陷，与发达国家相比有很大的差距。施工企业安全生产投入不足，基础薄弱，企业违背客观规律，一味强调施工进度，轻视安全生产，蛮干、乱干抢工期，在侥幸中求安全的现象相当普遍。

6. 安全教育师资投入不足

高等教育中与建筑安全有关的技术教育和安全系统工程专业学科很少。参与建设工程主体企业安全教育投入少，力度不够。

7. 个人安全防护质量不高、设备落后

建筑业的个人安全防护装备落后，质量低劣，配备严重不足。

8. 建筑安全危险预测和评估机制待建

预防建筑工程安全生产中的事故，是实现建筑工程安全生产的基本保障。目前缺乏建筑安全危险的预测和评估机制。

9. “诚信制度”和“意外伤害保险制度”落实不够

按照市场经济客观规律，运用市场信誉杠杆，建立发育良好的保险市场，是市场经济安全生产管理的重要手段。目前我国建筑业的“诚信制度”和“意外伤害保险制度”建设与发达国家差距很大。

10. 安全管理意识急需强化

参与建设工程各方责任主体的安全生产管理意识及安全生产自我保护意识不强，各自承担的安全责任不清，安全管理专业水平不高，缺乏健全的安全生产管理制度和完善的安全管理体系。

上述问题的存在，会导致建设工程安全及质量事故，危及劳动者生命安全，造成国家经济财产损失，制约我国国民经济发展水平及建设工程安全生产水平的提高。

9.1.2 建设工程安全监理

1. 建设工程安全监理的概念

建设工程安全监理是指具有相应资质的工程监理企业受建设单位（或业主）的委托，依据国家有关建设工程的法律、法规，经政府主管部门批准的建设工程建设文件、建设工程委托监理合同及其他建设工程合同，对建设工程安全生产实施的专业化监督管理。

建设工程安全监理是监理工程师对建设工程中的人、材料、机械、方法、环境及施工全过程的安全生产进行监督管理，采取组织、技术、经济和合同措施，保证建设行为符合国家安全生产、劳动保护、环境保护、消防等法律法规、标准规范和有关方针、政策，有效地将建设工程安全风险控制在允许的范围内，以确保施工安全。

建设工程安全监理是建设工程监理的重要组成部分，也是建设工程安全生产管理的重要保障。建设工程安全监理的实施，是提高施工现场安全管理水平的有效方法，也是建设管理体制改革中加强安全管理、控制重大伤亡事故的一种新模式。

2. 建设工程安全监理的含义

建设工程安全监理包括在设计、招标、采购、施工等环节进行的安全监理，其中最为重要的是施工阶段的建设工程安全监理。建设工程安全监理是“三控、三管、一协调”传统工程监理的完善和发展，是工程监理的组成部分，其基本概念、性质、工作程序与工程监理质量控制的原则是相同的。建设工程安全监理是由监理工程师采用组织、技术、经济、合同措施，督促监管承包单位遵照国家安全生产、劳动保护、环境保护、消防等法规组织施工，对建设工程安全生产涉及的人、物、方法、环境进行安全评价、监督，从而消除安全隐患，将建设工程安全风险控制在允许范围内，实现建设工程安全生产和建设项目目标。

3. 建设工程安全监理的发展

随着我国工程监理制度的全面推行，引发了建设行业人士的思考，既然工程监理能有效地实施建设工程项目的质量、进度、投资控制，能否借助社会监理的力量，对建设工程施工安全同时进行监理，以减少施工伤亡事故，确保建设工程项目各项目标的顺利实现。

2003 年 11 月 24 日，国务院颁布了《建设工程安全生产管理条例》，《建设工程安全生产管理条例》首次明确了建设工程参与各方对于建设工程安全生产负有各自的责任，并规定了工程监理单位的安全责任。《建设工程安全生产管理条例》的颁布为广泛开展建设工程安全监理提供了法律依据，使建设工程安全监理走上了法制化的道路。

4. 实施建设工程安全监理的意义

(1) 有利于加强建设工程安全管理。我国正处在建设小康社会的历史时期，国家建设的高峰期带来了建筑业的发展。而半数以上的建筑施工劳力资源来自农村民工；加之，有些建筑企业放松了安全生产管理，施工安全隐患和施工伤亡事故屡有发生，特别是那些建筑企业施工资质较低、项目管理薄弱的建筑施工现场，人们经常可以发现施工安全隐患的存在。

实施安全监理则可充分利用施工监理人员常驻施工现场的有利条件，发挥监理人员具有专业技术和管理能力的优势，督促施工单位加强安全管理，及时消除安全隐患，减少和遏止施工伤亡事故的发生。

(2) 有利于完善建筑安全生产管理体制。我国安全生产管理体制是企业负责、行业管理、国家监察和群众监督。建设行政管理部门负责对建设工程安全生产实施监督管理，并委托建设工程安全质量监督机构实施施工现场安全生产的监督检查。然而，由于目前安全质量监督人员数量明显不适应城市建设规模的增长，仅靠安全质量监督机构的力量，难以完成政府监管任务。因此，实施建设工程安全监理意味着将大大增加施工现场安全监督管理力量，形成施工企业负责、监理中介服务、政府市场监管的建设工程安全生产管理新体制。这一新体制体现了市场化的理念，使得建筑安全生产管理体制更加完善。

(3) 有利于提高建设工程项目的综合效益。在工程施工阶段，有些建设工程项目的实施存在着不良倾向，即某些参与方不能摆正速度、效益和安全生产的关系，往往片面追求工程进度，忽视安全生产；有的在造价和安全发生矛盾时，往往舍不得投资安全，影响了安全技术措施的落实，以致造成了安全隐患。

实施安全监理可以通过监理工程师的监督管理，对不符合安全生产的参与方行为进行干预和警示，促使建设工程参与各方责任主体正确处理建设工程质量、安全、进度、效益的关系，更好地实现项目目标，提高建设工程项目的综合效益。

5. 建设工程安全监理的作用

(1) 有利于防止或减少生产安全事故，保障人民群众生命和财产安全。我国建设工程规模逐步加大，建设领域安全事故次数和伤亡人数一直居高不下，个别地区施工现场安全生产情况仍然十分严峻，安全事故时常发生，导致群死群伤恶性事件，给广大人民群众的生命和财产带来巨大损失。实行建设工程安全监理，监理工程师是既懂工程技术、经济、法律又懂安全管理的专业人士，有能力及时发现建设工程实施过程中出现的安全隐患，并要求施工单位及时整改、消除，从而有利于防止和减少生产安全事故的发生，也就保障了广大人民群众的生命和财产安全，保障了国家公共利益，从而维护了社会安定团结。

(2) 有利于实现工程投资效益最大化。实行建设工程安全监理，由监理工程师进行施工现场安全生产的监督管理，防止和减少生产安全事故的发生，既保证了建设工程质量也保证了施工进度顺利开展，从而保证了建设工程整体进度计划的实现，有利于投资的正常回收，实现投资效益的最大化。

(3) 有利于规范工程建设参与各方主体的安全生产行为。在建设工程安全监理实施过程中，监理工程师采用事前、事中和事后控制相结合的方式，对建设工程安全生产的全过程进行动态监督管理，可以有效地规范各施工单位的安全生产行为，最大限度地避免不当安全生产行为的发生。即使出现不当安全生产行为，也可以及时加以制止，最大限度地减少其不良后果。此外，由于建设单位不了解建设工程安全生产等有关的法律法规、管理程序等，也可能发生不当安全生产行为。为此，监理工程师可以向建设单位提出适当的建议，从而也有利于规范建设单位的安全生产行为。

(4) 有利于促使施工单位保证建设工程施工安全，提高整体施工行业的安全生产管理水平。实行建设工程安全监理，通过监理工程师对建设工程施工生产的安全监督管理，以及监理工程师的审查、督促、检查等手段，促使施工单位进行安全生产，改善劳动作业条件，提高安全技术措施等，保证建设工程施工安全，提高施工单位自身施工安全生产管理水平，从而提高了整体施工行业安全生产管理水平。

(5) 有利于提高建设工程安全生产管理水平。实行建设工程安全监理，通过对建设工程安全生产实施三重监控，即施工单位自身的安全控制、政府的安全生产监督管理、工程监理企业的安全监理。一方面，有利于防止和避免安全事故，另一方面，政府通过改进市场监管方式，充分发挥市场机制，通过工程监理企业、安全中介服务公司等的介入，对施工现场安全生产的监督管理，改变以往政府被动的安全检查方式，共同形成安全生产监管合力，从而提高我国建设工程安全生产管理水平。

(6) 有利于建设工程安全生产保证机制的形成。据 2003 年统计，全国建设系统共设有建设工程安全监督机构 1706 个，安全生产监督人员 0.88 万人，而工程质量监督机构 3047 个，质量监督人员 4 万人，因此，政府建设工程安全生产监管力量明显不足。实施建设工程安全监理，有利于建设工程安全生产保证机制的形成，即施工企业负责、监理中介服务、政府市场监管，从而保证我国建设领域安全生产。

9.1.3 建设工程安全管理的原则和目标

1. 安全管理的指导思想

安全施工要求使生产过程处于避免人身伤害、设备损坏及其他不可接受的损害风险（危险）的状态。我国安全管理总的指导思想是“安全第一，预防为主，综合治理”。

“安全第一”是把人身的安全放在首位。安全为了施工，施工必须保证人身安全，充分体现了“以人为本”的理念。

“预防为主”是采取正确的预防措施和方法进行安全控制，从而减少和消除事故，把事故消灭在萌芽状态，力争零事故。

把“综合治理”充实到安全生产方针之中，反映了近年来我国在进一步改革开放过程中，安全生产工作面临着多种经济所有制并存，而法制尚不健全完善、体制机制尚未理顺等要求的复杂局面；充分反映了近年来安全生产工作的规律特点。

2. 安全生产管理原则

（1）安全第一，预防为主的原则。根据《中华人民共和国安全生产法》的总方针和指导思想，“安全第一”从保护和发展生产力的角度出发，表明了生产范围内安全与生产的关系，肯定了安全生产在建设活动中的首要位置和重要性。“预防为主”体现了事先策划、事中控制及事后总结，通过信息收集、归类分析、制定预案等过程进行控制和防范。“预防为主”体现了政府对建设工程安全生产过程中“以人为本”“关爱生命”和“关注安全”的宗旨。

（2）以人为本、关爱生命，维护作业人员合法权益的原则。安全生产管理应遵循维护作业人员的合法权益的原则，应改善作业人员的工作与生活条件，施工单位必须为作业人员提供安全防护设施、对其进行安全教育培训、为施工人员办理意外伤害保险、作业与生活环境应达到国家规定的安全生产、生活环境标准，真正体现出以人为本，关爱生命。

（3）职权与责任一致的原则。国家有关建设行政主管部门和相关部门对建设工程安全生产管理的职权和责任应该相一致，其职能和权限应该明确。建设主体各方应该承担相应的法律责任，对工作人员不能够依法履行监督管理职责的，应该给予行政处分，构成犯罪的，依法追究刑事责任。

3. 安全生产管理目标

安全生产管理目标是建设工程项目管理机构建立的施工现场安全生产保证体系所要达到的各项基本指标，是安全生产管理的努力方向，是衡量项目管理机构安全生产管理业绩的重要依据。

安全生产管理目标的主要内容：

（1）杜绝重大伤亡、设备、管线、火灾和环境污染等事故。

（2）一般事故频率控制目标。

（3）安全生产标准化工地创建目标。

(4) 文明施工创建目标。

(5) 其他目标。

安全管理目标对不同管理层有不同的要求。就建筑企业来说，它是建筑安全生产的责任主体，是政府建筑安全管理最高目标和直接目标的具体实施者，是保护每个职工安全与健康的直接责任者。与政府建筑安全管理目标相对应，建筑企业安全管理目标同样可以分为最高目标和直接目标两个方面：最高目标是建筑企业建立安全生产自我约束的管理机制；直接目标是“零事故”。建筑企业只有完善安全生产自我约束的管理机制，才能使生产过程规范化、透明化，才能有效预防和消除安全隐患，实现安全生产。

现仅就建筑企业安全管理的直接目标——“零事故”目标进行说明。

目前，很多发达国家安全管理业绩良好的承包商都把“零事故”作为努力的目标。“零事故”目标主要有三大原则：

(1) 零的原则。将“零”定为直接目标，不断改进。“零事故”强调人的生命是不可替代的。因此，要把建筑施工事故降低到零为止，这也与政府的“保护每一个人的安全和健康”目标相吻合。

(2) 预期的原则。这就是要在设计过程中和施工作业前将工作场地的潜在危险找出，并提出解决方案，同时制定详细的安全与健康计划，从源头上控制和防止事故的发生。

(3) 参与的原则。参与是指全员参与，包括勘察、设计、施工、业主和监理等单位及其员工的参与，充分地将每一个人的创造力运用到解决安全难题的行动上。

虽然“零事故”是建筑企业的直接目标，但是它的实现过程并不是一蹴而就的，它是一个基于不断改进的目标。从这个意义上说，“零事故”目标同时也是最终目标。建筑企业在一个项目上实现“零事故”，只能说明企业在该项目上的直接目标实现了，而对于整个建筑企业及其未来的发展来说，这仅仅是企业“零事故”目标的一个组成部分，企业还需要不断地改进，鉴别潜在危险，群策群力，实行各项安全措施，做到安全生产过程的自我约束，做到安全生产自我约束机制与企业施工生产管理体系的融合。

9.2 建设工程安全管理的工作内容

监理企业应当按照法律、法规和工程建设强制性标准及监理委托合同实施监理，对所监理工程的施工安全生产进行监督检查，具体内容包括施工准备阶段安全监理和施工阶段安全监理。

9.2.1 施工准备阶段安全管理的主要工作内容

施工准备阶段安全管理的主要工作内容有：

(1) 监理企业应根据《建设工程安全生产管理条例》的规定，按照工程建设强制性标准、《监理规范》和相关行业监理规范的要求，编制包括安全监理内容的项目监理规划，明确安全监理的范围、内容、工作程序和制度措施，以及人员配备计划和职责等。

(2) 对中型及以上项目和《建设工程安全生产管理条例》第二十六条规定的危险性较大的分部分项工程，监理企业应当编制专项监理实施细则。实施细则应当明确安全监理的方法、措施和控制要点，以及对施工单位安全技术措施的检查方案。

安全监理实施细则是根据监理规划的安全监理要求，由专业监理工程师编写，并经总监理工程师批准，针对工程项目中某一专业或某一方面安全监理工作的操作性文件。安全监理实施细则应结合工程项目的专业特点，做到详细具体，具有可操作性。在监理工作实施过程中，安全监理实施细则应根据实际情况进行补充、修改和完善。

安全监理实施细则的主要内容包括：

1）专业工程的安全生产特点。

2）安全监理工作的流程。

3）安全监理工作的要点和目标值。

4）安全监理工作的方法和措施。

（3）审查施工单位编制的施工组织设计中的安全技术措施和危险性较大的分部分项工程安全专项施工方案是否符合工程建设强制性标准要求。

监理工程师审查的主要内容应当包括：

1）施工单位编制的地下管线保护措施方案是否符合强制性标准要求。

2）基坑支护与降水、土方开挖与边坡防护、模板、起重吊装、脚手架、拆除、爆破等分部分项工程的专项施工方案是否符合强制性标准要求。

3）施工现场临时用电施工组织设计或者安全用电技术措施和电气防火措施是否符合强制性标准要求。

4）冬季、雨季等季节性施工方案的制定是否符合强制性标准要求。

5）施工总平面布置图是否符合安全生产的要求。办公、宿舍、食堂、道路等临时设施设置以及排水、防火措施是否符合强制性标准要求。

（4）检查施工单位在工程项目上的安全生产规章制度和安全监管机构的建立、健全及专职安全生产管理人员配备情况，督促施工单位检查各分包单位的安全生产规章制度的建立情况。

（5）审查施工单位资质和安全生产许可证是否合法有效。

（6）审查项目经理和专职安全生产管理人员是否具备合法资格，是否与投标文件相一致。

（7）审核特种作业人员的特种作业操作资格证书是否合法有效。

（8）审核施工单位应急救援预案和安全防护措施费用使用计划。

9.2.2　施工阶段安全管理的主要工作内容

安全监理从业人员在做好施工准备阶段各项安全监理工作的基础上，要对施工过程中的各项施工作业活动，实施作业前、作业过程中，以及作业后的安全监理工作，其重点仍然是坚持预防为主的方针，做好施工作业前的安全监理工作。

1. 督促做好安全技术交底工作

安全技术交底是指将预防和控制安全事故发生、减少事故危害所采取的技术，以及工程情况，向作业人员作出说明。安全技术交底制度是施工承包单位预防违章指挥、违章作业，杜绝伤亡事故发生的一项重要措施。很多重大安全事故的教训证明：忽视安全交底工作，往往是导致发生事故的主要原因。

监理企业要做好以下工作：

(1) 检查施工单位是否在施工前做好逐级安全技术交底。逐级交底包括：

1) 施工总承包单位向分包单位交底。

2) 总包和分包单位的技术人员向各自的施工班组长交底。

3) 施工班组长向操作人员交底。

安全监理人员发现未经安全技术交底即行施工作业的现象，应立即通知施工单位进行整改。

(2) 检查施工单位是否针对施工危险源进行全过程和全面的安全交底。督促施工单位针对危险源施工作业的不同施工阶段、不同时间段、不同季节进行交底。还应包括各个不同作业工种、不同分项工程进行交底。对那种只图省事，施工全过程只交一次底的简单做法，应下达指令，要求整改。

(3) 督促安全交底做到全面、具体、针对性强。安全交底内容包括：

1) 建设工程项目和分部分项工程的概况。

2) 工程施工危险源情况。

3) 针对危险源施工作业采取的具体预防措施。

4) 施工作业应遵守的规章制度和操作规程，以及应注意的安全事项。

5) 发现事故隐患应采取的措施和事故急救措施。安全监理人员应督促施工承包单位按上述内容进行详细交底，防止走过场。

(4) 检查安全交底记录。国务院《建设工程安全生产管理条例》第二十七条规定，施工安全交底应在施工前进行，交底应详细，交底后由双方签字确认。因此，施工安全交底除口头形式外，还必须书面交底，交底双方在交底记录上签字确认。安全监理人员通过安全交底记录的检查，着重注意以下环节：

1) 施工安全交底的时间是否滞后。

2) 交底的双方人员是否符合规定要求。

3) 交底记录是否签字确认。

安全监理人员应将安全交底记录的检查结果记载在安全监理资料内。

2. 危险源施工作业的现场监督检查

(1) 现场监督检查的程序。在施工过程中安全监理人员应按照工程项目安全监理规划及其实施细则的工作要求，对施工现场危险源的安全管理进行监督检查。一旦发现安全隐患，必须按《建设工程安全管理条例》第十四条的要求，及时督促整改，消除安全隐患。

建设工程安全监理现场监督检查工作须按下列程序进行：

1) 检查危险源施工作业是否已编制专项施工方案；该方案是否按规定程序审批；审批手续是否完整；是否按规定具有施工企业技术负责人和项目总监理工程师的签署。

2) 检查危险源施工作业的安全技术交底是否按规定进行；是否将专项施工方案的安全施工要求向班组作业人员交代清楚，并签署书面交底手续。

3) 检查危险源施工作业班组和作业区监控人员是否已对作业安全条件进行了施工方的自检；发现的安全隐患是否均已整改，有无记录资料。

4）上述三项检查均符合规定要求，安全监理人员才能同意开始进行危险源施工作业，并在施工作业过程中开展巡视监督检查等现场监理工作。

（2）监理现场监督检查的工作方式。在施工作业过程中，安全监理可采用日常巡视检查、组织施工现场安全检查、组织施工现场安全会议、旁站跟踪监督、平行检验等工作方式，实施施工现场的监督检查。

安全监理的日常巡视检查次数可根据危险源具体情况确定。

对于技术复杂、专业性强、安全施工风险大的关键工序，安全监理人员应在施工现场跟踪监督。

安全监理组织工程项目各方主体联合进行施工现场安全检查活动，这是加强项目安全管理的一项有效措施。通过联合检查，可以发现和排除施工安全隐患，各方主体协同配合，强化施工现场的安全管理。联合检查的参加人员一般包括建设单位、施工承包单位、分包单位、监理企业的代表，也可根据检查活动的类型具体确定参加人选。

检查活动类型除定期安全检查活动以外，还有危险源专项检查、季节性安全检查、节假日前后安全检查、防汛、防台风等专项检查。检查内容按《建筑施工安全检查标准》(JGJ 59—99)，结合工程项目实际具体确定。

安全监理除上述工作方式外，还可结合工程例会或组织召开现场安全专题会议，定期分析本工程施工安全生产状况，督促施工承包单位解决安全隐患，加强施工现场的安全管理。

（3）监理现场监督检查的注意事项。

1）注意摆正安全监理与施工方安全管理的关系。建设工程是由施工承包单位负责组织施工和管理的，施工安全管理要靠施工承包单位自己加强管理，才能取得实效。工程监理是受建设单位委托的监督方，只是对施工方的安全管理起到监督、警示和促进作用。前者是主体、是内因，后者是辅助的、是外因。因此，安全监理人员对施工现场的每一项监督检查，都应该围绕提高施工方自检系统作用这一目标而进行。安全监理人员不可能代替施工安全管理人员的岗位。施工承包单位应对危险源的施工安全设施实施自检，并确认合格的前提下，再向监理方申请报验核查。施工方没有自检，或虽已自检但安全隐患未得到整改，那就不能向监理方申报安全核查。安全监理人员对任何危险源施工作业及其管理活动的监督检查程序，都应从检查施工方自我检查行为开始，达到促进施工安全管理、督促建立健全施工现场安全保证体系的根本目的。

2）依据建设工程强制性标准进行危险源的施工现场安全监督检查。国务院颁布的《建设工程安全生产管理条例》规定，工程监理企业应当按照法律、法规和建设工程强制性标准实施监理。因此，安全监理在施工现场监督检查的重要依据就是建设工程强制性标准。

建设部令第 81 号《实施建设工程强制性标准监督规定》明确指出，建设工程强制性标准是指直接涉及工程质量、安全、卫生及环境保护等方面的建设工程标准强制性条文。建设工程安全监理应对施工承包单位贯彻执行涉及工程实物安全和施工人员安全的强制性条文的情况，进行监督检查。

3. 履行监理的安全责任，及时处理安全隐患

《建设工程安全生产管理条例》第 14 条规定了工程监理企业的安全责任，并具体规定了工程监理企业应及时处理安全隐患的各项要求，因此，安全监理人员应认真履行自己的监理安全责任，及时认真地处理发现的施工安全隐患。

(1) 在安全监理过程中，发现不符合法规规定以及违反强制性标准，或形成危及作业人员人身安全的事故隐患，项目监理机构应及时下达整改指令，通知施工单位立即整改，消除隐患。

(2) 发现情况严重的安全事故隐患，项目监理机构应当通知施工单位暂停施工作业，迅速排除隐患，并及时报告建设单位。类似情况有：

1) 施工中出现安全异常，监理提出后施工方未采取整改措施，或虽采取措施，但不符合要求存在险情的。

2) 已发生事故却未能有效处理，仍继续施工作业的。

3) 施工安全措施未经自检，擅自实施，劝阻无效的。

4) 分包资质、特种作业人员资格未经审查，擅自进场作业，阻止无效的。

安全隐患消除后，安全监理人员应进行复查，确认达到安全施工的要求后监理机构才能下达复工令。

(3) 项目监理机构下达暂停施工指令以后，施工承包单位对于重大安全事故隐患仍拒不整改或者不停止施工的，监理企业应当立即向建设行政主管部门或者安全监督等有关部门报告。

4. 核查施工安全设施和施工机械

为了保证施工现场安全设施和施工机械的安全投入运转和使用，防止这些安全设施机械验收走过场，安全监理工程师应对施工现场的安全设施、施工机械的验收手续进行核查。

(1) 核查施工机械的进场验收。《监理规范》对于进入施工现场的工程材料、构配件和设备，规定了监理审核的要求。安全监理工程师应按照规范要求，对于进场的所有施工机械实施进场核查工作。核查内容：

1) 核查是否按批准的施工组织设计的设备计划，落实施工机械设备进场，进场机械设备的安全性能、类型规格与施工组织设计内容是否一致。

2) 核查进场施工机械设备的产品合格资料。包括出厂合格证、近期的机械设备运行和例行保养记录，新购施工机械还应具有生产（制造）许可证。

施工承包企业应填报进场设备报审表，连同施工机械设备产品合格资料向监理方申报核验。安全监理工程师对进场机械设备的安全性能、状态不符规定要求的，应不准进场使用。

(2) 核查施工安全设施和施工机械的验收手续。施工安全设施搭设或施工机械安装完成后，应按国家规定进行验收。验收合格后，对于需进行检测的机械设备，应委托有检测资质的检测机构进行机械设备的检测。检测合格后，再申请监理核查，由施工承包单位填报“施工机械、安全设施验收核查表”，未经监理核查的施工安全设施和施工机械，不得投入使用。

核查的主要内容有：

1) 验收资料是否齐全。包括施工承包单位的各类验收记录表以及验收记录表的附件（包括专项施工方案、安全技术措施资料、机械设施的产品合格证、产品说明书、生产许可证等），还须检查有关产品合格证件的有效期限。

2) 验收手续是否符合有关法规、规定要求，包括《建设工程预防高处坠落事故若干规定》的要求。

3）验收参与人员的资格是否符合规定要求。

4）规定需经检测的机械设施是否委托有检测资格的检测机构进行检测，检测结果是否合格，检测不合格项是否已整改消除。

5）安全设施和施工机械的搭设、安装是否符合专项施工方案的要求，是否存在违反建设工程强制性标准的问题。

安全监理工程师对施工安全设施和施工机械的验收手续、核查符合规定要求后，签署同意该设施、机械投入使用。

（3）现场验收常见通病。验收资料不齐全；验收参加人员不符合规定，甚至由施工安全员一人签署验收；验收记录表内缺少班组自检记录；用测试成果资料代替施工承包单位内部的验收资料等。安全监理工程师应对这些验收通病及时指出，下令整改。

9.3 建设工程安全管理的程序与手段

9.3.1 建设工程安全管理的程序

施工安全监理的工作程序应根据《监理规范》的规定要求，根据项目危险源的特点，按照委托监理合同约定的工作内容，制定具体的工程项目安全监理工作程序。施工准备阶段和施工阶段的安全监理工作程序分别如图 9.1、图 9.2 所示。

9.3.2 建设工程安全管理的手段与方法

1. 建设工程安全管理的手段

（1）建设工程安全监理的法律手段。安全生产法律法规是指国家关于改善劳动条件，实现安全生产，为保护劳动者在生产过程中的安全与健康而制定的各种法律、法规、规章和规范性文件的总和。是生产实践中的经验总结和对自然规律的认识和运用，是以国家强制力保证其实施的一种行为规范。安全立法是指国家立法机关制定各种安全法律，确立全国统一行为规范的过程。安全法律是国家法律规范的重要组成部分。其主要任务是调整社会主义建设过程中人与人之间、人与自然之间的关系，保障职工在生产过程中的安全和健康，提高企业经济效益，促进生产发展。近年来，我国安全立法工作按照“三级立法”原则，紧密结合生产和生活实际，取得了较大的成绩，推动了“以法管安全”的发展。因此，在安全监理的过程中，要利用法律手段指导监理工作的开展。

（2）建设工程安全监理的经济手段。国外多年的实践证明，安全状况仅依靠外部法律制度强压的被动做法，其效果有限。要彻底扭转被动局面，必须借助市场经济杠杆的巨大调节作用，变被动为主动，充分调动建设业主真正自发追求良好安全业绩。

经济手段就是各类责任主体通过各类保险和担保为自己编制一个安全网，维护自身利益。同时运用经济杠杆使安全、质量好信誉高的企业得到经济利益，这是市场机制发挥基础作用的一个手段。工伤保险和建筑意外伤害保险是在建筑业中普遍使用的经济手段。最近，国家首次明确了企业安全费用提取、加大企业对伤亡事故的经济赔偿、企业安全生产

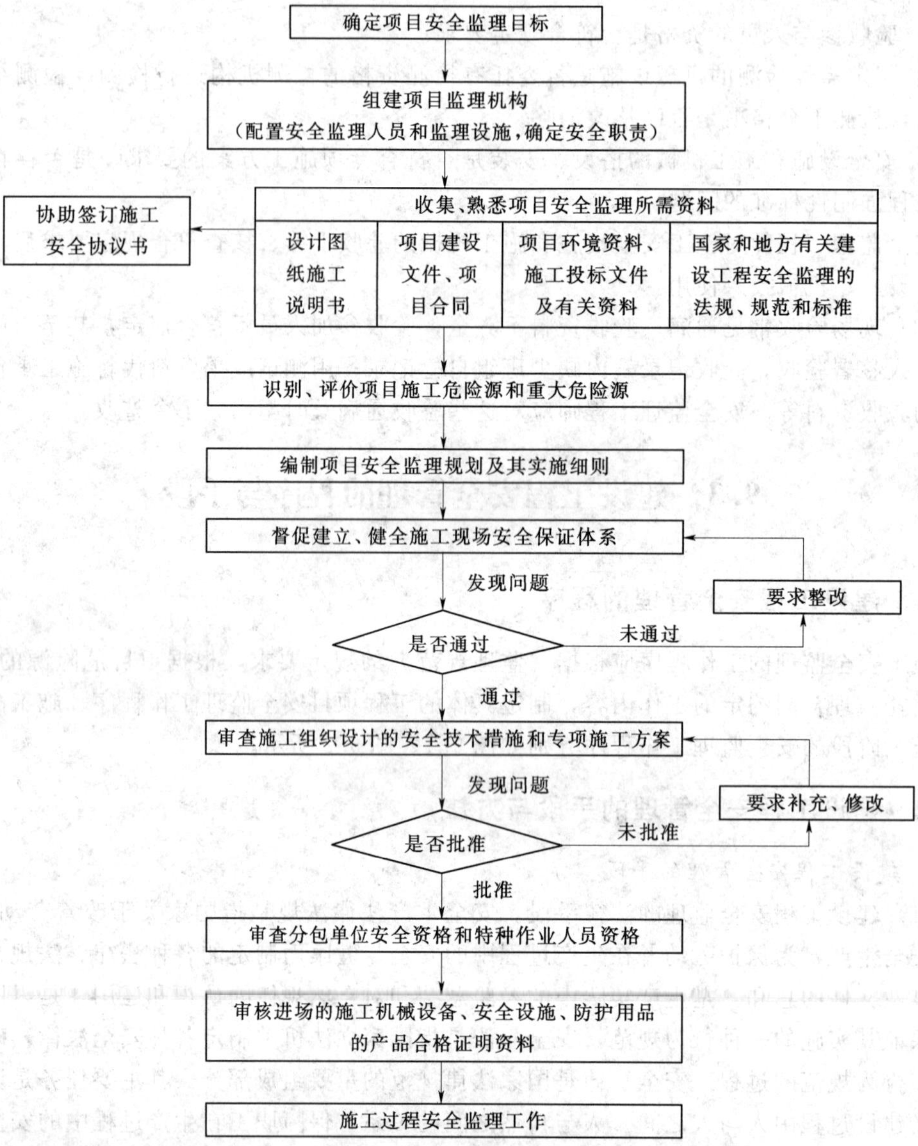

图 9.1　施工准备阶段安全监理工作程序图

风险抵押三项经济政策，以强化安全生产工作。我国建筑安全管理的经济手段正逐步丰富和完善，已成为安全管理的重要的手段之一。

(3) 建设工程安全监理的技术手段。科学技术是第一生产力。当今世界科学技术在生产力和经济发展中的作用日益突出。要实现安全生产形势的根本好转，必须依靠科技进步，大力发展安全科学技术，以改造传统建筑业的生产过程，从设计、施工、技术装备、劳动保护用品等方面保障安全生产，从本质上为促进建筑安全管理水平的提高提供技术支持，从而使建筑业的安全生产转移到依靠科技进步的轨道上来。

(4) 建设工程安全监理的文化手段。“文化”常被视为文学上一种抽象的概念，它代

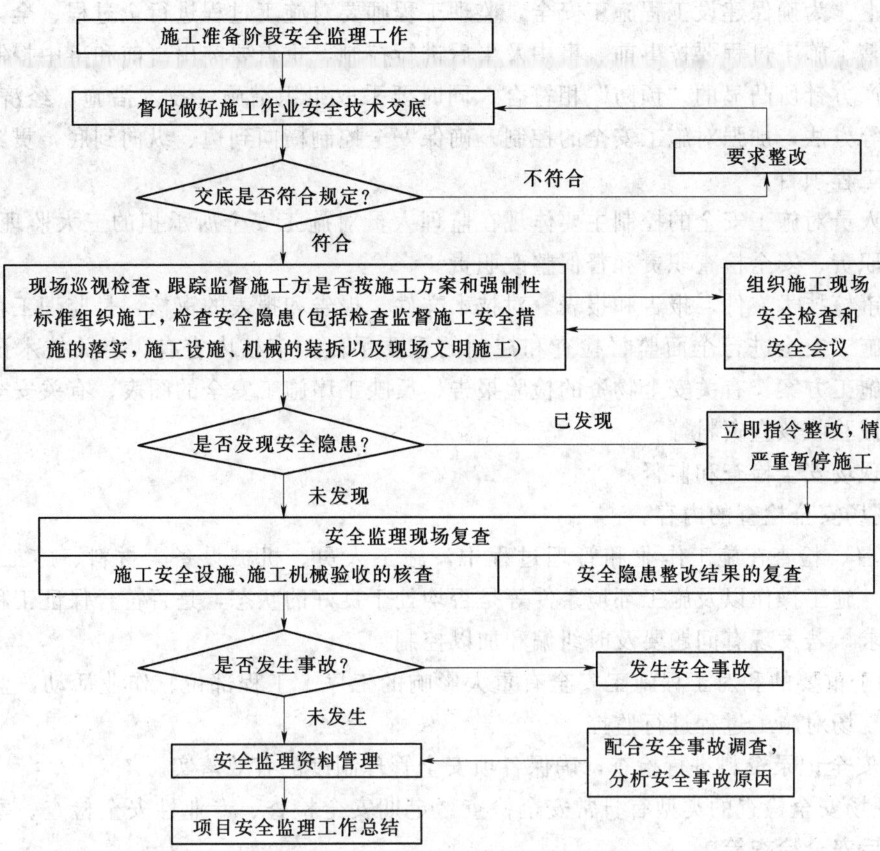

图 9.2 施工过程安全监理工作程序图

表一组人特有的价值观、信念及行为。安全文化不是一个限定性的公式，而是基于一套共同的特征和惯例的方法，是一种文化氛围，它将会在以下方面得到改善和进步：

1）强有力的领导和对高标准的职业安全与健康的明显承诺。职业安全与健康在实践以及理论上需要具有真正的优先权，以便使此类标准不会由于互相竞争而受到损害。

2）普遍的安全意识。职业安全与健康认识和意识应当是一个共享的或者共同的责任，而且职业安全与健康责任不应从职能上被局限于或归属于具体的单位。

3）当事故确实发生时，整个企业应具有一种吸取经验教训的坦率态度，个人负责还应伴随有考虑更广泛的责任问题的意愿。

为了推动安全文化在建筑业的发展，改善建筑企业的安全业绩，应该发展全方位的安全文化，在普及社会安全文化和社区安全文化或家庭安全文化的基础上，有针对性地推进建筑行业安全文化，并重视平时的宣传教育。

2. 建设工程安全监理的控制方法

我国现行的安全生产方针是“安全第一，预防为主”。安全生产的基本原则是：管生产必须管安全、安全一票否决权、职业安全卫生“三同时”、事故处理“四不放过”。

施工过程体现在一系列的现场施工作业和管理活动中，作业和管理活动的效果将直接影响到施工过程的安全，监理工程师对施工过程的安全监理应着重体现在对作业和管理活动的控制上。为确保建设工程施工安全，监理工程师要对施工过程进行全过程、全方位的控制，对整个施工过程要按事前、事中及事后进行控制，重点要突出事前和事中控制，这与安全生产方针所凸显的“预防”相符合。同时要采取组织措施、技术措施、经济措施、合同措施等方法，加强对施工安全的控制。确保安全控制横向到边、纵向到底，贯穿、覆盖于整个工程项目。

监理人员对施工安全的控制主要体现在监理人员对施工安全所承担的三大监理职责：审核查验职责、安全检查职责和督促整改职责。

(1) 审核技术文件、报告和报表。对技术文件、报告和报表的审核，是监理工程师对建设工程施工安全进行全面监督检查和控制的重要手段。审核内容有：有关技术证明文件、专项施工方案、有关安全物资的检验报告、反映工序施工安全的图表、有关安全设施和施工机械验收核查资料等。

(2) 现场安全检查和监督。

1) 现场安全检查的内容。

a. 监督、检查在施工作业和管理过程中，施工人员、机械设备、材料、施工方法、施工工艺、施工操作以及施工环境条件等是否均处于良好的状态，是否符合保证工程施工安全的要求，若发现有问题要及时纠偏和加以控制。

b. 对于重要的和对工程施工安全有重大影响的工序、工程部位、作业活动，监理人员还应在现场对施工过程进行监控。

c. 对安全记录资料进行检查，确保各项安全管理制度的有效落实。

2) 现场安全检查的类型有日常安全检查、定期安全检查、专业性安全检查、季节性及节假日后安全检查等。

3) 现场安全检查的方式。

a. 旁站。旁站是指在关键部位或关键工序施工过程中，由监理人员在现场进行的监督活动。在施工阶段，许多建设工程安全事故隐患是由于现场施工或操作不当或不符合标准、规范、规程所致，违章操作或违章指挥往往带来安全事故的发生。一旦安全事故发生后，就会造成人员伤亡或直接经济损失。通过监理人员有效的现场旁站监督和检查，及时发现存在的安全问题并及时解决问题，能有效地避免安全事故的发生。确定旁站的工程部位、工艺和作业活动，应根据每个建设工程的特点、重大危险源部位、施工单位安全管理水平等决定。一般而言，高空作业、爆破作业、深基础工程、地下暗挖工程、起重吊装工程、起重机械安装拆卸施工等高危作业应进行旁站监控。

b. 巡视。巡视是监理人员对正在施工的部位及工序现场进行的定期或不定期的监督活动。巡视不限于某一部位及工艺过程，其检查范围是施工现场的所有生产安全状况。

c. 平行检验。平行检验是监理人员利用一定的检查检测手段，在施工单位自检的基础上，按照一定的比例独立进行检查和检测的活动。平行检验在安全技术复核及复验工作中采用较多，是监理人员对安全设施、施工机械等进行安全验收核查，做出独立判断的重要依据之一。

(3) 工地例会和安全专题会议。

1) 工地例会是施工过程中参加建设工程各方沟通情况，解决分歧、达成共识、做出决定的主要渠道。通过工地例会，监理人员分析施工过程的安全状况，指出存在的安全问题，提出整改意见，要求施工单位限期整改完成。

2）针对某些专门安全问题，监理人员还应组织专题会议，集中解决较重大或普遍存在的安全问题。

(4) 规定安全监理工作程序。规定双方必须遵守的安全监理工作程序，这也是监理人员按规定的程序进行安全控制的必要手段。

(5) 安全生产奖惩制。执行安全生产协议书中安全生产奖惩制，确保施工过程中的安全，促使施工生产顺利进行。

9.4 建设工程安全事故的处理

安全事故发生后，应最大限度地减少损失，尽可能挽救事故受伤人员的生命，尽快使事故得到妥善的处理。

9.4.1 安全事故的概念及分类

1. 安全事故的概念

事故就是指人们由不安全的行为、动作或不安全的状态所引起的、突然发生的、与人的意志相反事先未能预料到的意外事件，它能造成财产损失、生产中断、人员伤亡。从劳动保护角度讲，事故主要是指伤亡事故，又称伤害。

重大安全事故是指在施工过程中由于责任过失造成工程倒塌或废弃，机械设备破坏和安全设施失当造成人身伤亡或重大经济损失的事故。

特别重大事故，是指造成特别重大人身伤亡或巨大经济损失以及性质特别严重，产生重大影响的事故。

2. 安全事故的分类

建设工程施工最常发生的事故，主要有高处坠落、触电、物体打击、机械伤害、坍塌等5大类。安全事故可按伤亡事故等级、事故伤亡与损失程度等进行分类。

根据生产安全事故（以下简称事故）造成的人员伤亡或者直接经济损失，事故一般分为以下等级：

(1) 特别重大事故，是指造成30人以上死亡，或者100人以上重伤（包括急性工业中毒，下同），或者1亿元以上直接经济损失的事故。

(2) 重大事故，是指造成10人以上30人以下死亡，或者50人以上100人以下重伤，或者5000万元以上1亿元以下直接经济损失的事故。

(3) 较大事故，是指造成3人以上10人以下死亡，或者10人以上50人以下，或者1000万元以上5000万元以下直接经济损失的事故。

(4) 一般事故，是指造成3人以下死亡，或者10人以下重伤，或者1000万元以下直接经济损失的事故。

国务院安全生产监督管理部门可以会同国务院有关部门，制定事故等级划分的补充性规定。

9.4.2 安全事故的报告程序

一旦发生安全事故，及时报告有关部门是及时组织抢救的基础，也是认真进行调查分清责任的基础。因此，施工单位在发生安全事故时，不能隐瞒事故情况，监理工程师应按照各级政府行政主管部门的要求及时督促。事故报告应当及时、准确、完整，任何单位和个人对事故不得迟报、漏报、谎报或者瞒报。

(1) 事故发生后，事故现场有关人员应当立即向本单位负责人报告；单位负责人接到报告后，应当于1小时内向事故发生地县级以上人民政府安全生产监督管理部门和负有安全生产监督管理职责的有关部门报告。

情况紧急时，事故现场有关人员可以直接向事故发生地县级以上人民政府安全生产监督管理部门和负有安全生产监督管理职责的有关部门报告。

(2) 安全生产监督管理部门和负有安全生产监督管理职责的有关部门接到事故报告后，应当依照下列规定上报事故情况，并通知公安机关、劳动保障行政部门、工会和人民检察院：

1) 特别重大事故、重大事故逐级上报至国务院安全生产监督管理部门和负有安全生产监督管理职责的有关部门。

2) 较大事故逐级上报至省、自治区、直辖市人民政府安全生产监督管理部门和负有安全生产监督管理职责的有关部门。

3) 一般事故上报至设区的市级人民政府安全生产监督管理部门和负有安全生产监督管理职责的有关部门。

安全生产监督管理部门和负有安全生产监督管理职责的有关部门依据前款规定上报事故情况，应当同时报告本级人民政府。国务院安全生产监督管理部门和负有安全生产监督管理职责的有关部门以及省级人民政府接到发生特别重大事故、重大事故的报告后，应当立即报告国务院。

必要时，安全生产监督管理部门和负有安全生产监督管理职责的有关部门可以越级上报事故情况。

(3) 安全生产监督管理部门和负有安全生产监督管理职责的有关部门逐级上报事故情况，每级上报的时间不得超过2小时。

(4) 报告事故应当包括下列内容：

1) 事故发生单位概况。

2) 事故发生的时间、地点以及事故现场情况。

3) 事故的简要经过。

4) 事故已经造成或者可能造成的伤亡人数（包括下落不明的人数）和初步估计的直接经济损失。

5) 已经采取的措施。

6) 其他应当报告的情况。

(5) 事故报告后又出现新情况的，应当及时补报。自事故发生之日起30日内，事故造成的伤亡人数发生变化的，应当及时补报。道路交通事故、火灾事故自发生之日起7日内，事故造成的伤亡人数发生变化的，应当及时补报。

9.4.3 安全事故的调查与处理

1. 安全事故的调查

事故调查的目的主要是为了弄清事故的情况，从思想、管理和技术等方面查明事故原因，分清事故责任，提出有效改进措施，从中吸取教训，防止类似事故重复发生。

建设工程安全事故的处理必须坚持“事故原因不清楚不放过，事故责任者和员工没有受到教育不放过，事故责任者没有处理不放过，没有制定防范措施不放过”的原则。

特别重大事故由国务院或者国务院授权有关部门组织事故调查组进行调查。

重大事故、较大事故、一般事故分别由事故发生地省级人民政府、设区的市级人民政府、县级人民政府负责调查。省级人民政府、设区的市级人民政府、县级人民政府可以直接组织事故调查组进行调查，也可以授权或者委托有关部门组织事故调查组进行调查。

未造成人员伤亡的一般事故，县级人民政府也可以委托事故发生单位组织事故调查组进行调查。

上级人民政府认为必要时，可以调查由下级人民政府负责调查的事故。

自事故发生之日起30日内（道路交通事故、火灾事故自发生之日起7日内），因事故伤亡人数变化导致事故等级发生变化，依照《建设工程安全生产管理条例》规定应当由上级人民政府负责调查的，上级人民政府可以另行组织事故调查组进行调查。

事故调查组的组成应当遵循精简、效能的原则。

根据事故的具体情况，事故调查组由有关人民政府、安全生产监督管理部门、负有安全生产监督管理职责的有关部门、监察机关、公安机关以及工会派人组成，并应当邀请人民检察院派人参加。

事故调查组可以聘请有关专家参与调查。

事故调查组组成由负责事故调查的人民政府指定。事故调查组组长主持事故调查组的工作。

事故调查组履行下列职责：

（1）查明事故发生的经过、原因、人员伤亡情况及直接经济损失。

（2）认定事故的性质和事故责任。

（3）提出对事故责任者的处理建议。

（4）总结事故教训，提出防范和整改措施。

（5）提交事故调查报告。

事故调查报告应当包括下列内容：

（1）事故发生单位概况。

（2）事故发生经过和事故救援情况。

（3）事故造成的人员伤亡和直接经济损失。

（4）事故发生的原因和事故性质。

（5）事故责任的认定以及对事故责任者的处理建议。

（6）事故防范和整改措施。

事故调查报告应当附具有关证据材料。事故调查工作结束后，事故调查的有关资料应当归档保存。

2. 安全事故处理

建设工程安全事故发生后，监理工程师一般按以下程序进行处理，如图9.3所示。

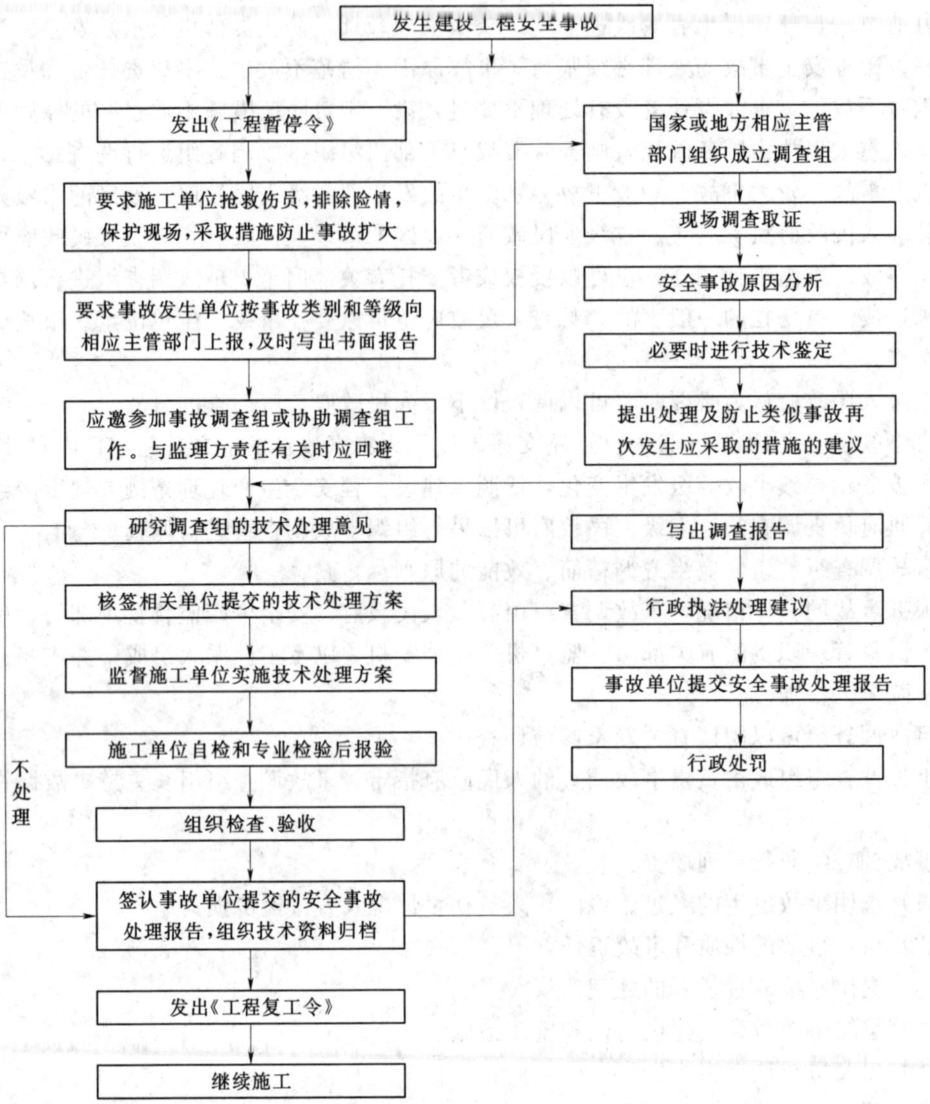

图9.3 建设工程安全事故处理程序

(1) 建设工程安全事故发生后，总监理工程师应签发《工程暂停令》，并要求施工单位必须立即停止施工。施工单位应立即实行抢救伤员、排除险情，采取必要的措施，防止事故扩大，并做好标识，保护好现场。同时，要求发生安全事故的施工总承包单位迅速按安全事故类别和等级向相应的政府主管部门上报，并及时写出书面报告。

(2) 监理工程师在事故调查组展开工作后，应积极协助，客观地提供相应证据，若监理方无责任，监理工程师可应邀参加调查组，参与事故调查；若监理方有责任，则应回避，但应配合调查组工作。

（3）监理工程师接到安全事故调查组提出的处理意见涉及技术处理时，可组织相关单位研究，并要求相关单位完成技术处理方案。必要时，应征求设计单位意见，技术处理方案必须依据充分，应在安全事故的部位、原因全部查清的基础上进行，必要时组织专家进行论证，以保证技术处理方案可靠、可行，保证施工安全。

（4）技术处理方案核签后，监理工程师应要求施工单位制定详细的施工方案。必要时监理工程师应编制监理实施细则，对工程安全事故技术处理的施工过程进行重点监控，对关键部位和关键工序应派专人进行监控。

（5）施工单位完成自检后，监理工程师应组织相关各方进行检查验收，必要时进行处理结果鉴定。要求事故单位整理编写安全事故处理报告，并审核签认，进行资料归档。

（6）签发《工程复工令》，恢复正常施工。

为做好安全生产管理工作，事故发生单位应当认真吸取事故教训，落实防范和整改措施，防止事故再次发生。防范和整改措施的落实情况应当接受工会和职工的监督。安全生产监督管理部门和负有安全生产监督管理职责的有关部门，应当对事故发生单位落实防范和整改措施的情况进行监督检查。

复习思考题

1. 建设工程安全监理含义？安全监理的作用是什么？
2. 建设工程安全管理的原则和目标是什么？
3. 监理工程师审查的专项施工方案包括哪些方面？
4. 我国工程建设施工安全管理制度有哪些规定？
5. 工程施工阶段安全监理的主要工作内容有哪些？
6. 安全事故如何分类？事故调查报告有哪些内容？
7. 建设工程安全监理的主要手段有哪些？
8. 简述建设工程安全事故调查处理程序。

参 考 文 献

[1] 中国建设监理协会. 建设工程监理概论（第三版）[M]. 北京：知识产权出版社，2011.

[2] 中华人民共和国国家标准. 建设工程监理规范（GBJ 50319—2013）[S]. 北京：中国建筑工业出版社，2013.

[3] 中国建设工程造价管理协会. 建设工程信息管理. 北京：中国建筑工业出版社，2011.

[4] 张昌让. 房屋建设工程监理文件编制指导与实例. 北京：机械工业出版社，2010.

[5] 黄林青，王秀琴，钱大行，等. 建设工程监理概论. 重庆：重庆大学出版社，2009.

[6] 杨晓林. 建设工程监理规范. 北京：机械工业出版社，2007.

[7] 彭红涛. 造价工程师实务手册. 北京：中国建筑材料出版社，2006.

[8] 巩天真，张泽平. 建设工程监理概论（第二版）. 北京：北京大学出版社，2009.

[9] 章先仲. 建筑项目建设程序实务手册（修订版）. 北京：知识产权出版社，2005.

[10] 王卓甫. 工程项目风险管理——理论、方法与应用. 北京：中国水利水电出版社，2003.

[11] 邱忠毅，彭红涛. 建设工程监理项目实录. 北京：中国建筑工业出版社，2001.

[12] 资格考试参考教材编写委员会全国注册咨询工程师投资. 工程咨询概论 [M]. 北京：中国计划出版社，2007.

[13] 姜早龙，刘志彤. 建设工程监理基本理论与相关法规. 大连：大连理工大学出版社，2006.

[14] 孙犁. 建筑工程监理概论. 河南：郑州大学出版社，2006.

[15] 孙占国，杨卫东. 建设工程监理. 北京：中国建筑工业出版社，2005.

[16] 韩明，邓祥发. 建设工程监理基础. 天津：天津大学出版社，2004.

[17] 张仕廉，董勇. 建筑安全管理. 北京：中国建筑工业出版社，2005.

[18] 王军，韩秀彬. 建设工程监理概论. 北京：机械工业出版社，2011.